高等职业技术院校纺织品检验与贸易专业教材

纺织技术

FANGZHI JISHU

范尧明 主编 吴文贰 王树英 副主编 常涛 主审

中国劳动社会保障出版社

图书在版编目（CIP）数据

纺织技术/范尧明主编．—北京：中国劳动社会保障出版社，2015
高等职业技术院校纺织品检验与贸易专业教材
ISBN 978－7－5167－1757－8

Ⅰ．①纺…　Ⅱ．①范…　Ⅲ．①纺织工业-高等职业教育-教材　Ⅳ．①TS1

中国版本图书馆 CIP 数据核字（2016）第 004283 号

中国劳动社会保障出版社出版发行
（北京市惠新东街 1 号　邮政编码：100029）
*
北京鑫海金澳胶印有限公司印刷装订　　新华书店经销
787 毫米 ×1092 毫米　16 开本　17.75 印张　346 千字
2016 年 1 月第 1 版　　2024 年 8 月第 7 次印刷
定价：34.00 元

营销中心电话：400-606-6496
出版社网址：http://www.class.com.cn
http://jg.class.com.cn

简介

本书为高等职业技术院校纺织品检验与贸易专业教材。教材依据专业建设的需要，整合了棉纺工程、毛纺工程、机织技术、纱线后加工等课程的内容，具体包括：纺纱原料及纱线生产流程、棉纱生产技术、毛纱加工技术、纱线后加工和机织技术。

教材条理清晰、结构简单、内容详尽而全面，具有较高的实用性、针对性和先进性。对于不同原料的加工生产技术，均从基本概念、术语，机器结构特征、工艺指标，影响纺织产品质量的因素、工艺控制等方面加以介绍，从易到难，循序渐进；知识点的介绍尽量多采用插图，便于学生理解；将纺织新设备和新工艺等前沿知识作为“阅读材料”，以扩大学生的知识面。在每节后设置了“思考练习”，供学生练习使用，以进一步巩固所学内容。

本教材由沙洲职业工学院范尧明任主编；三明职业技术学院吴文贰、山东科技职业学院王树英任副主编；沙洲职业工学院万清余、吴卫平，山东科技职业学院罗佳丽，三明职业技术学院阙佛兰，江西工业职业技术学院甘志红，盐城工业职业技术学院周彬，泰州职业技术学院秦步祥、赵筛喜，浙江工业职业技术学院张毅参加编写。由济南工程职业技术学院常涛任主审。

目录

第一章

纺纱原料及纱线生产流程

第一节　纺纱原料和纱线

学习目标

1. 认识纺纱原料。
2. 认识纱线。
3. 掌握相关纱线代号的表示方法。

纺纱原料包括天然纤维和化学纤维。随着科学技术的发展，新型的天然纤维不断被开发应用，新型的化学纤维更是层出不穷。

一、纺纱原料

1. 天然纤维

天然纤维是在自然界原有的或经人工培植的植物上、人工饲养的动物上直接取得的纺织纤维。常见的天然纤维主要有棉、麻、毛、丝四种。棉和麻是植物纤维；毛和丝是动物纤维；石棉存在于地壳的岩层中，称为矿物纤维。

棉花是种子纤维，是籽棉和皮棉的统称，将籽棉中的棉籽除去得到棉纤维，分等级打包后，商业习惯上称之为皮棉。成包皮棉到纺织厂后称为原棉。按照棉花的栽培品种，结合纤维的长短粗细，将其分为长绒棉、细绒棉。

麻纤维吸水性更强，穿着凉爽。缺点是易皱，布料粗糙，穿着时没有光滑的感觉。目前使用最普遍的是苎麻和亚麻纤维。

羊毛是指从绵羊身上取得的纤维，在纺织用毛类纤维中数量最多。羊毛具有许多优良特性，如手感丰满、吸湿能力强、保暖性好、弹性好、不易沾污、光泽柔和、染色性优良及独特的缩绒性等。此外，还有兔毛、马海毛、牦牛绒、骆驼绒、羊驼毛等动物纤维。

蚕丝是衣料中的高档品种，它纤维纤细，光洁、柔软，耐磨、耐拉，富有弹性，而且能够吸收人体排出的汗湿潮气。蚕丝是天然纤维中最长、最细、最软、最光亮的纤维。蚕丝的弹性好，吸湿性也强。

2. 化学纤维

用天然的或人工合成的高分子物质为原料，经过化学或物理方法制成的纤维统称化学纤维。棉型化纤长度为 33 ~ 38 mm，细度为 1.32 ~ 1.65 dtex（1.2 ~ 1.5 旦）；毛型化纤长度为 76 ~ 102 mm，细度为 3.33 ~ 5.55 dtex；中长型化纤长度与细度介于毛和棉之间，长度为 51 ~ 76 mm，细度为 2.2 ~ 3.3 dtex（2 ~ 3 旦）。

二、纺纱原料的选配

1. 棉纺原料的选配

棉纺厂的主要原料是原棉和化学短纤维。原棉主要有细绒棉和长绒棉，细绒棉适合纺 10 tex 以上的棉纱，也可与化纤混纺。长绒棉适合纺 10 tex 以下的棉纱，也可与化纤混纺。合理利用各种原料的不同性能，取长补短，发挥原料的最大作用，满足各种产品的不同质量要求，是选配原料的主要任务。

2. 毛纺原料的选配

（1）精梳毛纺原料的选配

精梳毛纺需要将洗净的毛或化学纤维加工成精梳毛条，再纺制成纱。原料一般采用平均长度在 75 mm 以上的羊毛或化学纤维。根据原料不同，毛条又可分为纯毛条、化纤条和羊毛与毛型化纤混梳条三大类。

（2）粗梳毛纺原料的选配

粗梳毛纺原料一般采用中、低档原料。粗梳毛纺系统一般采用平均长度为 55 mm 左右的羊毛或化纤（实际生产中长度在 30 mm 以上的各种原料都可使用），原料经梳毛机梳理成的粗纱，可直接上细纱机加工，故纺纱支数较低。

（3）半精纺原料的选配

各种纺织纤维是运用短流程纺纱系统混纺或纯纺的，兼有精梳毛纺和粗梳毛纺风格的纱线称为半精纺纱线。半精纺是介于毛纺和棉纺之间的一种纺纱系统，是一种采用毛纺原料、棉纺设备的加工工艺。具有原料适应性广、工艺流程短、适合多元化纤维纺纱等优势。

三、纱线类别与代号

1. 纱线类别

（1）按照纱线的结构外形分类

1）长丝纱。分为单丝纱、复丝纱、捻丝、复合捻丝、变形丝（或变形纱）。

2）短纤维纱。分为单纱、股线、复捻股线、花式股线、花式纱。

（2）按照纤维品种分类

1）纯纺纱线。由一种纤维纺成的纱线，如棉纱线、毛纱线、涤纶纱线等。

2）混纺纱线。由两种或多种不同纤维混纺而成的纱线。按顺序，比例多的在前，比例少的在后；混纺比相同时，按天然、合成、再生纤维的顺序命名。

（3）按照纺纱工艺和纺纱方式分类

1）按纺纱工艺（纺纱系统）不同，分为棉纱、毛纱、半精纺、麻纺纱、绢纺纱。

2）按纺纱方式不同，分为环锭纺纱、新型纺纱。

（4）按照纤维长度分类

按照纤维长度不同，纱线分为棉型纱线、毛型纱线、中长型纱线。

（5）按照纱线的用途分类

按照纱线的用途不同，分为机织用纱、针织用纱、起绒用纱、特种用纱。

（6）按照纱的粗细分类

按照纱的粗细不同，纱线分为特细特纱（10 tex 及以下）、细特纱（11 ~ 20 tex）、中特纱（21 ~ 31 tex）、粗特纱(32 tex 以上)。

（7）按照后处理方法分类

按照后处理方法不同，纱线分为本白纱、漂白纱、染色纱、色纺纱、烧毛纱、丝光纱。

（8）按照卷装方式分类

按照卷装方式不同，纱线分为管纱、筒子纱、绞纱。

（9）按照捻向分类

按照捻向不同，纱线分为 Z 捻纱、S 捻纱。

2. 纱线代号

有关纱线的代号见表1—1。

表1－1　　纱线的代号

名称	举例	名称	举例
经纱 T	26T，14×2T	精梳涤棉 T/JC	T/JC65/35　19
纬纱 W	26W，14×2W	棉/维 C/V	C/V50/50
绞纱 R	R28，R14×2	涤/粘 T/R	T/R60/40
筒子纱 D	D20，D14×2	涤/腈 T/A	T/A50/50
精梳纱 J	J10W，J10×2W	富纤 F	
起绒纱 Q	96Q	棉/丙 C/P	C/P70/30
烧毛纱 G	G10×2	有光粘胶 FB	
涤棉纱 T/C	T/C65/35　13	无光粘胶 FD	

阅读材料

随着纺织工业的发展，新型的纺织原料也不断涌现。新型纺织原料以其多样化、功能化、环保化而被人们广泛应用。

一、新型天然纤维

1. 彩色棉花

天然彩色棉花（彩棉）是利用现代生物工程技术选育出的一种吐絮时棉纤维就具有红、黄、绿、棕、灰、紫等天然彩色的棉花。用彩棉制成的布不需染色，无化学染料毒素，有利于健康。彩棉主体长度偏短，长度均匀度较差，短绒率高；纤维抱合性和可纺性较好，但纤维强度较低；纤维的吸湿性能良好；纺纱性能与一般细绒棉相仿。

2. 改性羊毛

（1）表面变性羊毛

经过处理的羊毛不仅获得了永久性的防缩效果，而且使羊毛纤维变细，表面光滑，富有光泽。纤维强度提高，染色变得容易，染色牢度也好。

羊毛的表面处理极大地提高了羊毛应用价值的产品档次，如对常规羊毛进行变性处理，能使羊毛品质提高，纤维变细，手感更软，光滑，有了类似于山羊绒的风格。还有羊绒不可比拟的优点，如丝般光泽，且持久、无刺痒感。

（2）拉细羊毛

拉细处理的羊毛长度伸长，细度变细约20%，例如，21 μm可细成17 μm，19 μm可至16 μm。羊毛拉细后，具有丝光、柔软效果，一系列物理性能发生了大的改变，其价值成倍提高，成为新型高档服装面料。

（3）超卷曲羊毛

通过对羊毛纤维外观卷曲形态的变化，改进羊毛及其产品的有关性能，使羊毛可纺性提高，可纺线密度降低，成纱品质更好，故又称膨化羊毛。

二、环保纤维

1. 天丝

新型纤维素纤维Lyocell的短纤维商品名称为Tencel，国内称天丝。

Lyocell纤维（溶解性纤维）以N－甲基吗啉－N－氧化物（NMMO）为溶剂，用于湿法纺制的再生纤维素纤维。纤维生产过程低能耗、无污染的优点是常规粘胶纤维无法比拟的，是真正的绿色环保纤维。天丝具有手感柔软、悬垂性好、丝光般光泽、吸湿透气、抗静电、湿强度高的特点。

2. 莫代尔纤维

莫代尔（Modal缩写为Md）纤维是奥地利兰精公司生产的，由山毛榉木浆粕制成。浆粕及纤维的生产无大量污染。莫代尔纤维以其柔软、易处理、成本较低的特点更适于大众消费。

3. 竹纤维

竹纤维分为竹原纤维和竹浆纤维。竹原纤维是指采用独特的工艺从竹子中直接分离出来的纤维。竹浆纤维是由竹子经粉碎后采用水解、碱处理及多段漂白精制而成浆粕，纺制成竹子纤维素纤维。

4. 大豆蛋白纤维

再生蛋白质纤维是从动物牛乳或天然植物（如花生、玉米、大豆等）中提炼出的蛋白质溶解液经纺丝而成的。

大豆蛋白纤维是一种再生植物蛋白质纤维。是采用化学、生物的方法从榨掉油脂（大豆中含20%油）的大豆豆渣（含35%蛋白）中提取球状蛋白质，通过添加功能性助剂，与腈基、羟基等高聚物接枝、共聚、共混，制成一定浓度的蛋白质纺丝溶液，改变蛋白质空间结构，经湿法纺丝而成。

5. 聚乳酸纤维

聚乳酸纤维的物理性能介于涤纶和锦纶之间，吸湿性略优于涤纶，能很快吸汗并迅速干燥，能抵抗细菌生长，是一种无臭、无毒、抗菌的纤维。聚乳酸纤维的原料全部来自植物，生产过程无毒，燃烧不会产生有毒有害物质，且可以生物降解，它是一种理想的环保型新材料。

6. 牛奶蛋白纤维

牛奶蛋白纤维是指以牛奶为原料与丙烯腈接枝聚合物的再生蛋白纤维。牛奶蛋白纤维有蚕丝般的光泽和柔软感，有较好的吸湿和导湿性能、极好的保温性，穿着舒适，但纤维呈淡黄色，耐热性差，在干热120℃以上易泛黄。

三、其他纤维

1. 差别化纤维

差别化纤维包括异形纤维、复合纤维、超细纤维、吸湿排汗纤维、保暖纤维、新视觉纤维、PTT纤维、其他差别化纤维，如抗起球型纤维、自卷曲纤维、高收缩纤维、特亮纤维、亚光纤维、消光纤维、有色纤维、交络丝（网络丝）和混络丝。

2. 功能纤维

功能纤维包括防护功能纤维、医疗卫生功能纤维、健康功能纤维、吸附分离功能纤维、纳米纤维。

3. 高性能材料

高性能材料包括高强高模纤维、耐高温纤维、耐化学性纤维、无机纤维。

4. **智能纤维**

智能纤维包括智能材料及智能纺织品、智能调温纺织品、变色纤维及变色纺织品、水凝胶高聚物及其纺织品、形状记忆材料及织物、电子智能纺织品。

思考练习

1. 纺织纤维如何分类？
2. 原棉分为哪几种？各自应用于什么纱线？
3. 彩棉与传统白棉相比有什么优缺点？主要应用于什么产品？
4. 什么是羊毛变性？有什么经济价值？
5. 什么是半精纺纱线？是如何生产的？
6. 天丝与莫代尔纤维各有什么特点？主要应用于什么产品？
7. 新型纺织材料的应用为纺织产品的开发提供了基础，谈谈如何利用这些材料开发新型、实用、环保的纺织产品。

第二节　纺纱工艺流程

学习目标

1. 棉纺生产工艺流程。
2. 毛纺生产工艺流程。
3. 织造工艺流程。
4. 掌握不同种类的纱线应选择的生产工艺流程。

纺纱原料加工成纱线的过程就是纺纱。根据纺纱原料的不同，纺织工艺流程有时相同，有时有很大的差异。

一、棉纺工艺流程

将有价值的纤维材料经过开松、混合、除杂，再经过均匀梳理，利用并合和牵伸作用，使纤维顺着一个方向伸直，加捻后形成具有一定强力、线密度和弹性的有光泽的纱线，纱线可制作成各类织物。

纺纱生产中使用不同的机器进行组合，经过不同的加工程序来进行纺纱，经过的加工程序称为工艺流程，要根据不同原料、不同成纱要求确定纺纱系统。

1. **普梳系统**

普梳系统一般用于纺制粗、中特纱，供织造普通织物用，其流程及半制品、成品名称如图 1—1 所示。

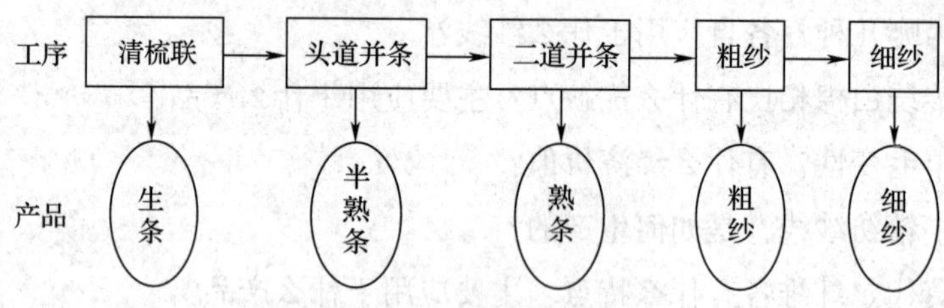

图 1—1 普梳系统流程图

2. **精梳系统**

精梳系统的流程及半制品、成品名称如图 1—2 所示。

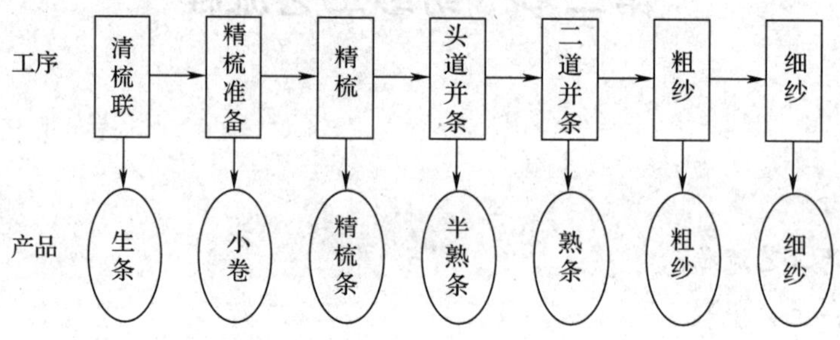

图 1—2 精梳系统流程图

3. **废纺系统**

废纺系统用于加工价格低廉的粗特棉纱，其流程是开清棉→梳棉→粗纱→细纱。

4. **化纤与棉混纺系统**

涤纶（或其他化学纤维）与棉混纺时，因涤纶与棉纤维的性能及含杂不同，不能在清梳工序混合加工，需各自制成条子后再在头道并条机（混并）上进行混合，为保证混匀，采用三道并条。化纤与精梳棉混纺系统流程如图 1—3 所示。如果是普梳混纺，则把棉的精梳准备和精梳用预并条代替。

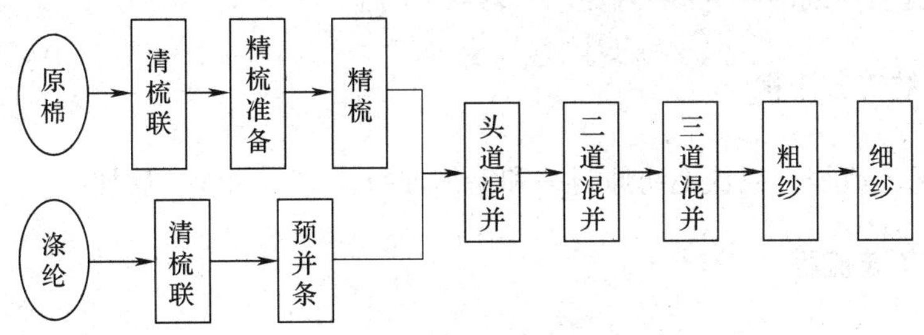

图1—3 化纤与精梳棉混纺系统流程图

5. 新型纺纱系统

新型纺纱系统的流程是开清棉→梳理→并条（两道）→新型纺纱（转杯纺、喷气纺等）。

6. 后加工系统

常用的后加工工艺过程包括：细纱→络筒（或络筒后再摇绞）；细纱→并纱→捻线→络筒；细纱→烧毛→并纱→捻线→络筒。

二、毛纺工艺流程

1. 精梳毛纺工艺流程

精梳毛纺产品对纱线的条干均匀度要求较高，因此对原料要求也较高，所经过的工序也较多。对用作精纺毛织品的高支纱，特别是混色纱，在毛条制造和前纺工程之间增加条染及复精梳工序，精梳毛纺工艺流程如下：

羊毛初步加工——→毛条制造——→前纺工程——→后纺工程

（毛条制造↓ 条染和复精梳（混色产品） ↑前纺工程）

（1）羊毛初步加工流程：原毛消毒→预热→选毛→洗毛→炭化。

（2）毛条制造流程：和毛→梳毛→头道针梳→二道针梳→三道针梳→精梳→条筒针梳→末道针梳。

（3）条染和复精梳流程：松球→染色→脱水→复洗→2～4道混条→针梳→精梳→条筒针梳→末道针梳。

（4）前纺流程：混条→头道针梳→二道针梳→三道针梳→四道针梳→粗纱。

（5）后纺流程：细纱→并线→捻线→蒸纱→络筒。

2. 粗梳毛纺工艺流程

粗梳毛纺工艺流程：粗梳毛纺原料→和毛加油→梳毛→细纱→后加工。

3. 半精纺工艺流程

毛纺和毛→棉纺梳理成条→棉纺并条→棉纺粗纱→棉纺细纱。

三、织造工艺流程

经纱（经过络筒、整经、浆纱、穿经）和纬纱（经过络筒、定捻、卷纬）经过织造成布后进行整理，如果是坯布就进入印染厂，如果是色织布就是成品。

阅读材料

一、麻纺纺纱系统

目前常用的麻纤维有苎麻和亚麻，随着纺织技术的发展，罗布麻、汉麻等麻纤维也得到了应用。

1. 苎麻纺纱系统

苎麻纺纱系统的流程是苎麻精干麻→机械软麻→给湿加油→分磅→堆仓→开松→梳麻→精梳前准备→精梳→并条→粗纱→并捻→苎麻纱线。

2. 亚麻纺纱系统

亚麻纺纱系统的流程是亚麻打成麻→手工初梳→梳麻→梳成麻（短麻）→手工整梳（开清混合）→给乳堆放→成条（梳麻）→并条→粗纱→长麻纺细纱（短麻纺细纱）。

二、绢纺纺纱系统

1. 制绵过程

制绵过程是精干绵→配绵给湿→开绵→切绵→圆梳梳绵（2~3 道）→精梳绵。

2. 前纺工艺流程

前纺工艺流程是精梳绵→配绵→延展（两道）→制条→并条（2～3 道）→延展→粗纱。

3. 后纺工艺流程

后纺工艺流程是粗纱→细纱→并捻→整丝→烧毛→成品绢丝。

思考练习

1. 简述精梳棉纺工艺流程及其特点。
2. 根据精梳毛纺工艺流程与粗梳毛纺工艺流程的区别分析精纺毛织品和粗纺毛织品的特性。
3. 简述涤棉混纺普梳纱的生产过程及其加工特点，对涤纶有什么要求？
4. 与棉纺工艺流程相比，毛纺工艺流程有哪些具体的特点？

第二章

棉纱生产技术

第一节　棉卷的制成——开清棉技术

学习目标

1. 了解开清棉工序的任务，掌握棉卷的制成过程。
2. 熟悉抓棉机械、混棉机械、开棉机械、清棉机械的结构，掌握其开松、除杂、混合的作用原理。
3. 了解工艺参数及其一般的调节方法。
4. 掌握棉卷的质量控制方法。
5. 了解开清棉机械的连接、联动控制和组合原则。

一、概述

原棉要纺制成纱需经过开松、除杂、混合、均匀、梳理、并合、牵伸、加捻和卷绕等作用过程。梳理是一个非常重要的作用过程，任何纺纱系统中都必须经过梳理机的梳理把散乱的纤维梳理加工成条，但在梳理前原料必须经过一定的开松、除杂和均匀处理，制成具有一定规格的棉卷或棉流层，这种梳理前的加工工序称为开清棉，故开清棉是棉纺工程的起点，是棉纺纺纱的第一道加工工序。

1. 棉卷制成过程

开清棉工序加工的对象是原棉包或化纤包，原料中含有各种杂质和疵点，并以压紧的原料包形式送进本工序，经开清棉工序加工成棉卷，如图 2—1 所示，棉卷的制成过程如下：棉包经抓棉机的开松、混合作用形成大棉块，经混棉机的混合、开松、除杂作用形成大棉块

原料变化
棉包
大棉块
大棉块和小棉块
小棉块和小棉束
小棉块和小棉束
棉卷
机械排列
抓棉机
混棉机
开棉机
给棉机
清棉成卷机
机械作用
开松、混合
混合、开松、除杂
开松、除杂、混合、均匀
均匀、混合
开松、除杂、均匀、成卷

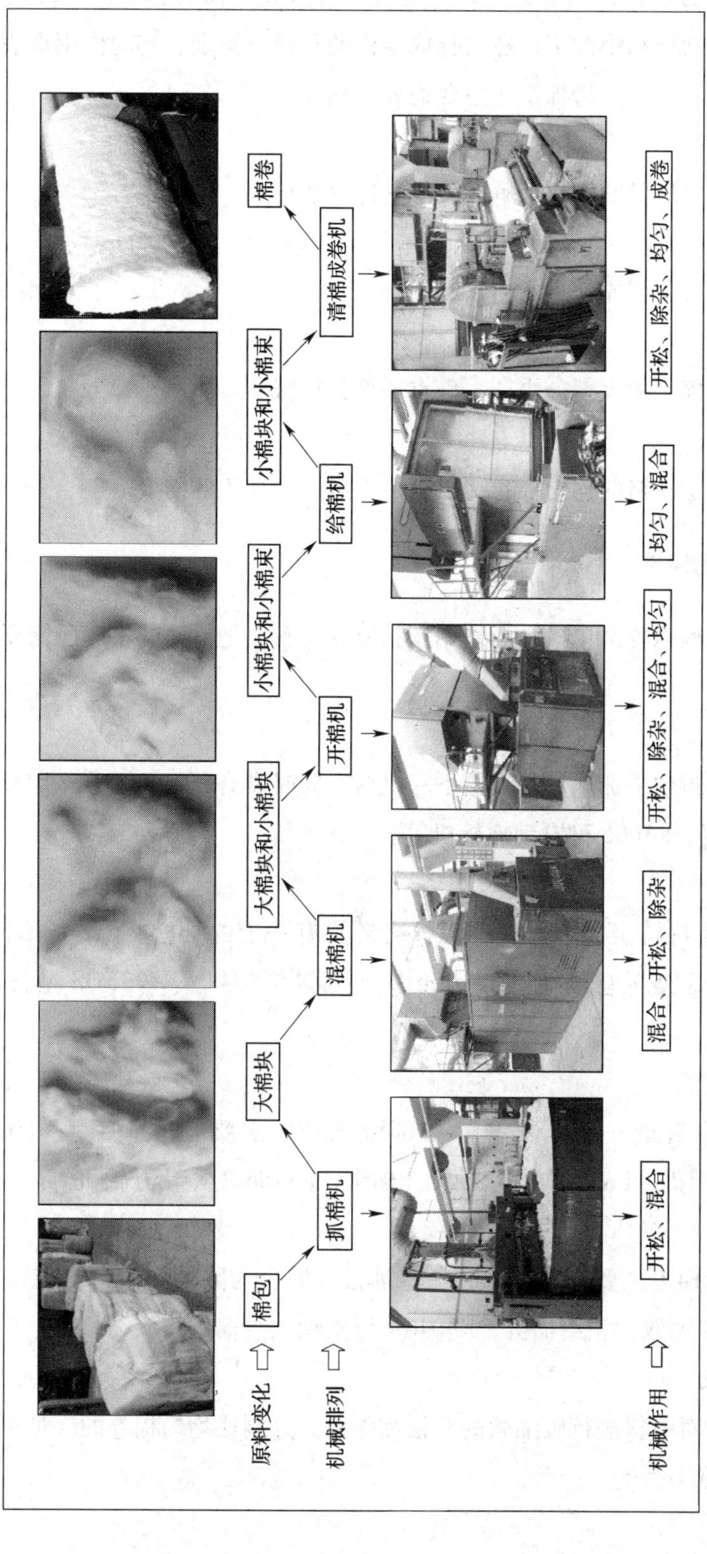

图2—1　棉卷制成过程

和小棉块，经开棉机的开松、除杂、混合、均匀作用形成小棉块和小棉束，经给棉机的均匀、混合作用形成小棉块和小棉束，经清棉成卷机的开松、除杂、均匀作用形成小棉块和小棉束，再卷绕成棉卷。所以开清棉工序主要完成下列任务：

(1) 开棉

开棉是指把棉包中压紧的棉块松解成较小的棉块或棉束。

(2) 混棉

混棉是指按配棉成分把原料进行初步的混合。

(3) 清棉

清棉是指清除原棉中的大部分尘杂、疵点和部分短绒。

(4) 成卷

成卷是指制成一定规格的均匀棉卷，以满足下道工序加工的需要。

2. 开清棉机械的组成

按照棉卷制成过程中各个单机台的作用及其所处位置，把开清棉工序所需要的设备分为以下五种：

(1) 抓棉机

抓棉机用于从原料包中抓取原料喂给下一机台，同时具有开松、混合作用及输送原料作用。主要有 FA002 型、FA006 型自动抓棉机等。

(2) 混棉机

混棉机用于将原料初步混合，有的混棉机还具有一定的扯松、除杂和均匀作用。主要有 FA022 和 FA025 型多仓混棉机、A006BS 型自动混棉机及 A035DS 型自动混开棉机等。

(3) 开棉机

开棉机用于对原料进一步开松并除去部分杂质，主要有 FA104 型六滚筒开棉机、FA105A 型单轴流开棉机、FA103A 型双轴流开棉机、FA106 型豪猪开棉机等。

(4) 给棉机

给棉机以均匀给棉为主要作用，并有一定扯松、混合与除杂作用，安装位置靠近成卷机，主要有 A092AST 型双棉箱给棉机、FA046A 型振动式给棉机等。

(5) 清棉成卷机

清棉成卷机是指对原料进行较细微的开松和除杂，并制成均匀棉卷的一种机械，主要机器型号有 FA141 型等。

二、开清棉机械设备

1. 抓棉机械

（1）FA002 型环行圆盘式抓棉机

FA002 型环行圆盘式抓棉机的结构如图 2—2 所示，圆盘式抓棉机由地轨、内围墙板、外围墙板、抓棉打手、抓棉小车、伸缩管、输棉管等组成。

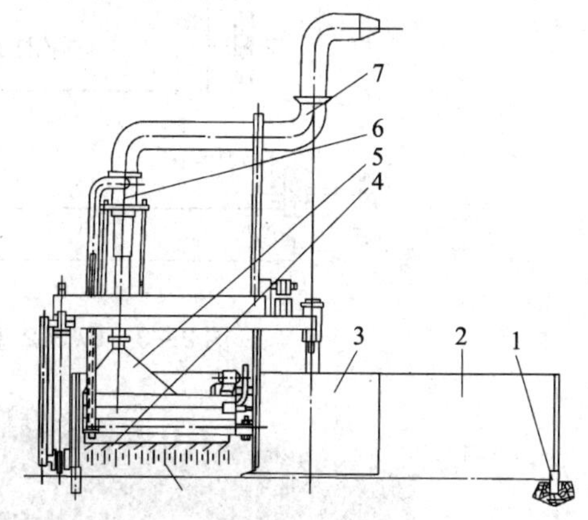

图 2—2　FA002 型环行圆盘式抓棉机的结构

1—地轨　2—外围墙板　3—内围墙板　4—抓棉打手　5—抓棉小车　6—伸缩管　7—输棉管

抓棉小车是抓棉机的主要部件，包括抓棉打手和肋条等机件。FA002 型环行圆盘式抓棉机传动图如图 2—3 所示，抓棉小车由支架连接，在环行电动机的带动下顺时针方向做非周期性的间歇式慢速运行，抓棉小车是否运行由下一机台棉箱内棉量的高度所决定。同时，抓棉打手在打手电动机的带动下做连续的高速旋转，肋条压紧棉包，抓棉打手的刀片逐包抓取棉块，棉块在气流的作用下通过伸缩管和输棉管喂给下一机台。抓棉小车每回转一周后在升降电动机的作用下要下降一定的距离，以便抓棉打手能抓取到下一层的棉块。

环行圆盘式抓棉机抓棉打手包括锯齿形刀片、隔盘和打手轴，如图 2—4 所示。

由于抓棉小车绕旋转中心做圆周运动，单位时间内由内向外抓棉打手抓过棉层的面积不同，如图 2—5 所示。单位时间内内圈抓取面积小，抓取原料少；外圈抓取面积大，抓取的原料多，所以抓棉打手上一般有 31 片刀，由内向外分为三组，每组刀片上的刀齿数不相同，里面一组有 12 片刀，每片刀上有 9 齿，共 108 齿；中间一组有 8 片刀，每片刀上有 12 齿，共 96 齿；外面一组有 11 片刀，每片刀上有 15 齿，共 165 齿，这样单位时间内抓取原料少的，其总刀齿数也少，抓取原料多的，其总刀齿数也多，这样就使抓取的棉块尽可能大小相同。

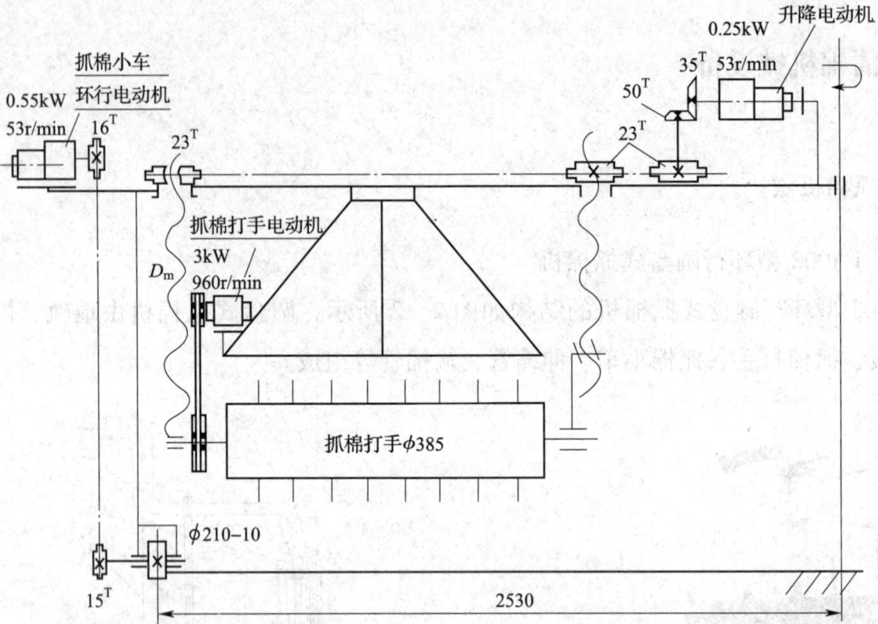

图 2—3 FA002 型环行圆盘式抓棉机传动图

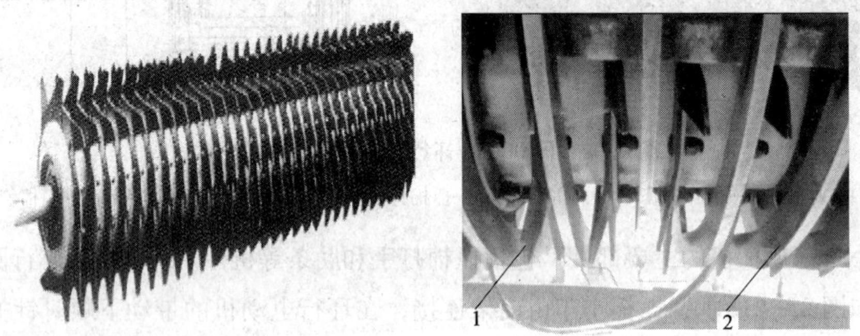

图 2—4 FA002 型环行圆盘式抓棉机抓棉打手的结构

1—抓棉打手刀片 2—肋条

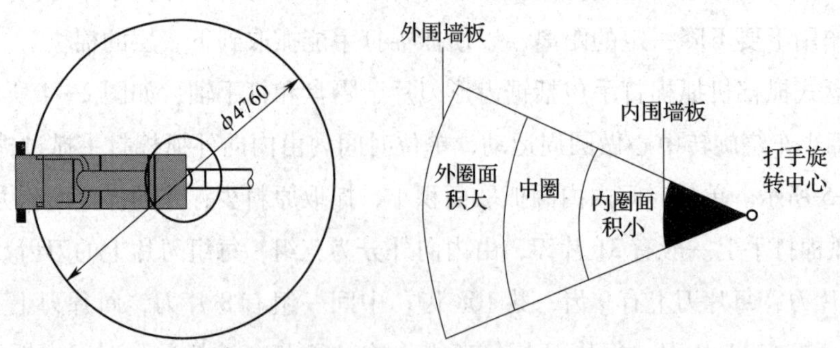

图 2—5 FA002 型环行圆盘式抓棉机抓棉打手的抓取面积

（2）FA006 型直行往复式抓棉机

如图 2—6 所示，FA006 型直行往复式抓棉机主要由抓棉器、直行小车和转塔等组成，适用于加工各种原棉和 76 mm 以下的化学纤维。

图 2—6　FA006 型直行往复式抓棉机

抓棉器内装有抓棉打手和压棉罗拉。直行小车通过支承的四个行走轮在地轨上做往复运动。转塔由塔顶、塔底等组成。一般情况下，棉包堆放在轨道的两侧，当一侧抓棉时，另一侧可堆放新包。当一侧原料用完时，另一侧原料可紧接着使用，减少间隔的时间，提高生产效率。FA006 型往复式抓棉机堆放棉包数量比 FA002 型多，可进行更多棉包的混合。

（3）抓棉机作用效果的影响因素

1）影响抓棉机开松作用效果的因素

①打手刀片伸出肋条的距离。此距离一般为 2.5 ~ 7.5 mm。距离小，刀片插入棉层浅，抓取纤维块的平均体积小，开松效果好。

②抓棉小车间歇下降的动程。下降动程通常为 3 ~ 6 mm。动程大，抓取棉块的平均质量大，产量增加，但开松作用效果降低。在满足产量的前提下，动程以小为宜。

③抓棉打手的转速。其转速一般在 700 ~ 900 r/min 范围内。提高抓棉打手转速，刀片每转一转的抓棉量减少，开松作用好；但转速过高，抓棉小车振动过大，易损伤纤维和刀片。

④抓棉小车的运行速度。速度高，产量高，单位时间抓取的原料多，但开松效果差。

⑤抓棉小车和抓棉打手的运动方向。两者运动方向相反时，棉块开松作用加强；方向相同时，棉块的开松作用差。

抓棉的开松作用效果可以用抓棉机输出的理论棉块重量 M（g/块）来表示：

$$M = \frac{G}{Nz}$$

式中　G——抓棉机产量，g/min；

N——抓棉打手转速，r/min；

z——抓棉打手表面总齿数。

理论棉块重量越重，抓取的棉块越大，开松效果越差；理论棉块重量越轻，抓取的棉块越小，开松效果越好。

2）影响抓棉机混合作用效果的因素

① 抓棉小车的运转效率。遵循“勤抓、少抓、尽量少停车”原则。“勤抓”是指单位时间内抓取的配棉成分多；“少抓”是指抓棉打手每回转一次的抓棉量要少。运转效率一般要求达到80%以上。提高运转效率，对后工序的开松、除杂和棉卷均匀度都有益。

② 装箱排包的影响。排包时要避免同一成分的原料被连续重复抓取，对于相同成分的原料要做到沿打手运动方向均匀分散，沿打手轴向方向要错开，保证抓棉小车每一瞬时抓取不同成分的原棉。上包时要“削高嵌缝，低包松高，平面看齐，一唛到底”。使用回花、再用棉时要用棉包夹紧，最好打包后再使用。

2. 混棉机械

混棉机械的安装位置靠近抓棉机械，是把抓棉机抓取的原料经初步混合、开松并除去部分杂质，其特点是具有较大的棉箱和角钉机件。大棉箱容量较大，可对原料进行混合，角钉机件可对原料进行扯松。根据棉箱的结构特点，混棉机械可分为多仓式和棉箱式两大类。常用的混棉机械有FA022、FA025、FA028型多仓式混棉机和A006BS、A006CS型棉箱式自动混棉机。

混棉机的混合方式有时间差混棉、路程差混棉、夹层混棉、翻滚混棉。时间差混棉是指不同时间喂入的原料同时输出形成时间差混合，时间差越大，混合效果越好。路程差混棉是指同时喂入的原料在混棉机内各自经过的路程不同，形成路程差从而不同时输出，路程差越大，混合效果越好。夹层混棉（横铺直取）是指棉层经摆斗逐层横向铺放在梳棉帘上，角钉帘垂直抓取不同棉层中的纤维。翻滚混棉是指角钉斜帘抓取时引起原料在棉仓内翻滚混合。

（1）FA022型多仓式混棉机

1）机构组成及工艺过程。如图2—7所示，FA022型多仓式混棉机由电气控制装置、输棉风机、进棉管、回风道、挡板活门、给棉罗拉、打手、混棉道、配棉道、棉仓、网眼板、光电管、出棉管、压差开关等组成。

原料经进棉管进入配棉道，依次喂入各棉仓。给棉罗拉把仓内原料均匀地输送给混棉道上方的打手，经打手开松后落入混棉道内，经出棉管吸走。在混棉道气流输送过程中，不同时间喂入的原料同一时刻输出，达到了原料混合的目的。

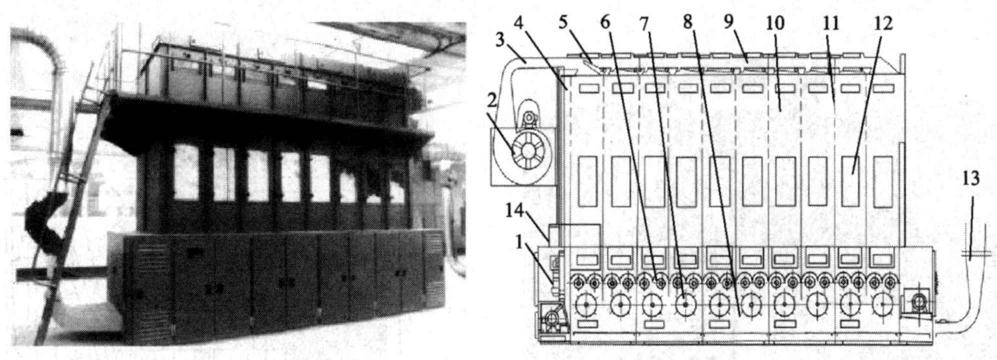

图 2—7　FA022 型多仓式混棉机的结构

1—电气控制装置　2—输棉风机　3—进棉管　4—回风道　5—挡板活门　6—给棉罗拉　7—打手
8—混棉道　9—配棉道　10—棉仓　11—网眼板　12—光电管　13—出棉管　14—压差开关

2）FA022 型多仓式混棉机的基本作用。多仓式混棉机的基本作用是混合、开松、均匀作用。如图 2—8 所示，FA022 型多仓混棉机依次喂棉，喂棉顺序为 $A_1 \to A_2 \to \cdots \to A_6 \to B_1 \to \cdots \to B_6 \to \cdots$，而输出顺序为由下向上同一高度的原料同时输出。各仓同一高度的原料 A_6、B_5、C_4、D_3、E_2、F_1 不是同时喂入的，但它们会在同一时刻输出。也就是不同时喂入的原料在同一时间输出，达到时间差混合的效果。同时输出的原料中，第一仓与最后一仓喂入间隔的时间差为 20 ~ 40 min，时间差越大，同时参与混合的原料成分越多，混合效果越好。

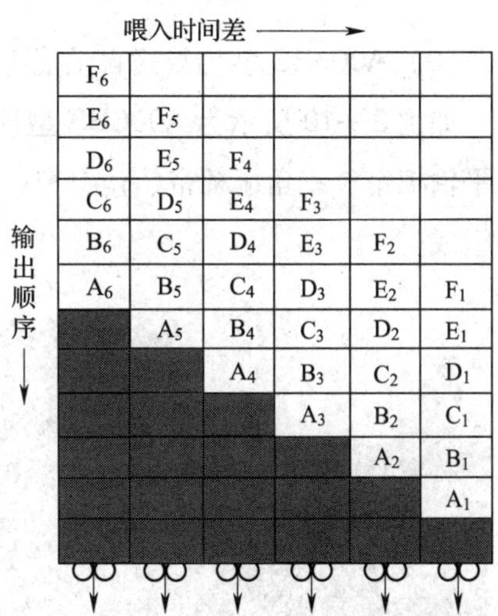

图 2—8　FA022 型多仓式混棉机喂入与输出顺序

各仓下方的给棉罗拉把仓内原料均匀地输送给混棉道上方的打手，经打手的打击开松后落入混棉道内，完成开松作用。棉仓中的光电管控制原料的高度，压力开关控制棉仓中的原料密度，从而稳定各棉仓中的棉量，使输出原料保持相对稳定，起到均匀的作用。

（2）FA025 型多仓式混棉机

如图 2—9 所示为 FA025 型多仓式混棉机的结构。棉流经喂棉管道同时喂入由大棉箱分隔成的各个棉仓，各仓原料再经弯板转过 90° 导出，顺次叠加在水平导带上，形成多层重叠堆放的棉堆，然后角钉帘上的角钉同时抓取各层原料，并扯成小棉束输出。均棉罗拉可将角钉帘携带的过多的纤维块回击落入小混棉箱内，剥棉罗拉将角钉帘上的纤维块剥取下来，经输棉管输出喂给下一机台。这种混棉机的混合特点是“同时喂入，不同时输出，多层并合，多层混合”。

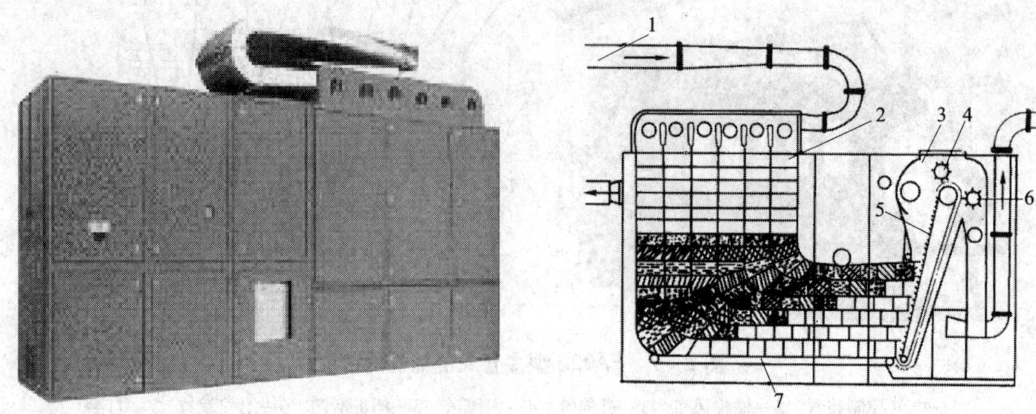

图 2—9 FA025 型多仓式混棉机的结构

1—喂棉管道 2—多个棉仓组成的大棉箱 3—小混棉箱 4—均棉罗拉 5—角钉帘 6—剥棉罗拉 7—水平导带

（3）A006BS 型棉箱式自动混棉机

如图 2—10 所示为 A006BS 型棉箱式自动混棉机的结构，它由凝棉器、摆斗、储棉箱、水平输棉帘、三角压棉帘、角钉帘、均棉罗拉、剥棉打手、尘棒、光电管、混棉比斜板等机构组成。

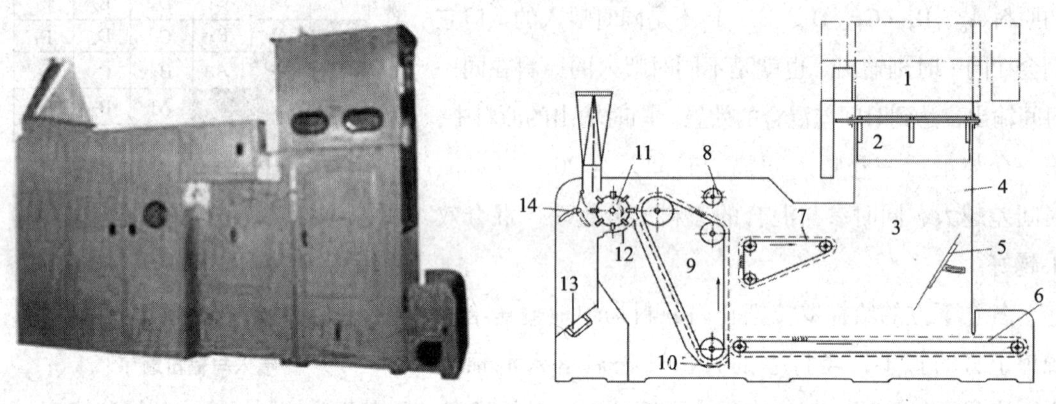

图 2—10 A006BS 型棉箱式自动混棉机的结构

1—凝棉器 2—摆斗 3—储棉箱 4—光电管 5—比斜板 6—水平输棉帘 7—压棉帘

8—均棉罗拉 9—角钉帘 10—尘棒 11—剥棉打手 12—尘格 13—吸铁装置 14—间道隔板

原料由凝棉器吸入本机，在摆斗的作用下横向折叠铺放在水平输棉帘上向前输送，在压棉帘和水平输棉帘的共同作用下慢速喂给角钉帘。角钉帘上的角钉快速垂直抓取折叠棉堆的前端，将原料向上、向前输送。均棉罗拉将角钉帘上较厚的多余原料反击回压棉帘上，重新送回储棉箱进行混合。剥棉打手将角钉帘上的纤维块剥离并抛向尘格，在打手和尘棒的共同作用下，纤维块被松解成小块，暴露出来的杂质在惯性作用下通过尘棒间隙下落而被除去，原料则通过输棉管道输送给下一机台。其作用包括混合作用、开松作用、均匀作用、除杂作用。

如图 2—11 所示，A006BS 型自动混棉机的混合作用主要通过横铺直取的方式完成，将凝棉器的尘笼沿圆周方向分为 1、2、3、4、5、6、7、8 八等份，这八份不同时间喂入的原料堆放在同一堆，任一时刻角钉帘上的角钉都可抓取尘笼一周内的所有原料并同时输出，即不同时喂入的原料同时输出，也是时间差混合，从而实现多种原料的混合。

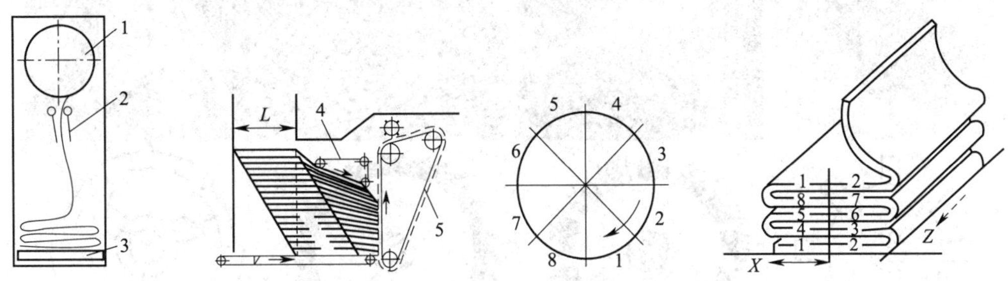

图 2—11　A006BS 型自动混棉机堆棉方式

1—凝棉器　2—摆斗　3—输棉帘　4—压棉帘　5—角钉帘

3. 开棉机械

开棉机械利用开棉打手对纤维块进行打击开松，进一步将原料开松成小棉束，并在开棉打手的打击与气流作用下排除杂质。

如图 2—12 所示，开松方式有两种：一种是原料在非握持状态下经受打击，实现纤维块的松解作用，称为自由打击开松，如多滚筒开棉机、轴流开棉机等；另一种是原料在被握持状态下经受打击，纤维块被分解成更小的纤维块或纤维束，称为握持打击开松，如豪猪式开棉机等。自由打击开松作用比较柔和，纤维损伤少，杂质破碎也少，适于开松的初始阶段。握持打击开松作用剧烈，开松与除杂效果好，但纤维损伤与杂质破碎严重。在开清棉机械排列组合中，一般先安排自由打击的开棉机，再安排握持打击的开棉机。

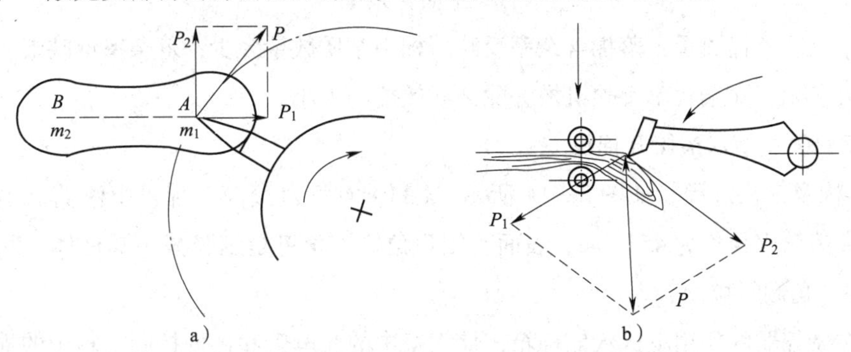

图 2—12　开松方式

a）自由打击开松　b）握持打击开松

开棉打手的形式如图2—13所示，其分为刀片式、梳针滚筒式、锯齿滚筒式、三翼梳针滚筒式。作用特点：梳针滚筒式打手对纤维作用缓和，纤维损伤少，但产量低，适用于加工化纤；刀片式打手对纤维作用居中，适用于所有开棉机；锯齿滚筒式打手对纤维作用强烈，纤维损伤严重。

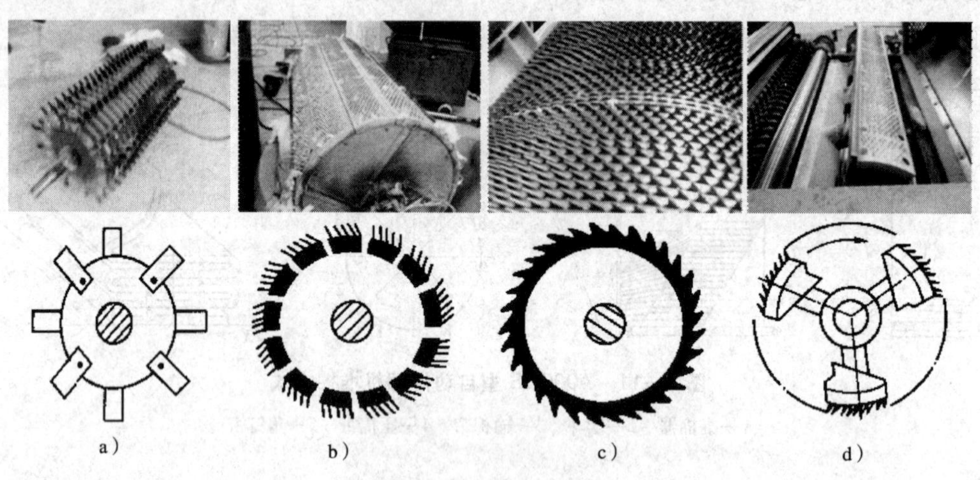

图2—13　开棉打手的形式

a）刀片式　b）梳针滚筒式　c）锯齿滚筒式　d）三翼梳针式

开棉机械开松效果的评定方法有重量法、比容法、气流测定法。除杂检测指标有：

$$落棉率=\frac{落棉重量}{喂入原棉重量}\times100\%$$

$$落棉含杂率=\frac{落棉中杂质的重量}{落棉重量}\times100\%$$

$$落杂率=\frac{落棉中杂质的重量}{喂入原棉重量}\times100\%$$

$$除杂效率=\frac{落杂率}{原棉含杂率}\times100\%$$

落棉率反映落棉数量；落棉含杂率反映落棉中杂质数量多少；落杂率反映喂入原棉中的杂质被除去多少；除杂效率反映机械去除杂质效能的大小。

（1）FA104A型六滚筒开棉机

1）结构及工艺过程。如图2—14所示，FA104A型六滚筒开棉机由滚筒、尘格、剥棉刀等组成。滚筒直径均为455 mm，表面有四列角钉，角钉是细长截头圆柱体，六个滚筒自下而上成45°角倾斜排列。

原料在凝棉器的作用下进入储棉箱，储棉箱中的光电管和摇栅控制棉箱中的棉量，原料在刀片打手和六个滚筒的作用下，由前方气流的吸引自下而上逐步向前运动。在各滚筒上方装有“V”形剥棉刀，减少滚筒返花。在1～5个滚筒的下方装有振动式扁钢尘棒组成的尘格，第六个滚筒下方没有。第1、2、3个滚筒下方尘棒的数量是35根，第4、5滚筒下方是39根，尘棒间的隔距均可调节。

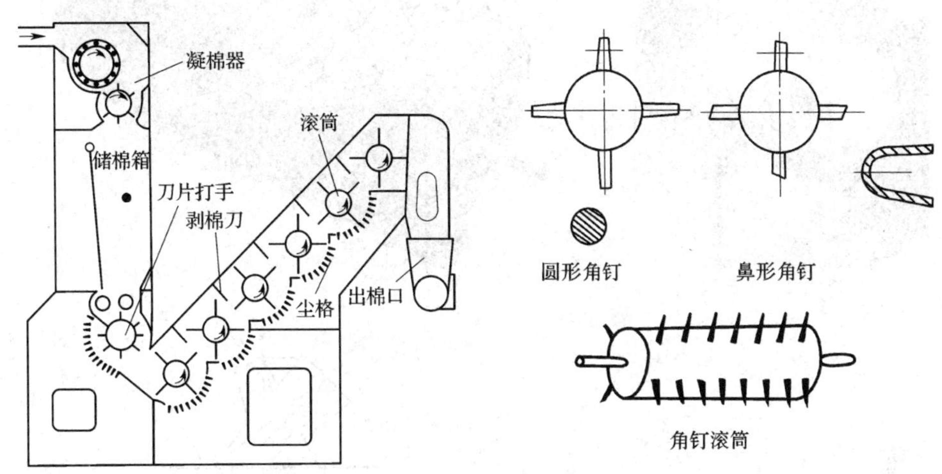

图2—14　FA104A型六滚筒开棉机的部件

2）作用。FA104A型六滚筒开棉机的基本作用有开松作用和除杂作用。原料进入六滚筒后，在自由状态下受角钉的打击，在滚筒与尘棒间被反复作用而开松，杂质从尘棒间隙落出，除杂面积较大，且杂质不易碎裂，有利于杂质早落、少碎，对清除棉籽、籽棉、不孕籽等大杂质有较高的效能。

3）工艺与质量关系。开松、除杂作用与转速、隔距等工艺参数有密切关系。

①滚筒转速提高，则开松、除杂效果好。滚筒转速常采用递增的方法配置，相邻两滚筒的转速比常为1∶1.1～1∶1.3。滚筒转速要根据原棉的品级决定，一般采用450～750 r/min。

②滚筒与尘棒间隔距在进口、出口处较大（26～40 mm），中点隔距最小（6～20 mm），此隔距减小，棉块受到的作用力强，则开松、除杂效果好。

③尘棒间隔距增大，则落棉率提高，除杂效果好，但除杂效率不一定高。

④剥棉刀用于防止滚筒返花，减少因返花而引起的棉结，在保证滚筒既不与剥棉刀相碰，又不返花的前提下，滚筒与剥棉刀间的隔距按偏小值设计，通为1.5 mm左右。

（2）轴流式开棉机

如图2—15所示，FA113型单滚筒轴流式开棉机一般有一个卧式滚筒，滚筒的下部有尘格，滚筒上部有罩盖，罩盖内的3块导流板与轴线安装成一定角度。滚筒表面呈纵向螺旋状配置16排V形角钉，72根三角形尘棒分左右两组。原料由进棉口进入，并随滚筒的回转和导流板引导，以螺旋线绕滚筒运动，在角钉与尘棒反复作用下完成开松、除杂工作。原料回转两周半后沿出棉口输出，杂质落入尘箱中。单滚筒轴流式开棉机在自由状态下开松纤维块，对纤维损伤较少，杂质不易被打碎。

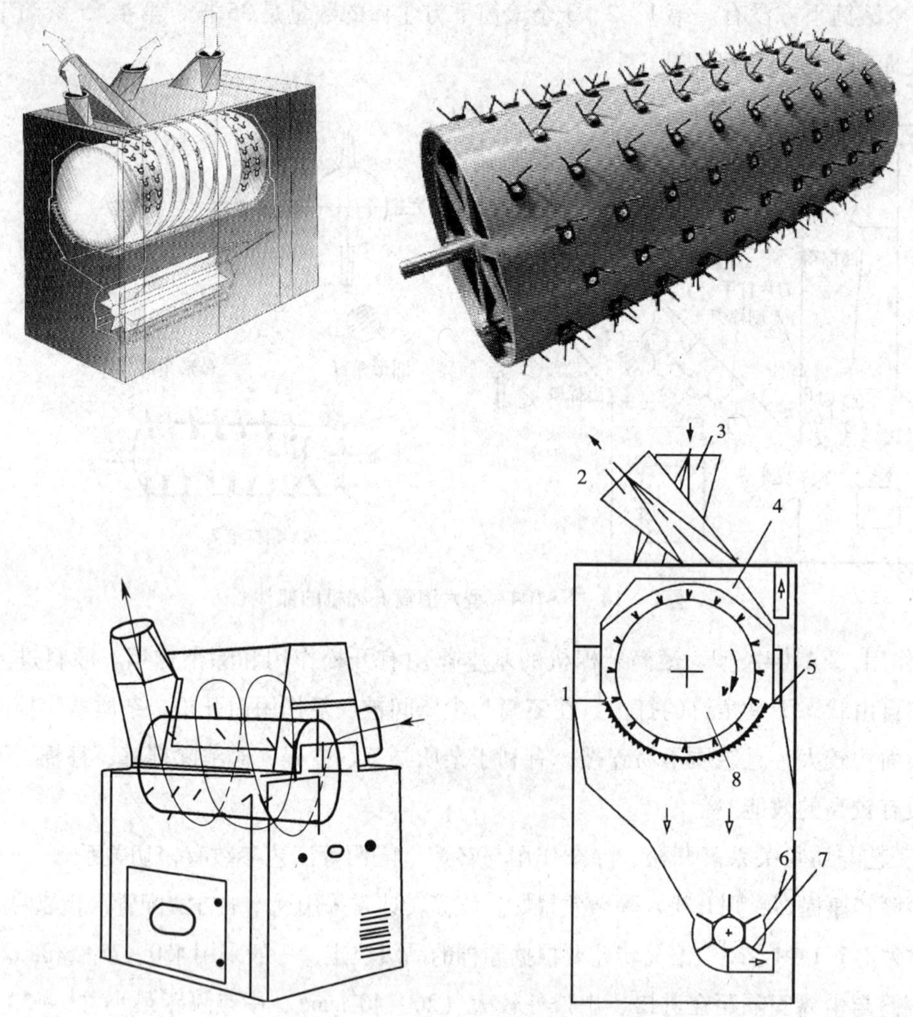

图 2—15　FA113 型单滚筒轴流式开棉机

1—V 形角钉　2—出棉口　3—进棉口　4—导流板

5—尘格　6—落棉小车　7—排杂打手　8—滚筒

（3）握持打击开棉机（豪猪式开棉机）

1）结构及工艺过程。如图 2—16 所示，FA106 型豪猪式开棉机由凝棉器、储棉箱、调节板、光电管、木罗拉、给棉罗拉、豪猪打手、尘棒、输棉管等组成。原棉由凝棉器喂入储棉箱，储棉箱内装有调节板、光电管，用于控制储棉箱中棉量的多少。棉箱下方一对木罗拉和一对给棉罗拉握持棉层垂直喂入，高速回转的豪猪打手猛烈打击、分割、撕扯棉层，被打手撕下的棉块沿打手圆弧的切线方向撞击在三角形尘棒上，在打手与尘棒的共同作用及气流的配合下，棉块获得进一步的开松与除杂，被开松的棉层由下一机台凝棉器吸引输出，杂质由尘棒间隙排落在车肚底部。

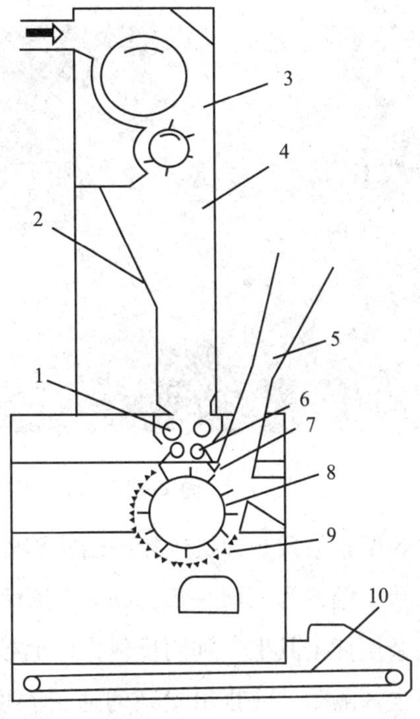

图 2—16　FA106 型豪猪式开棉机

1—木罗拉　2—调节板　3—凝棉器　4—储棉箱　5—出棉口
6—给棉罗拉　7—剥棉刀　8—豪猪打手　9—尘格　10—输杂帘

豪猪式开棉机的打手有刀片打手和梳针打手两种，FA106B 型豪猪式开棉机配用刀片打手，用于原棉的加工；FA106A 型豪猪式开棉机配用梳针打手，用于棉型化纤的加工。

刀片打手如图 2—17 所示，打手轴上装有 19 个圆盘，每个圆盘上装有 12 片矩形刀片，刀片厚 6 mm。每个圆盘上的 12 把刀片与圆盘不在一个平面上，而是以不同的距离向圆盘的两侧弯曲，使刀片对棉层整个横向都能打击 1 ~ 2 次。

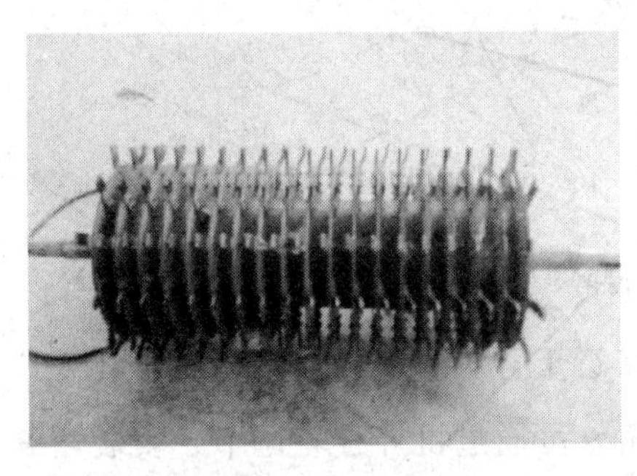

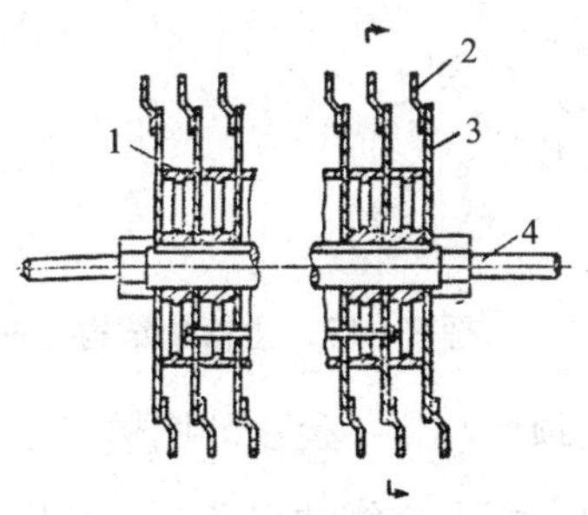

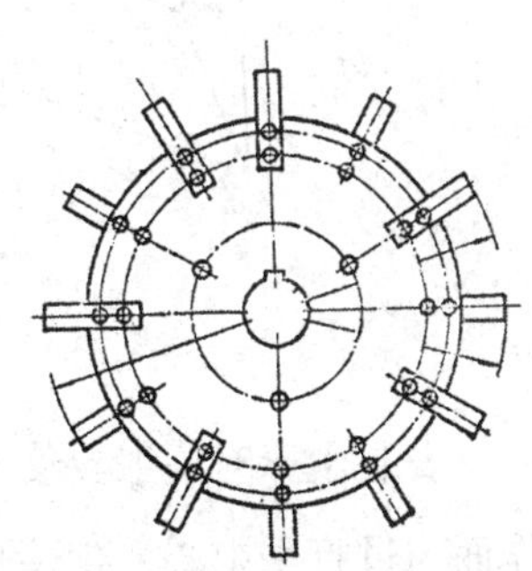

图 2—17　FA106B 型豪猪式开棉机的刀片打手

1—刀片隔盘　2—刀片　3—刀片盘　4—打手轴

梳针打手如图 2—18 所示。

图 2—18 FA106A 型豪猪式开棉机梳针打手

FA106 型豪猪式开棉机尘棒的结构与安装角如图 2—19 所示，尘棒是横截面为三角形的扁平长铁棒。结构为三面一角，*abef* 为顶面，其作用是托持棉块不落下；*acdf* 为工作面，其作用是使杂质撞击其上，利用反射作用而被去除；*bcde* 为底面，其作用是与另一根尘棒的工作面构成尘棒隔距，是排出尘杂的通道。顶面与工作面的夹角 α 为杂质清除角，其大小影响开松和除杂作用，α 角减小，可使尘棒顶点对棉块的阻刮作用增加，开松和除杂作用强，但尘棒的顶面托持作用减弱，α 角一般为 40°～50°。尘棒间的隔距是尘棒顶面与底面的交线 *be* 至相邻尘棒工作面间的垂直距离。

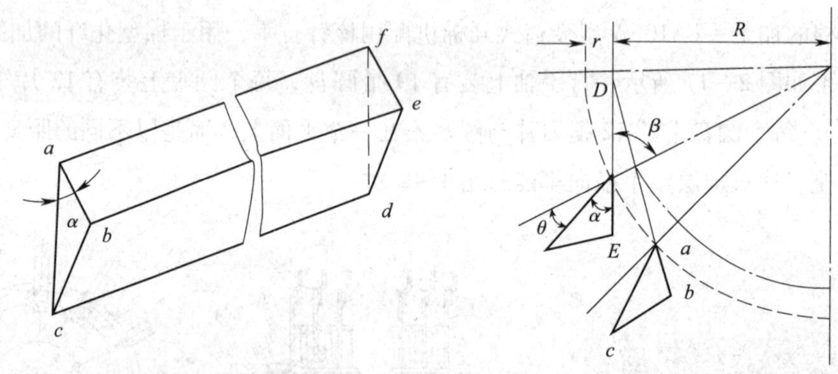

图 2—19 尘棒的结构与安装角

安装尘棒时一般要使其顶面与打手运动的圆周切线接近重合。尘棒的安装角是指尘棒工作面与过打手中心、尘棒顶点两点连线的夹角 θ。安装角 θ 可通过机外手轮调节，安装角 θ 改变，则尘棒间的隔距也改变，安装角 θ 的变化对落棉、除杂和开松作用都有影响，在一定范围内，减小安装角 θ，尘棒间隔距增大，落棉率提高，落棉含杂率降低。

豪猪式开棉机机型不同，各自配备的尘格规格、数量也不相同。FA106B 型配置四组尘格，共 63 根三角尘棒，按进口、中间（配置两组）、出口次序分布为 14 根、17 根、17 根、15 根尘棒，主要用于原棉的加工；FA106A 型配置三组共 49 根尘棒，进口处安装有弧形光板，中间、出口的尘棒配置与 FA106B 型的相同，主要用于棉型化纤的加工。

2）作用

①开松作用。给棉罗拉握持住原料并不断喂出，豪猪打手对其打击、分割、撕扯，进行开松。

②除杂作用。如图 2—20 所示，纤维和杂质一起脱离梳棉打手后，由于杂质密度大而体积小，受气流的影响小，杂质按其作用力方向运动；而纤维块体积大且密度小，受气流的影响大，纤维块随气流沿梳棉打手做圆周运动，这样受打手作用的纤维块与杂质飞行一段时间后就出现明显的分离，杂质脱离打手运动，投射到尘棒工作面上，经过反射落入车肚形成落棉。而纤维随打手表面的气流运动向前输送。

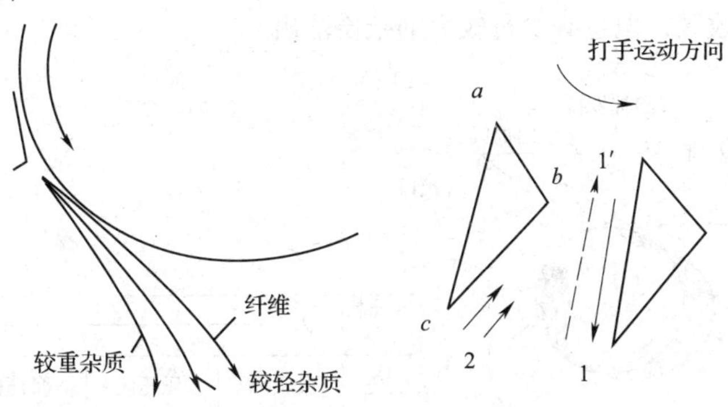

图 2—20　气流对纤维、杂质的作用

3）影响开松和除杂效果的因素。主要因素是转速和隔距，转速有给棉罗拉、开棉打手的转速，隔距包括打手与给棉罗拉间隔距、打手与尘棒间隔距、打手与剥棉刀间隔距、尘棒之间隔距，如图 2—21 所示。

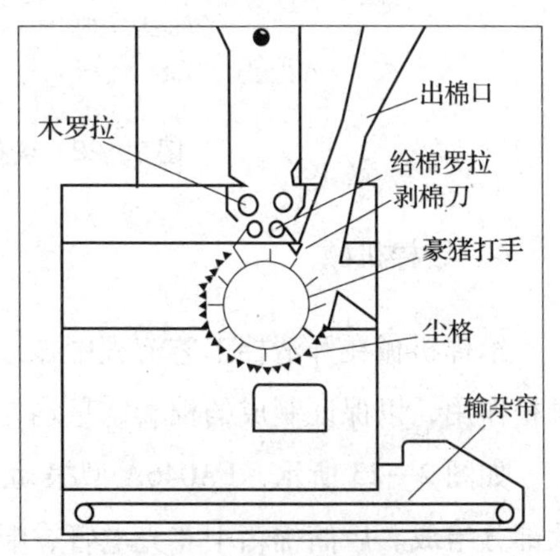

图 2—21　豪猪式开棉机打手室的结构

给棉罗拉转速是决定产量的主要因素，给棉罗拉转速高，产量高，但开松作用差，落棉率低。通常打手转速为 500 ~ 700 r/min。加工纤维长、含杂少或成熟度差的原棉时，采用较低的打手转速。

打手与给棉罗拉间隔距小，刀片进入棉层深，开松作用强，但较长的纤维易损伤或者击落后易扭结。该隔距应根据纤维长度和棉层厚度而定，配置不当容易损伤纤维。打手与尘棒间隔距小，纤维块受尘棒阻击的机会增多，在打手室内停留的时间长，故开松作用强，落棉增加。为防止打手返花，打手与剥棉刀间隔距以小为宜，一般采用 1.5～2 mm。尘棒间隔距大小应根据原棉含杂率高低和加工要求决定，一般规律是入口部分隔距较大，便于大杂先落，补入气流；中间部分可适当减小尘棒间隔距；出口部分的尘棒间隔距放大，以回收纤维，节约用棉。

4）气流对除杂的影响。打手室的气流对除杂和节约用棉有一定的影响。豪猪式开棉机的尘箱（车肚）用隔板分成前后两部分，如图 2—22 所示。靠近出棉部分称为前箱，前箱装有进风门，当进风门开启时，可使空气大量流进，满足补风量的需要，所以前箱称为“活箱”。靠近进棉部分称为后箱，后箱周围通常密封，很少有外界空气流进，所以后箱称为“死箱”。“死箱”部分气流从打手室通过尘棒间隙流出，可落下较多的杂质和纤维，成为主要落杂区。“活箱”部分气流从尘棒间流入打手室，落出的可纺长纤维又随气流回入打手室，成为主要回收区，但也有少量较大的杂质落出。

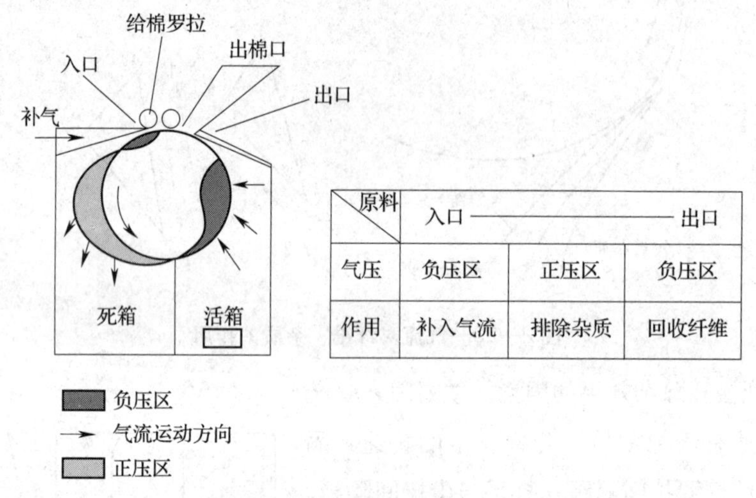

原料	入口 ——— 出口		
气压	负压区	正压区	负压区
作用	补入气流	排除杂质	回收纤维

图 2—22　豪猪式开棉机打手室气流运动规律

4. 给棉机械

给棉机械在开清棉工艺流程中靠近成卷机，主要作用是均匀给棉，并具有一定的混棉和扯松作用，以保证制成的棉卷定量均匀。主要型号有 FA046A 型振动式给棉机。

如图 2—23 所示，FA046A 型振动式给棉机主要由后储棉箱、中储棉箱、前振动棉箱三大部分组成。后储棉箱中有光电管、喂给罗拉，中储棉箱中有水平输棉帘、角钉帘、均棉罗拉、摇板。前储棉箱中有角钉打手、光电管、振动扳、出棉罗拉等。

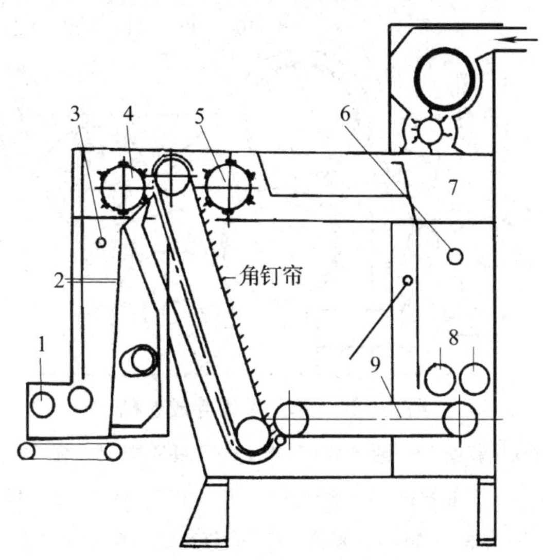

图 2—23　FA046A 型振动式给棉机

1—出棉罗拉　2—振动板　3—光电管　4—角钉打手　5—均棉罗拉
6—光电管　7—后储棉箱　8—喂给罗拉　9—水平输棉帘

原料在凝棉器的作用下进入后储棉箱，由光电管控制储棉量的多少，喂给罗拉将原料输出，在水平输棉帘作用下进入中储棉箱，摇板控制中储棉箱的储棉量，角钉帘抓取中储棉箱的原料进入前储棉箱，均棉罗拉可将较多的原料击回中储棉箱，起到均匀作用。角钉打手剥取角钉帘上的原料进入前振动棉箱，振动板、光电管控制箱内棉量，然后在出棉罗拉作用下均匀输出棉层，供给清棉成卷机。给棉机械的作用特点是多棉箱多点控制、均匀给棉。

5. 清棉成卷机械

清棉成卷机械是开清棉工序加工中的最后一道，其作用是对原料继续进行开松、除杂、混合、均匀，控制棉层纵向、横向的均匀度，制成一定规格的棉卷。

（1）结构及工艺过程

单打手清棉成卷机如图 2—24 所示，原料由给棉机输出均匀地铺在输棉帘上，经过角钉罗拉，在天平罗拉和天平曲杆的握持下喂入打手室，受高速回转的综合打手的打击、撕扯、分割和梳理作用抛向尘格，部分杂质落入尘箱，原料在气流的作用下凝聚在回转的尘笼表面形成纤维层，在剥棉罗拉作用下，经防粘罗拉、紧压罗拉、导棉罗拉及棉卷罗拉卷绕成卷；同时，细小尘杂和短绒透过尘笼网眼而被排除。

清棉成卷机主要由输棉帘、角钉罗拉、天平罗拉、天平曲杆、综合打手、尘笼、防粘罗拉、紧压罗拉、导棉罗拉及棉卷罗拉等组成。按其机构作用不同，可分为开松与除杂机构、均匀机构和成卷机构三大部分。

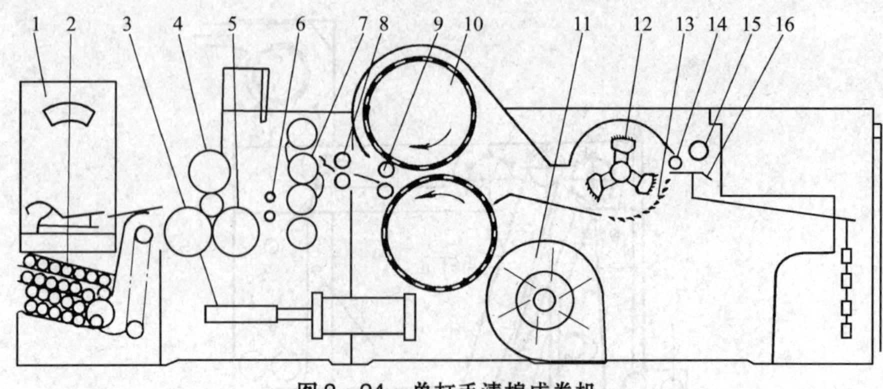

图 2—24 单打手清棉成卷机

1—棉卷秤 2—存放扦装置 3—渐增加压装置 4—压卷罗拉 5—棉卷罗拉 6—导棉罗拉 7—紧压罗拉 8—防粘罗拉 9—剥棉罗拉 10—尘笼 11—风机 12—综合打手 13—尘格 14—天平罗拉 15—角钉罗拉 16—天平曲杆

1）开松与除杂机构。该机构由综合打手和尘棒等组成。开松、除杂作用主要发生在打手与天平罗拉、打手与尘棒之间。如图 2—25 所示，综合打手由翼式打手和梳针打手发展而来，兼有翼式打手和梳针打手的特点。梳针长度从头排至末排依次递增，以逐步加强对棉层的梳理作用。综合打手下方约 1/4 圆周外装有由尘棒组成的尘格，尘棒之间的隔距用机外手轮调节。

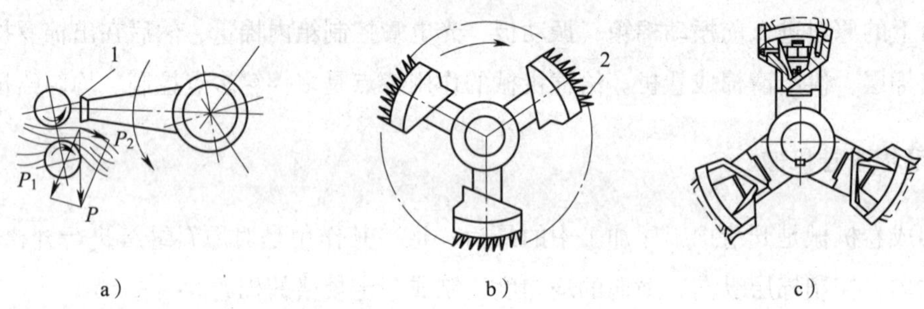

图 2—25 综合打手

a）翼式打手 b）梳针打手 c）综合打手

1—翼式刀片 2—梳针

2）均匀机构。该机构主要包括天平调节均棉装置和一对尘笼。天平调节均棉装置的结构如图 2—26 所示，其作用原理是根据喂入棉层厚薄的变化调节给棉速度，使单位时间内喂入打手室的棉量保持稳定。该装置由棉层检测、利用连杆求纤维层平均厚度、变速调整等机构组成。16 根天平杆和天平罗拉横向检测棉层厚度，通过连杆系统求出纤维层总的平均厚度，经平衡杠杆驱动调节螺杆、双臂杠杆和连杆，使铁炮传动带左右移动，改变上铁炮、天平罗拉的转速，最终确保天平罗拉钳口单位时间内输纤量的稳定。

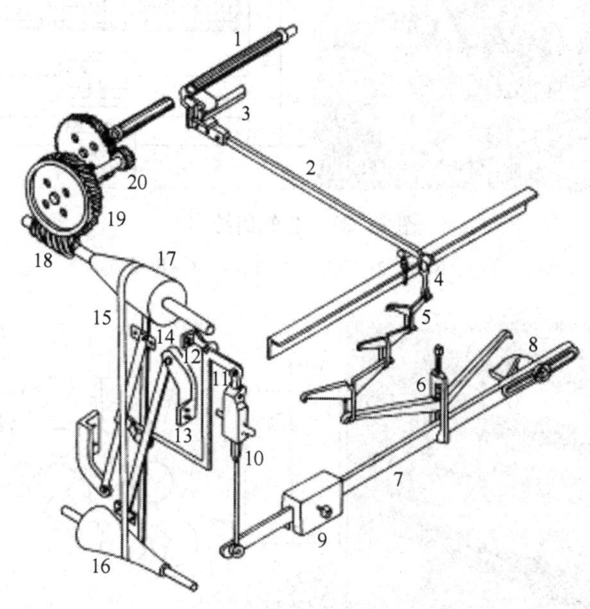

图 2—26　天平调节均棉装置的结构

1—天平罗拉　2—天平杆　3—天平杆刀口棒　4—天平连杆　5—支连杆　6—总连杆　7、8—平衡杠杆　9—平衡锤　10—调节螺杆　11—双臂杠杆　12—双臂杠杆支点　13—连杆　14—铁炮传动带叉　15—铁炮传动带　16—主动铁炮　17—被动铁炮　18—蜗杆　19—蜗轮　20—天平罗拉传动齿轮

清棉机的尘笼利用风扇所产生的气流吸力，将打手室的棉束吸向尘笼的表面，凝成棉层。在棉层凝聚过程中有均匀并合作用，并可清除其中的细小尘杂。如图 2—27 所示，上、下尘笼采用钢板冲孔，两端的风口与机架墙板相通，构成风道。下尘笼左右风口处装有挡板，可以调节风口的大小，以便改善棉层在上、下尘笼表面的凝聚状况。

3）成卷机构。该机构由紧压罗拉、防粘罗拉、压卷罗拉、棉卷罗拉和自动落卷装置等组成。如图 2—28 所示，在剥棉罗拉与紧压罗拉之间装有一对防粘罗拉，上为凹罗拉，下为凸罗拉。棉层先经凹罗拉和凸罗拉轧成槽纹，再进入紧压罗拉，以达到较好的防粘效果。防粘罗拉输出的膨松棉层通过四个表面光滑而中空的紧压罗拉加压后，使棉层层次分明，不粘连，便于下道工序加工。棉层自紧压罗拉输出后，经导棉罗拉到棉卷罗拉上，棉层因棉卷罗拉的摩擦作用而卷绕在棉卷扦上，在棉层卷绕过程中，压卷罗拉施加一定的压力，使棉卷较坚实，成形好，容量增大，且便于搬运。

图 2—27　尘笼的结构

1—出风口　2—风道　3—风机　4—排风口

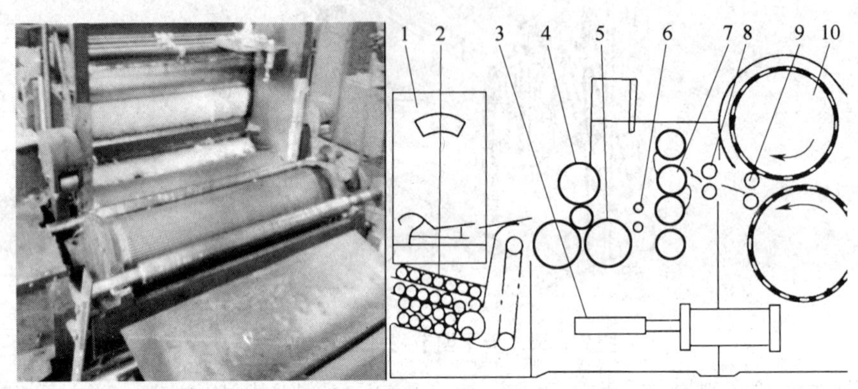

图 2—28　成卷机构的结构

1—棉卷秤　2—存放扦装置　3—渐增加压装置　4—压卷罗拉　5—棉卷罗拉
6—导棉罗拉　7—紧压罗拉　8—防粘罗拉　9—剥棉罗拉　10—尘笼

（2）影响开松和除杂作用的因素

1）打手转速高，开松和除杂效果好，但转速过高容易产生束丝，打手转速一般为 800 ~ 1 000 r/min。

2）打手与天平罗拉表面的隔距影响梳针刺入棉层的深度，隔距小，开松效果好，但隔距过小容易损伤纤维，隔距应根据已加工纤维的长短而定，其范围为 7 ~ 10 mm。

3）打手与尘棒的隔距小，尘棒阻滞纤维的能力强，开松、除杂效果好。但隔距过小容易阻塞通道，产生疵点。纤维开松后体积增大，为适应这一变化，此隔距自进口至出口应逐渐放大，一般进口为8～10 mm，出口为16～18 mm。

4）尘棒间的隔距根据纤维含杂情况而定，一般为5～8 mm。

三、棉卷质量控制

棉卷质量直接影响下道工序半制品的质量，最终影响成纱质量。棉卷质量与开清棉工序的机械、工艺、操作、温度、湿度等关系密切，是车间管理水平的综合反映。棉卷质量指标有棉卷含杂率、棉卷均匀度、棉卷正卷率。

1. 棉卷含杂率

棉纺纱过程中原料中的杂质、疵点主要由开清棉和梳棉两个加工工序清除。这两道工序除杂要合理分工，开清棉工序主要去除棉籽、籽棉、不孕籽、尘屑、棉花枝叶等较大杂质，梳棉工序主要去除带纤维籽屑、僵片、软籽表皮等杂质。对不同性状的原棉要采用不同的处理工艺。如加工高含杂（含杂率大于5%）原棉，可先预处理再混合。加工长绒棉，应采用“多松、轻打、少落”工艺。棉卷含杂率的控制应视原棉含杂率和成纱质量要求而定，尽量提高落棉含杂率，节约用棉，具体见表2－1。一般棉卷含杂率控制在1.0%左右。

表2－1　不同原棉棉卷含杂率的控制

原棉含杂率	<3%	3%～3.5%	3.5%以上
棉卷含杂率	0.8%～1.2%	1.0%～1.4%	1.2%～1.6%

2. 棉卷均匀度

棉卷均匀度包括纵向均匀度和横向均匀度。实际生产中以控制纵向均匀度为主，其大小直接影响梳棉生条和细纱的重量不匀率。棉卷的纵向不匀率反映棉卷每米片段的重量差异，经棉卷均匀度试验仪试验后求得。

棉卷的纵向不匀率（平均差系数）直接影响细纱重量偏差、重量不匀率。其值越小越好，一般控制在1.0%左右。棉卷的横向均匀度可借助灯光观察棉卷的横向结构，看有无破洞和厚薄差异。

影响棉卷均匀度的主要因素如下：

（1）原料中各成分的回潮率、含油率、密度差异过大以及回花搭用过多都会影响棉卷均匀度。

（2）开清棉加工工艺过程中，充分开松是提高棉卷均匀度的先决条件，同时，提高单机运转效率有利于提高棉卷的均匀度，有利于稳定棉箱内的储棉量，从而稳定原料密度，清棉机的风机速度与综合打手速度要相适应，使尘笼吸风均匀。

（3）机械状态是否良好，要加强天平调节装置的保养，使其动作灵敏，传动带张力适当，平衡杠杆支点位置正确。

（4）操作正确，严格管理。加强操作管理，严格按棉包排列图和混用比例上包。

3. 棉卷正卷率

棉纺厂通过控制每个棉卷的长度和重量的方法来控制其特数。清棉机上使用定长装置，保证每个棉卷的卷绕长度相同，通过逐个称重，判断棉卷重量是否符合设计标准。一般规定，棉卷重量的允许偏差为 ±1.0%。正卷率需达 99% 以上。

四、开清棉机械的连接

1. 联合机

开清棉联合机是依靠凝棉器、配棉器、输棉管道等将各开清棉单机连接而成的。如图 2—29 所示，凝棉器将原料凝聚在尘笼表面，棉层在剥棉打手的作用下进入机台储棉箱内，同时，凝棉器可去除部分细小的尘杂和短绒。

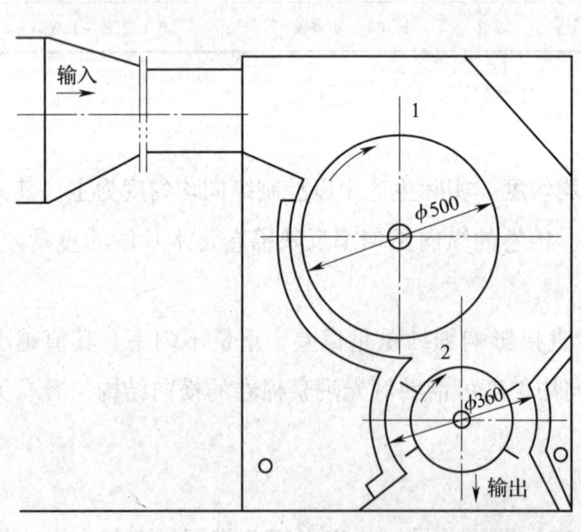

图 2—29 凝棉器的结构

1—尘笼 2—剥棉打手

配棉器可将开棉机输出的棉流均匀地分配给两台棉箱给棉机，保证生产的连续进行，如图 2—30 所示。

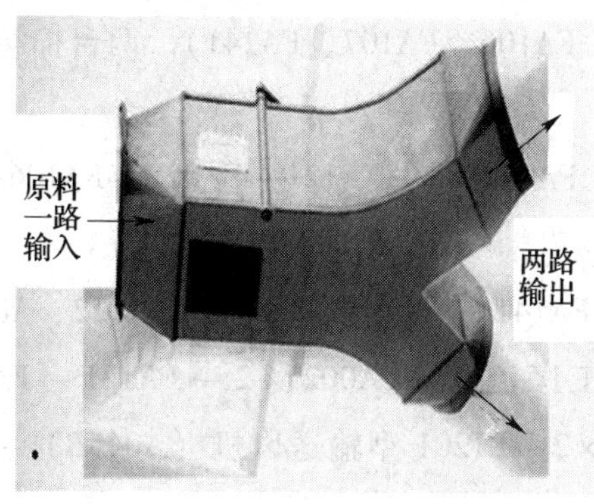

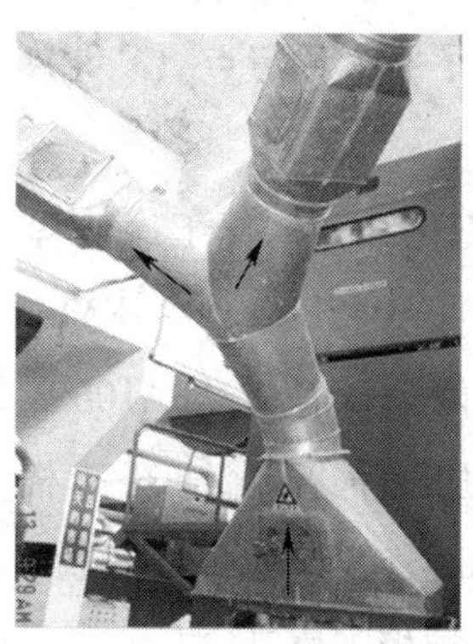

图 2—30　配棉器的结构

棉流依靠输棉管道输送，输棉管道一般分为水平管道和竖直管道两种。金属探测和去除装置两端都与输送管道连接，棉流正常时由上方水平管道通过，当探出纤维流中含有金属杂物时，探测器即发出信号使活门关闭，夹带金属物的纤维流即从旁路进入排杂箱，棉流中断 2 ~3 s，然后活门复位并恢复正常输送。

2. 开清棉联合机的联动控制

为保证开清棉联合机生产的连续性，在各单机间设置了联动控制装置。其作用是使各单机的给棉动作时刻处于受控制状态，防止因机台故障产生管道堵塞、机台轧煞或供应不足现象。开清棉联合机实行自清棉成卷机向后逐台控制给棉，必须按照一定的顺序开机和关机，开机顺序为开凝棉器→开打手→开给棉罗拉，由前向后依次进行；关机顺序为关给棉罗拉→关打手→关凝棉器，由后向前依次进行。

3. 开清棉联合机的组合

（1）组合原则要体现“精细抓棉、充分混合、逐渐开松、早落少碎、以梳代打、少伤纤维”的工艺路线，要合理配置棉箱机械和开清点的数量，对不同产品的工艺要求具有一定的适应性。

（2）开清点是指对原料起开松、除杂作用的部件数目，即开棉机、清棉机的台数。为保证纤维的充分混合、均匀输送，开清棉联合机中一般配置两台棉箱机构。加工原棉含杂率在 3% 左右时，配 3 ~4 个开清点，加工化纤时配 2 个或 3 个开清点。

(3) 开清棉联合机组合实例

1) 加工原棉开清棉工序流程。FA002×2→FA121→FA104（A045B）→FA022→FA106（A045B）→FA107（A045B）→A062→A092AST（A045B）×2→FA141×2。

该流程设置了4个开清点（FA104、FA106、FA107、FA141）、两台棉箱机械（FA022、A092AST）。

2) 加工棉型化纤开清棉工序流程。FA002×2→FA121→FA022→FA106A（A045B）→A062→A092AST（A045B）×2→FA141×2。

该流程设置两个开清点（FA106A、FA141）、两台棉箱机械（FA022、A092AST）。

3) 清梳联加工棉型化纤开清棉工序流程。FA002×2→FA121→FA022→FA106A（A045B）→A062→FA107A（A045B）×2→FT201型输送风机（A045B）→FA172型喂棉箱（无回花）→梳棉工序。

该流程设置了两个开清点（FA106A、FA107A）、一台棉箱机械（FA022），适合加工单一品种的棉型化纤。

阅读材料

一、混开棉机

混开棉机是综合了混棉机和开棉机的作用特点而制成的棉箱机械，既具有初步的混合作用，更具有高效的自由开松和除杂作用，除杂效率一般在30%左右。如图2—31所示为A035DS型混开棉机的结构。

A035DS型混开棉机的混合作用与A006BS型自动混棉机相同，采用横铺直取纤维层的方式混合；然后再经自由打击开松、除杂，不同的机型采用的打手类型与个数不同。打手采用自由状态的打击，作用柔和，以防纤维的损伤和杂质的破碎。随着纤维的逐渐松解，打手上的角钉、矩形刀片或梳针数由稀到密渐增，使开松作用更加细致。A035DS型混开棉机在原棉含杂为1.8%～3.5%时，全机除杂效率平均达到30%～50%，与A006BS型自动混棉机、FA104A型六滚筒开棉机、FA106型豪猪式开棉机三台机器除杂效率总和接近。因此，基本上可以代替后三种机械，为缩短开清棉工序流程创造了条件。该机设有两个出棉管道，当原棉含杂量较低或原棉成熟度较差需减少打击时，可将刀片打手前端的弧板放下，跳过两个豪猪打手。

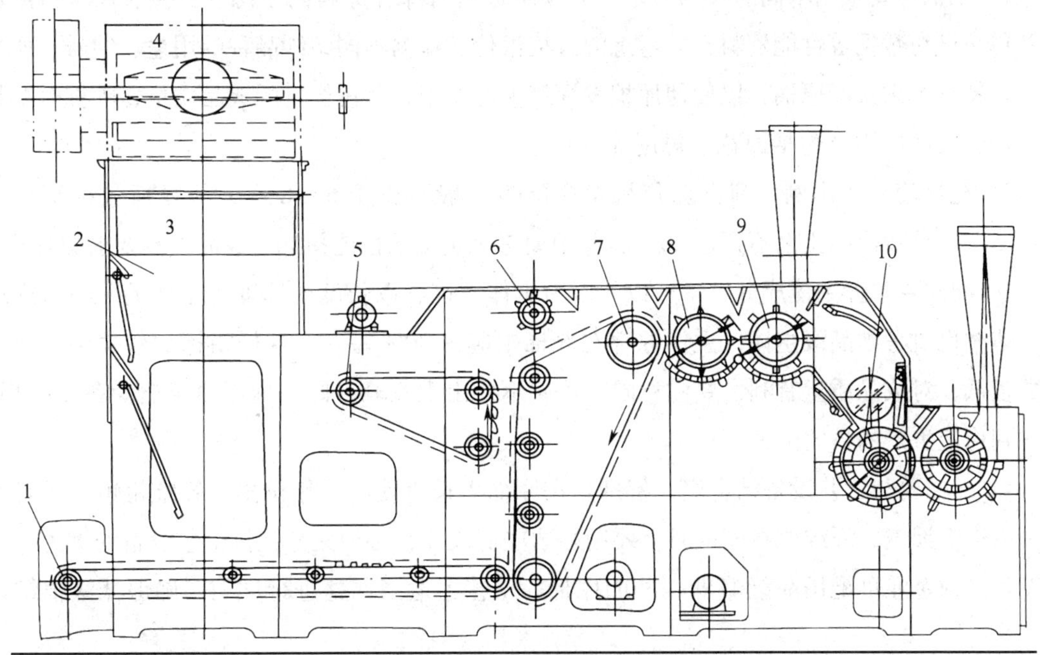

图 2—31　A035DS 型混开棉机的结构

1—水平输棉帘　2—储棉箱　3—摆斗　4—凝棉器　5—压棉帘　6—均棉罗拉
7—角钉帘　8—角钉打手　9—刀片打手　10—豪猪打手

二、原料的选配

配棉是棉纺厂纺纱的第一道环节，应充分发挥和合理利用不同原棉的特点、性状，拟订合理的配棉方案，达到合理使用、保证质量、稳定生产、防止波动、节约用棉、降低成本的目的，这也是棉纺厂的重要任务。配棉的原则：原料的混配应以不同品种不同对待为前提，贯彻“质量第一，统筹兼顾；全面安排，保证重点；瞻前顾后，细水长流；吃透两头，合理调配”的原则。按照配棉管理规定，根据仓储原料质量，结合当前的生产动态，注意有关品种的质量要求，对原料进行全面安排，合理使用，最终满足成品的质量要求，力求做到稳定、合理、正确。

配棉方法目前一般采用分类排队、逐批抽调的方法，即根据原棉性能，合理使用，有计划地交叉接替，这对稳定生产，保证成纱质量，合理、有计划地使用原棉起到了保证作用。原棉的分类就是根据原棉的性质和各种纱线的不同要求，将适合纺某种号数纱的原棉划为一类，分成若干类；排队就是将同一类中的原棉按性质较接近的排在一队中，以便接替使用。

配棉技术要求如下：

1. 配棉时要根据不同品种的要求，必须掌握所有库存原料的手感、目测、HVI检测数据及单唛试纺数据等性能资料，并考虑混合棉组价，根据不同纺纱品种的用途、纱号、质量要求、特点等来选配原棉，以便使原棉发挥最大的作用，获得优良的成品质量，配棉时要物尽其用，灵活应用（包括回花、再用棉等）。

2. 配棉唛头及比例。圆盘抓包机每次配棉一般不少于6～8只，往复抓包机不少于10～15只，单唛使用比例不超过20%，其中要考虑主唛的性能指标对成品质量要求的影响。

3. 配棉要掌握主体成分，一般以地区为主体，也有以长度或细度为主体的，在考虑地区主体时也要考虑品级主体，主体原棉在配棉中应占70%左右，这样指标比较集中，离散系数较低，对成品质量有利，要注意同一性质不要出现双峰，同一地区尽量避免各半搭用，以达到稳定生产的目的。

4. 配棉要与工艺设备结合好，特别是在原棉生长遭受干旱年份里，纤维粗短，或者遭受阴雨连绵天气，纤维成熟度低时，要用好这些低级棉，必须充分挖掘工艺设备的潜力，前纺设备好的企业可配用品级略低一些的原棉，工艺上适当调整进行试纺，确保低级棉纺好纱。

5. 工艺上可运用棉条混棉方法，以解决“难纺”原棉的问题，例如，高含杂棉与低含杂棉混用时，可以使用清钢分别成卷、成条，棉条混棉的方法。

6. 配棉时要注意控制好成纱质量，既要充分掌握原棉的性状和特点，又要明确各个产品的质量要求和后道反应，一般控制成纱质量应掌握以下因素：

（1）成纱强力：以掌握细度、短绒为主，同时结合长度、成熟度、单纤维强力。

（2）条干：以掌握细度、长度、短绒为主，结合成熟度，控制细度和长度差异。

（3）棉结杂质：以掌握成熟度、带纤维籽屑为主，结合含杂率、轧工与含水量。

（4）断头，以掌握长度、细度为主，结合成熟度、短绒，断头是一个综合指标，它与成纱强力和条干关系密切，棉结杂质多也影响断头。

7. 配棉要考虑气候条件，在库存条件允许情况下保留一部分品质较好、成熟度较高、含水量较低的原棉放在梅雨季节和高温、高湿时期内使用，以保持车间生产和成纱质量的稳定。对于带纤维籽屑多的原棉或含糖较多的原棉，应尽可能放在冬季气候干燥时使用，便于清钢处理时易于清除。

8. 配棉要控制混合棉中纤维性质的差异：在一个配棉成分中各个唛头原棉性质之间的差异一般不宜过大，若差异过大，难以掌握纺纱工艺，新棉和陈棉交替及使用外棉时特别要防止质量波动和色差。

9. 对特殊原料配棉或新配棉上车，要做好先锋小量试纺、试织工作，了解新成分的纺纱性能和质量情况，并及时汇总分析，以便进一步合理控制配棉成分。

思考练习

1. 棉卷是如何制成的？
2. 棉卷制成过程中原料的形态有哪些变化？
3. 如何排包才能保证配棉方案的正确实施和混合均匀？
4. 不同形式的混棉机如何完成混合作用的？
5. 尘棒安装角大小对开松、除杂及落棉有什么影响？
6. 如何利用气流规律合理控制落棉？
7. 简述天平调节装置的作用原理及特点。
8. 简述开清棉联合机的组合要求。
9. 写出一条棉卷制成过程机械组合流程，并就所选用的机械型号分别说明各自有哪些开松点、除杂点、混合点、均匀点。
10. 如何控制棉卷的含杂率？
11. 如何控制棉卷的重量不匀率？
12. 开清棉工序如何减少纤维的损伤？

第二节　生条的制成——梳棉技术

学习目标

1. 熟悉梳棉工序的任务、工作原理。
2. 掌握梳理技术和梳理原理。
3. 了解分梳元件。
4. 了解梳棉工艺及质量控制。

把开清棉棉卷或棉层中0.2～0.3 g的小棉束分解成单纤维，并减少纤维的损伤，排除大量棉结杂质和短绒，制成初步均匀的生条是梳棉工序的主要任务。

一、梳棉工序的任务

梳棉机能进一步将棉卷或棉层中的纤维束通过分梳元件进行分梳，使其成为单纤维。同时，伴随分梳作用的不断深入，大量清除原料中的细小杂质和短绒；并在单纤维化状态下充分混合各配棉成分的纤维，集束成条，制成满足一定质量要求的棉条。梳棉工序的任务如下：

1．分梳

在不损伤或较少损伤纤维的前提下，对棉块或棉束进行细致而彻底的分梳，以分离成单纤维状态，并使纤维部分伸直或初步取向。

2．除杂

清除90%以上残留在棉卷或棉层中的杂质和疵点。

3．均匀混合

利用梳棉机针布“吸”和“放”纤维的功能使不同成分的单纤维得到均匀混合，这种混合效果最好。

4．成条

制成满足一定质量要求的棉条（俗称生条），并有规律地将其圈放在条筒中，供搬运和下道工序使用。

梳棉工序的分梳是基础，小纤维块或纤维束只有充分分梳成单根纤维，才能确保细小杂质有更多的机会被清除，使各种不同纤维成分的均匀与混合得到更大的改善和提高。

二、梳棉机的结构与工艺过程

FA224型梳棉机的结构如图2—32所示，其工艺过程如下：棉卷随棉卷罗拉回转逐层退解，给棉罗拉与给棉板组成握持钳口向刺辊喂给棉层。刺辊锯齿自上而下分解棉层，使其成为细小纤维束或单根纤维。刺辊下方装有除尘刀和刺辊分梳板，除尘刀将杂质含量较多的气流附面层外围切割下来，被刺辊下方吸口吸走，形成后车肚落棉。被刺辊锯齿带走的纤维束再次接受刺辊与分梳板的共同分梳作用。

此后纤维束或单根纤维经刺辊转移给锡林，经过后固定分梳板区，带入锡林与盖板工作区。在锡林与盖板工作区内，纤维束接受非常细致的自由梳理后成为单纤维，并在此基础上进行充分混合及清除细小杂质。充塞在盖板针面的大量短纤维和杂质被带出锡林与盖板工作区后，被清洁毛刷剥下，由盖板花吸点吸走。被锡林针面携带出锡林与盖板工作区的纤维通过前上罩板、前固定盖板后，凝聚在慢速回转的道夫上形成纤维层。经剥棉罗拉剥取后，经过轧碎辊输出成纤维网。由喇叭口集束、大压辊牵引成条，最后由圈条器按一定规则圈放在棉条筒内。

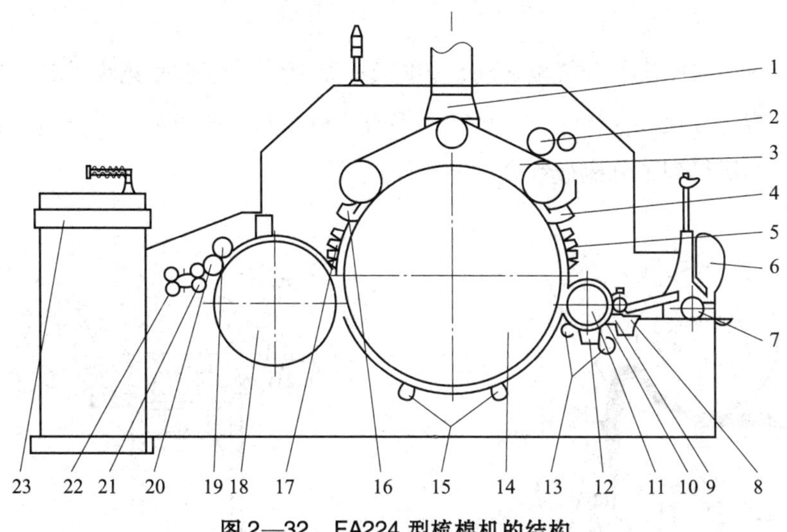

图 2—32　FA224 型梳棉机的结构

1—连续吸落棉总管　2—大毛刷　3—盖板　4—盖板花吸点　5—后固定盖板　6—棉卷架　7—棉卷罗拉　8—给棉罗拉　9—给棉板　10—落棉控制板　11—刺辊　12—分梳板　13—刺辊下方吸口　14—锡林　15—锡林下方吸口　16—前棉网清洁器　17—前固定盖板　18—道夫　19—清洁辊　20—剥棉罗拉　21—轧碎辊　22—大压辊　23—圈条器

三、刺辊、给棉部分的作用原理

从棉卷罗拉到刺辊、锡林隔距点之间的机构为给棉和刺辊部分，其主要作用是给棉罗拉和给棉板握持棉层，刺辊锯齿进行分梳，将棉束初步分解成单纤维并排除较大的杂质和疵点。刺辊、给棉部分机构由棉卷架、棉卷罗拉、给棉板、刺辊、除尘刀、小漏底、分梳板、吸尘装置等组成，如图 2—33 所示。

1. 刺辊、给棉部分的分梳作用

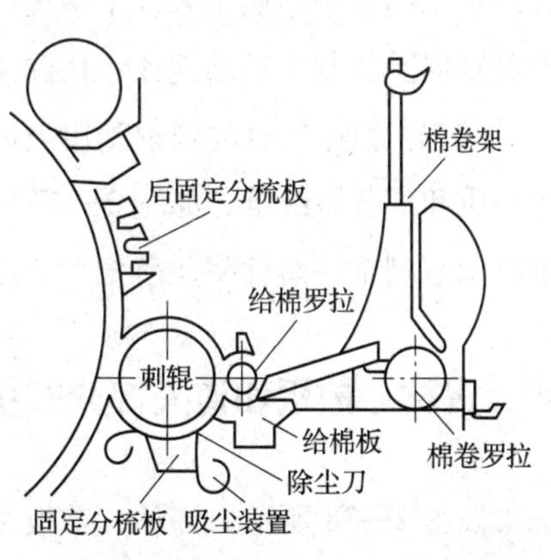

图 2—33　刺辊、给棉部分机构

刺辊、给棉部分的分梳作用有两种，一种是由给棉板与给棉罗拉握住棉层，刺辊分梳（见图 2—34）；另一种是在刺辊与分梳板之间的自由分梳。

采用握持分梳时，棉层被给棉板与给棉罗拉握持，以每分钟 1 m 左右的匀速喂入，刺辊锯齿自上而下、由外及里穿刺和分割棉层，棉层中有 70% ~ 80% 的棉束被分解成单纤维状态，但靠近给棉板工作面的棉层得不到充分梳理，因为刺辊锯齿不能分梳到给棉板工作面上（必须有一定的工艺隔距）。

自由分梳发生在刺辊与分梳板之间，如图2—35所示。当刺辊锯齿带着经过握持分梳过的棉束进入刺辊与分梳板区域时，棉束在刺辊与分梳板两针面间被自由分梳，特别是靠近给棉板工作面的棉层得到了分梳板针刺的补充梳理。

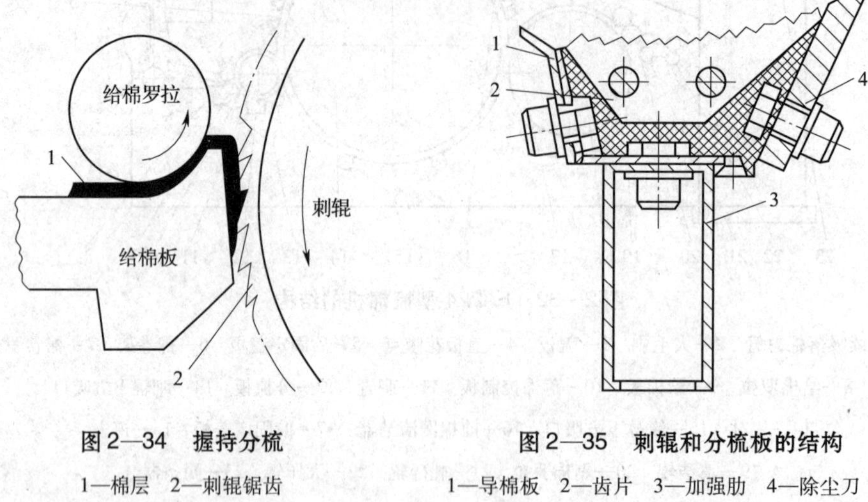

图2—34　握持分梳

1—棉层　2—刺辊锯齿

图2—35　刺辊和分梳板的结构

1—导棉板　2—齿片　3—加强肋　4—除尘刀

2. 刺辊部分的除杂作用

经刺辊分梳后的棉束大部分被分解为单纤维状态，纤维与杂质被锯齿带走，并随其做回转运动。部分纤维与杂质一旦离开锯齿，在刺辊周围气流的作用下形成一定分布状况。刺辊锯齿附近的杂质、纤维共同经过一段时间的运动后，出现了分层，如图2—36所示。

由于纤维比较轻，体积大，下落速度慢，在靠近刺辊锯齿附近内层纤维居多，而杂质与纤维相比体积小，质量大，下落速度快，在外层分布的杂质居多。生产上即利用纤维、杂质在刺辊周围的基本运动规律，用除尘刀来切割外层的杂质而达到除杂作用。

FA224型梳棉机的刺辊利用吸风槽内的负压吸走由除尘刀切割下来的含杂气流，从而清除杂质和部分短纤维，如图2—37所示。通过调整调节板的开口大小及除尘刀与刺辊的隔距可以调节刺辊的落棉率及落棉含杂率。

四、锡林、盖板和道夫部分的机构及作用原理

如图2—38所示，锡林、盖板和道夫部分的机构主要由锡林、盖板、道夫、前固定分梳板、后固定分梳板（见图2—39）、大漏底（见图2—40）等组成。

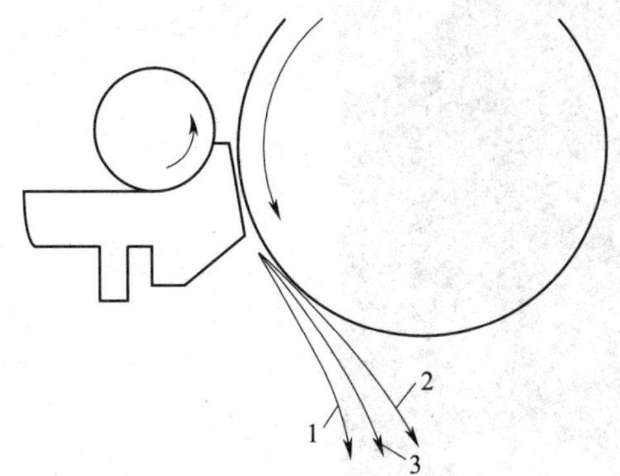

图 2—36　纤维杂质的运动规律

1—较重杂质　2—纤维　3—较轻杂质

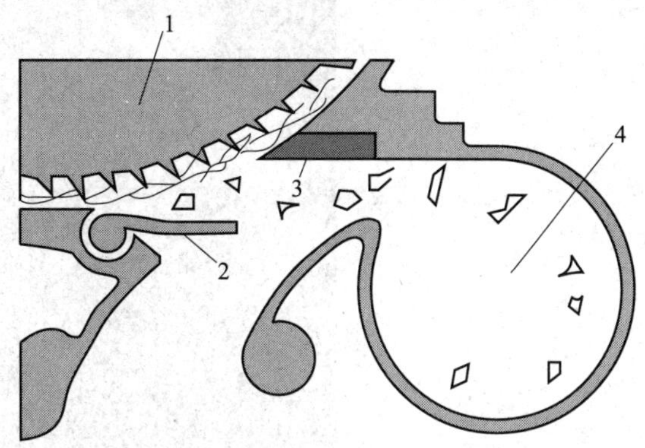

图 2—37　FA224 型梳棉机刺辊除杂装置

1—刺辊　2—调节板　3—除尘刀　4—吸风除杂槽

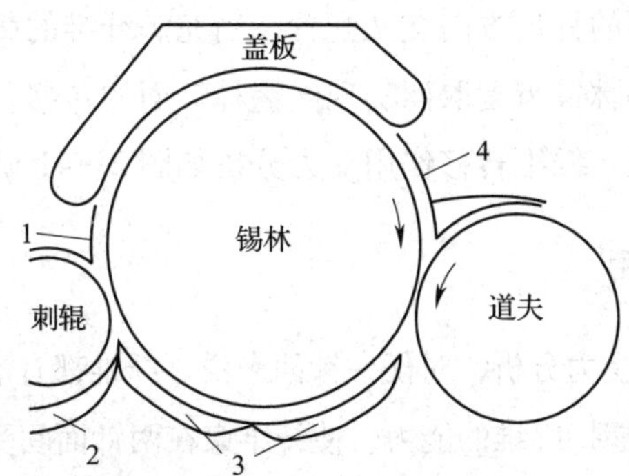

图 2—38　锡林、盖板和道夫部分机构

1—后固定分梳板　2—小漏底　3—大漏底　4—前固定分梳板

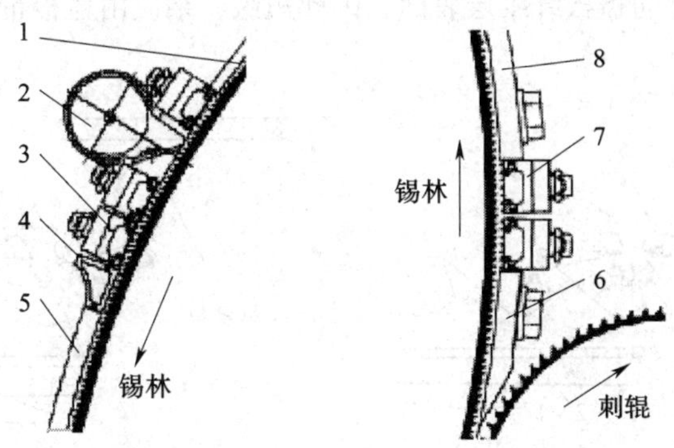

图 2—39　前、后固定分梳板及棉网清洁器的结构

1—前上罩板　2—棉网清洁器　3—前固定分梳板　4—连接板

5—前下罩板　6—后下罩板　7—后固定梳板　8—后上罩板

图 2—40　后页大漏底的结构

1．锡林与刺辊间的作用

锡林针面与刺辊针面间的针齿方向交叉配置，当充满纤维的刺辊针面经过与锡林针面最近的隔距点时，其纤维被锡林针齿剥取而实现向锡林针面的转移。要求刺辊不返花，否则因返花会产生棉结和棉网云斑，纤维转移作用受力分析如图 2—41 所示。

2．锡林与盖板间的作用

如图 2—42 所示，通过受力分析，对任一针面来说，纤维都有沿针齿工作面向齿根内移动的趋势。因而两个针面都有握持纤维的能力，使纤维束在两针面间受到分梳作用。在锡林、盖板两针面间，纤维和纤维束被反复交替转移及梳理，绝大部分成为单根纤维状态。其中部分短绒、杂质在锡林和盖板间上下转移，杂质转移到盖板后，由于锡林高速转动所产生的离心力将体积小而密度大的杂质抛向盖板纤维层表面，因此短绒、杂质由盖板带出成为盖板花。

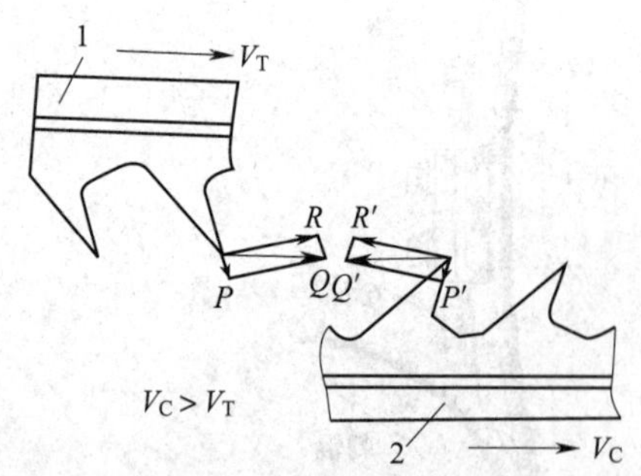

图 2—41　纤维转移作用受力分析

1—刺辊针面　2—锡林针面

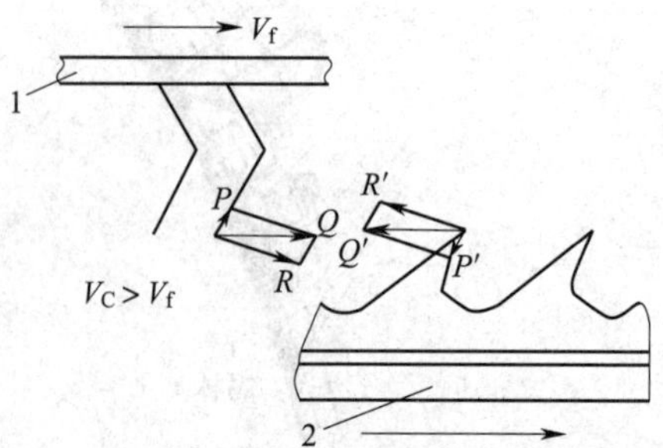

图 2—42　分梳作用受力分析

1—盖板针面　2—锡林针面

同时，由于锡林和盖板针面具有的“吸收”和“释放”纤维的能力，改善了生条短片段不匀的情况。

3. 锡林与道夫间的作用

锡林与道夫针面的作用符合分梳作用针面的配置条件。走出锡林、盖板分梳区的纤维接着要转移给道夫。而纤维从锡林针面转移到道夫的清洁针面上是依靠分梳作用来实现的。而锡林与道夫间的“凝聚”实质上是分梳。正是由于这种实质上的分梳作用，道夫仅能凝聚锡林纤维层中的部分纤维（仅10%～12%），不可能凝聚锡林纤维层中的全部纤维。道夫针面在凝聚纤维的过程中，被道夫握牢的纤维被锡林快速梳理，其伸出的一端在前，握持的一端在后，这样纤维随道夫转出时就成为后弯钩纤维，所以生条中的纤维以后弯钩居多。

纤维在锡林、盖板间及锡林、道夫间所受的是自由分梳和相互转移作用，起到了细致的单纤维混合作用；相对锡林每转一转从刺辊上取得的纤维量来说，在同一转中被锡林带出工作区的仅是一部分，这部分纤维与锡林上原有的纤维一起同道夫相遇时，转移给道夫的又是其中的一小部分；可见纤维在机内停留的时间不同，这样便使同一时间（或不同时间）喂入机内的纤维可能分布在不同时间（或同一时间）输出的棉网内，产生了时间差混合，这种混合作用是单纤维之间发生的，所以混合效果充分、细致，对提高成纱的质量非常重要。

五、剥棉、成条和圈条部分的作用原理

凝聚在道夫针面的纤维层由剥棉装置剥取成网，再由成条装置集合成条，最后由圈条器有规律地使其圈放在条筒内，以便于搬运及供下道工序使用。

剥棉方式有间歇式和连续式两种，主要采用罗拉连续剥棉方式。

1. 罗拉剥棉机构

三罗拉剥棉装置的剥棉作用与四罗拉剥棉装置基本相同，如图2—43所示。其特点是机构比四罗拉剥棉装置简单，上轧辊直径比四罗拉剥棉装置小，而下轧辊的直径则较大，且有螺纹沟槽，对剥棉罗拉剥下的棉网起一定的托持作用，并使棉网以较小的下冲角输出，避免棉网下坠而引起断头。

2. 成条机构

棉网由剥棉机构剥离后，因大压辊的牵引而逐渐集拢，经喇叭口和大压辊压缩成条而进入圈条器中。由于棉网横向各点与喇叭口的距离不等，因而从轧辊同时输出的棉网却不能同时进入喇叭口，从而实现了棉网纵向的混合、均匀作用，有利于降低生条条干不匀率，如图2—44所示。

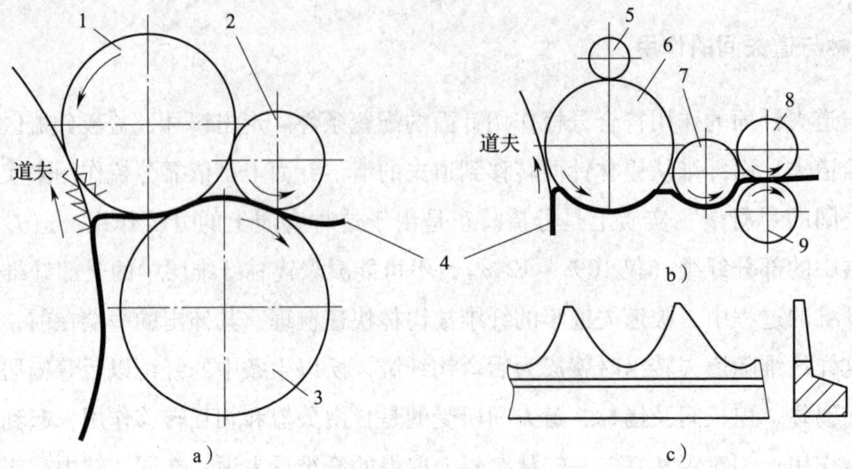

图 2—43　罗拉剥棉机构

a）三罗拉剥棉装置　b）四罗拉剥棉装置　c）剥棉罗拉针布

1—剥棉罗拉　2、8—上轧辊　3、9—下轧辊　4—棉网　5—绒辊

6—剥棉罗拉　7—转移罗拉

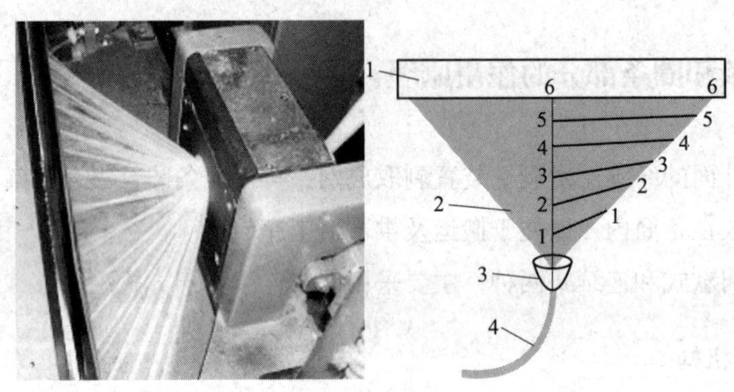

图 2—44　棉网成条

1—上下轨辊　2—棉网　3—喇叭口　4—棉条

3. 圈条器

（1）圈条器的结构与作用

圈条器由小压辊、圈条（圈条斜管）、圈条底盘、圈条传动机构等组成，其作用是将小压辊引入的棉条有序地圈放在棉条筒内，以便储运和供下道工序使用。

（2）大圈条和小圈条

圈条直径大于条筒半径的圈条方式称为大圈条（见图 2—45）；而圈条直径小于条筒半径的圈条方式则称为小圈条（见图 2—46）。

图 2—45　大圈条

图 2—46　小圈条

六、分梳元件

梳棉工序是纺纱工程的心脏，针布又是梳棉机的核心，要提高纺纱质量，必须充分发挥针布的梳理作用。

1. 金属针布的型号与规格

金属针布规格型号的标记方法由适梳纤维类代号、总齿高、齿前角、齿距、基部宽及基部横截面代号顺序组成。棉纤维代号为 A。被包卷的部件代号：锡林为 C、道夫为 D、刺辊为 T、固定盖板为 G、剥棉罗拉为 S。金属针布的规格参数如图 2—47 所示。

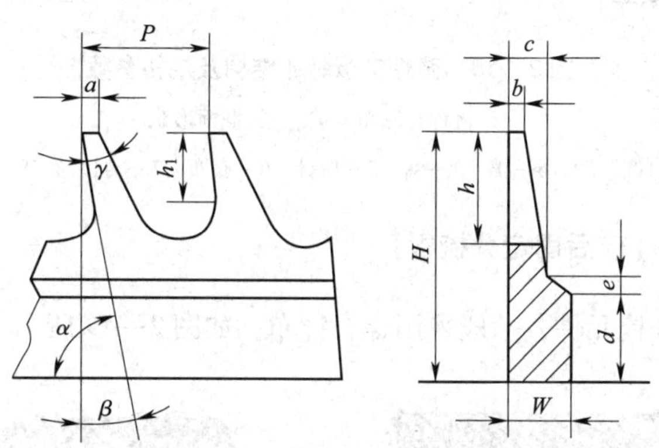

图 2—47　金属针布的规格参数

H—总齿高　h—齿尖高（齿深）h_1—齿尖有效高　α—工作角　β—齿前角　γ—齿尖角
P—纵向齿距　W—基部厚度　a—齿尖宽度　b—齿尖厚度　c—齿根厚度　d—基部高度　e—台阶高度

例如，金属针布型号 AC2825×01560 中，A 表示棉纺；C 表示锡林；28 表示总齿高 $H=2.8$ mm；25 表示齿前角 $\beta=25°$，工作角 $\alpha=90°-25°=65°$；015 表示纵向齿距 $P=1.5$ mm；60 表示基部厚度 $W=0.6$ mm。

2. 弹性针布（盖板针布）

现有盖板针布为弹性针布，盖板针布的主要作用是与锡林针布配合完成梳棉机单纤维化的分梳作用，并通过清除盖板花完成细小杂质和短纤维的排除作用。盖板针布由底布和植在其上的梳针组成，其结构及规格参数如图 2—48 所示。底布由硫化橡胶、棉织物、麻织物等多层织物胶合而成。例如，盖板针布型号 MCB32 中 M 表示是普通型，C 表示盖板，B 表示植针形式是普通型盖板针布，32 表示针齿密度为 320 齿/（25.4 mm）^{2}。

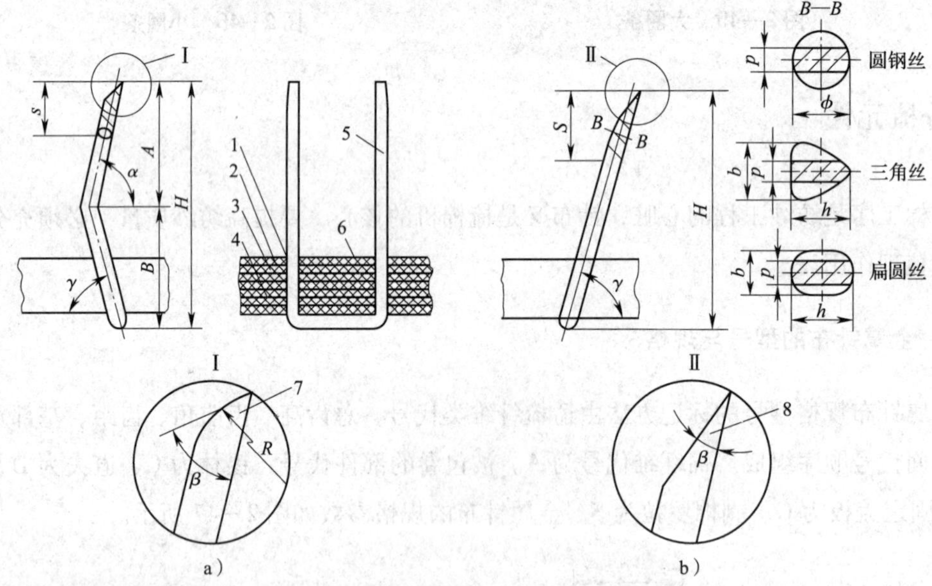

图 2—48　弹性盖板针布结构及规格参数

a）梳针与底布　b）梳针截面形状

1—硫化橡胶　2、4—棉　3—麻　5—梳针　6—底布　7—刀口形　8—劈尖形

3. 固定盖板针布（前后固定分梳板）

固定盖板为附加分梳元件，一般采用金属针布，如图 2—49 所示。

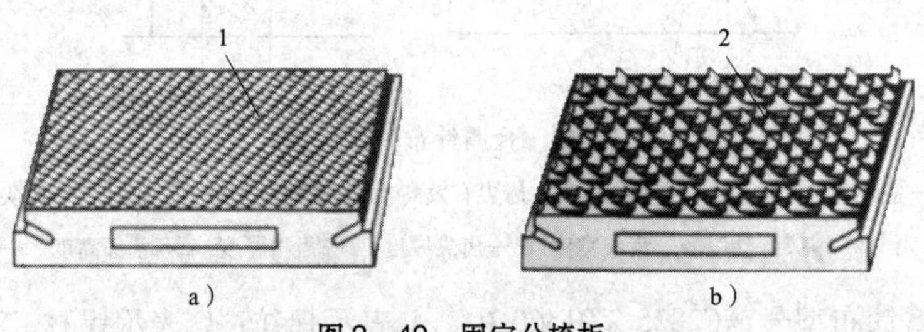

图 2—49　固定分梳板

a）前固定盖板　b）后固定盖板

1—细梳针　2—粗梳针

七、梳棉机半制品质量指标与质量控制

梳棉工序半制品质量指标包括生条回潮率、生条重量不匀率（5 m 长片段）、生条条干不匀率、落棉率、生条棉结杂质、生条短绒率、生条含杂率、棉网清晰度。

1. 生条回潮率

目的：计算半制品的干燥重量，用作调整本工序温度和湿度的参考。

检测方法：恒温烘箱。

参考指标：控制范围：棉的中细特纱为6.2% ~7.2%，中粗特纱为6.5% ~7.5%；涤棉为0.5% ±0.1%。

控制方法：控制棉卷回潮率在规定范围、控制梳棉工序温度、湿度在规定范围内，见表2—2。

表 2—2　　梳棉工序温度、湿度范围

类别	温度/℃	相对湿度
纯棉	冬季22 ~28，夏季30 ~32	冬季50% ~60%，夏季55% ~65%
化纤	冬季22 ~28，夏季30 ~32	冬季55% ~65%，夏季55% ~65%

2. 生条重量不匀率（5 m 长片段）

目的：控制熟条定量和细纱重量偏差，控制生条重量，降低生条重量不匀率。

检测方法：条粗测长仪、电子天平。

参考指标：控制范围：棉小于4.0%，涤小于5%。

落棉差异是指纺制同批号纱各机台间落棉率和除杂效率的差异，俗称台差，要求台差越小越好，以利于控制生条重量不匀率。

后车肚落棉是重点控制部分，当各台落棉差异较大时，可调节各机台的小漏底隔距。纺同批号纱的盖板速度应保持一致，如发现各机台间盖板花差异较大时，可调节盖板出口处的上罩板上口与锡林间隔距。

3. 生条条干不匀率

目的：检测生条短片段条干均匀率，可改善纱线质量。

方法：条粗、条干均匀度仪和电子式条干均匀度仪（Uster CV 值）。

参考指标：控制范围：棉小于19%，化纤小于15%，CV值为4.1%~5.0%。

控制方法：提高分梳效能，改善棉网清晰度，配置适当的张力牵伸。

4. 落棉率

目的：了解梳棉机落棉和除杂情况，改进工艺时供参考。

方法：手工称重，分析计算。

参考指标：不同原料、不同产品落棉率不一样。

刺辊部分除杂效率为50%~60%；落棉含杂率在40%以上。

控制方法：

（1）控制落棉数量和台差：棉卷含杂1.5%，总落棉率为3.5%左右，后车肚落棉2.5%，盖板花率为0.8%，吸尘落棉率为0.2%，生条含杂1%左右。落棉台差越小越好，可调节除尘刀工艺、小漏底入口隔距、盖板速度等。

（2）控制落棉内容：后车肚以落大杂为主，小漏底排除短绒和细纱杂质、尘屑，防止落白花、盖板花落细杂、短绒、棉结。

5. 生条棉结杂质

目的：可以作为控制成纱结杂的主要手段及调整梳棉工艺的参考。

方法：手检、自动在线检测。

参考指标：一般根据成纱棉结杂质指标要求确定标准。手检方法：称取每台车试样0.5 g，在垂直方向引直，两手将棉条从左右撕开成棉网状，均匀平摊在生条棉结杂质检验器的磨砂玻璃板上。检验杂质时，可开启下面的灯光，检验棉结时关闭灯光并在棉网下面衬一层黑纸。

在线检测：在梳棉机剥棉罗拉剥取的棉网下方装有棉结数量检测装置，它利用光学方法检测棉网，对图像中的棉结、棉籽壳碎片等杂质的种类、数量做出精确评估和统计，实现对输出棉条的棉结在线检测。

6. 生条短绒率

生条短绒率是指生条中含16 mm以下的短纤维百分率。

梳棉工序在一定程度上既能排除短绒，又会产生短绒。它在车肚落棉和盖板花中排除了一定数量的短绒，但在刺辊部分和盖板工作区的梳理过程中损伤了一定数量的纤维，造成一些纤维断裂，从而产生了一定数量的短绒。生产实践表明，所产生的短绒数量一般多于被排除的短绒数量，因而生条中的短绒含量一般比棉卷中多1%~1.5%。生条中的短绒率过高，不利于后道工序中牵伸的正常进行，影响成纱条干和强力。因此要合理选用给棉板分梳工艺长度、刺辊转速，尽量减少纤维的损伤和断裂，少产生短绒，尽量在后车肚落棉和盖板花中多排除短绒，生条短绒率的控制范围需视原料情况及成纱的条干和强力要求而定，一般为14%以下。

7. 生条含杂率

目的：控制成纱含杂率。

方法：纤维杂质分离机。

参考指标：一般小于0.2%，与棉卷中含杂率有关。

8. 棉网清晰度

棉网清晰度实质上反映的是棉网中纤维的伸直平行程度和分离度，以目测为主。目测棉网中有比较多的云斑、破洞、破边，这就是清晰度差的棉网，也可以说是棉网结构不良。改善棉网清晰度的措施也是改善分梳效能的措施。在正常的机械状态下，通过紧隔距、强分梳、四锋一准，可以保持足够的分梳度，这是提高棉网清晰度的有效措施。

阅读材料

一、金属针布针齿的养护

针布出现个别高针尖齿时，可进行轻微打磨，侧弯齿可用手工慢慢校正。局部高低不平可用皮块压住针布用锤子适当敲打。包好后的针布要特别注意保养，由于设备所纺的纤维不同，含杂质也不同，若杂质在针布上沉积过多，易压伤针齿或挤倒针布，所以要经常清刷针布。方法是先用带钩的小刀将齿隙里的草刺、木屑、皮块、沙土等杂物钩出，再用毛刷将针布刷干净。

对于较大面积的倒尖和轧伤，要用维修工具（钩刀、小锉）顺着齿尖的方向修刮。如果发现针布松动、起浮，自锁针布基部没有锁紧，应及时拆掉并重新包卷。切不可强行使用，以免损坏针布和梳理设备。

二、磨针设备

梳棉机的分梳元件在工作一定时间后，针齿经大量纤维的激烈摩擦，使针齿的齿顶面、齿尖两侧面和工作面棱边发生磨蚀，并在磨蚀处形成沟纹或缺口，使针齿的锋利度、平整度和光洁度不断下降，降低了对纤维的握持和转移能力，削弱了分梳作用，使棉网清晰度变差，生条棉结、杂质增加。因此，要求对磨蚀的针齿予以整修，恢复其锋利度、平整度和光洁度。这些要通过磨针来实现，磨针因磨削针齿部位不同分为平磨和侧磨两种。

用金刚砂带或砂轮紧贴针齿齿顶面进行磨削称为平磨。平磨以磨砺齿顶面为主，提高针齿的平整度，是紧隔距的主要措施之一，有提高分梳质量和降低生条结杂的效果。但平磨时随着对针尖磨耗量的增大，齿顶面积也增大，将使针齿的穿刺能力下降，对分梳不利，而且锋利度的持久性差，磨针周期缩短。

用磨片插入针齿侧面一定深度，对针齿侧面进行磨砺称为侧磨。侧磨以磨砺针齿侧面为主，磨后齿尖变薄，锋利而持久，对提高分梳质量和降低生条结杂有较显著的效果。但侧磨难免磨损针齿顶面，对平整度有影响。

生产上应根据磨前针布状态，充分利用平磨和侧磨的优点，尽可能减少齿尖的磨耗，延长针布使用年限；同时，既要保持针面的平整度，又要获得耐久的锋利度。

磨砺方向有顺磨和逆磨两种。磨头相对针齿的运动方向，由“齿顶背”磨到“齿顶尖”为顺磨；相反，由“齿顶尖”磨到“齿顶背”为逆磨。磨砺时，特别是进磨量过大时，难免产生刺屑。故磨针后还需经刷针去除刺屑。刷针是指用钢丝针刷辊代替磨针的磨辊，刷光针面。依其刷针方向不同也有顺刷和逆刷之分。顺刷易于刷光逆磨时留在齿背的刺屑，却不便于刷光顺磨时附在齿顶前缘的刺屑；而逆刷则有碍针齿的锋利度。故磨针时常采用逆磨、顺刷的组合方式。

思考练习

1. 梳棉工序的任务是什么？
2. 梳棉机是如何完成分梳作用的？
3. 梳棉机两个针面之间的作用有哪些？
4. 梳棉机的除杂作用是如何完成的？
5. 梳棉机的均匀、混合作用是如何完成的？
6. 金属针布有什么特点？与弹性针布有什么区别？
7. 梳棉机上后弯钩纤维是如何形成的？对后续工艺配置有什么要求？
8. 梳棉机棉网质量有哪些衡量指标？各有什么含义？
9. 当梳棉机加工的半制品由细特纱改为粗特纱时，试对有关工艺进行重新设计。

第三节　熟条的制成——并条生产技术

学习目标

1. 了解熟条制成工艺过程。
2. 熟悉并条机的并合、牵伸作用原理。
3. 掌握并条工艺及熟条质量控制。
4. 熟悉混纺纱熟条的制成。
5. 了解并条机的新技术。

一、并条工序的任务

纤维材料经清棉、梳棉工序制成的生条已成为连续的条状半制品，但不匀率很大，棉条中大部分纤维多为弯钩和屈曲状态，条内纤维排列紊乱，还有部分小棉束，如果直接用这种生条纺成细纱，细纱质量差。因此，生条必须经过并条工序，改善条干均匀度及纤维状态。并条工序的主要任务如下：

第一，并合。将6~8根棉条并合喂入并条机，制成一根棉条，由于各根棉条的粗段、细段有机会相互重合，改善条子长片段不匀率。生条的重量不匀率约为4.0%，经过并合后熟条的重量不匀率可降到1%以下。

第二，牵伸。为了不使并合后制成的棉条变粗，须经牵伸使其变细。牵伸可使呈弯钩、卷曲状态的纤维平行伸直，并使小棉束进一步分离为单纤维，改善棉条的结构。

第三，混合。通过各道并条机的并合与牵伸，进一步实现单纤维的混合，保证条子中各种不同性能的纤维得到充分、均匀混合，稳定成纱质量。

第四，成条。将并条机制成的棉条有规则地圈放在棉条筒内，以便搬运和存放，便于后道工序使用。

第五，定量控制。通过对条子定量的微调，改变牵伸倍数，将熟条的重量偏差率控制在一定范围内，以保证纺出细纱的重量偏差和重量不匀率符合国家标准。

二、熟条制成工艺过程

并条工序主要使用并条机来实现并合作用。生条经过一道或多道并条机并合后可供下道工序使用的棉条称为熟条。

如图2—50所示为国产FA306型并条机的工艺过程。喂入棉条筒1放在并条机后导条架的两侧，每侧放置6~8个条筒。条子自条筒引出，通过导条架上的导条罗拉2积极喂入，经过给棉罗拉3后再经过塑料导条块聚拢，平齐地进入牵伸装置，经过牵伸后喂入的条子被拉成薄片，然后由导向辊送入兼有集束及导向作用的弧形导管5和喇叭口，聚拢成条后由紧压罗拉6压紧成光滑、紧密的棉条，再由圈条器7将棉条有规律地盘放在棉条筒8内。为了防止在牵伸过程中短纤维和细小杂质黏附在罗拉和皮辊表面，高速并条机都采用上下吸风式自动清洁装置，由上下吸风罩、风道、风机、滤棉箱和罗拉自动擦拭器等组成。为了减轻劳动强度，一般都设有自动换筒装置。

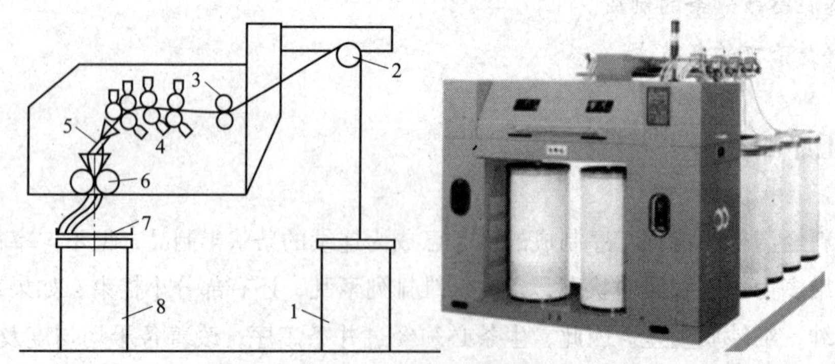

图2—50 FA306型并条机的工艺过程

1—喂入棉条筒 2—导条罗拉 3—给棉罗拉 4—牵伸罗拉
5—弧形导管 6—紧压罗拉 7—圈条器 8—棉条筒

三、并条机的结构及作用

1. 喂入机构

一般采用高架导条喂入机构，高架导条顺向积极输送的棉条喂入机构如图2—51所示。喂入机构由分条叉、导条辊、弧形导架和导条板组成。分条叉引导棉条有秩序地进入导条辊，防止棉条自棉条筒中引出后纠缠成结；导条辊的作用是把棉条从棉条筒内引出，减少意外牵伸，在导条辊到后罗拉之间有微小的张力牵伸，可使棉条在未进入牵伸机构前保持伸直状态；弧形导架的作用是使高位移动的棉条换向，并按一定的排列次序经导条板进入牵伸机构，当棉条断头后，光电管起作用，使全机停车，待接好头后恢复正常运转。高架式导条架的特点是机后操作方便，巡回路线短，但由于条子到后罗拉的距离长，棉条因自重易产生意外牵伸，故纤维伸直度好的精梳条易产生细节。

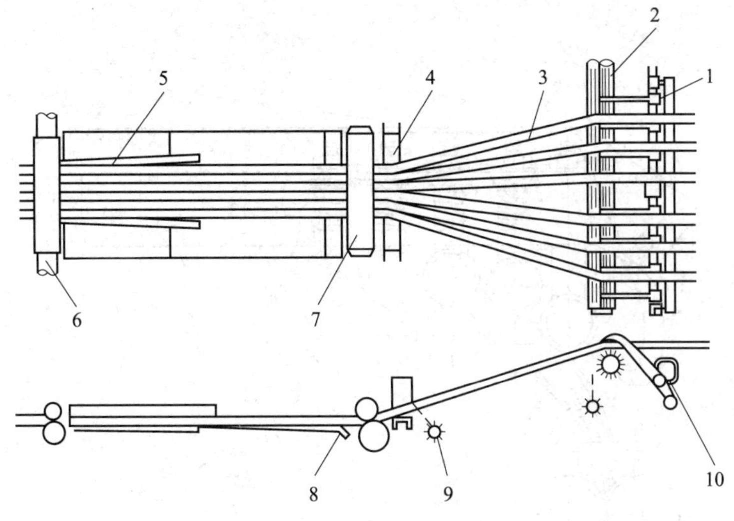

图 2—51　高架式喂入机构

1—分条叉　2—导条罗拉　3—棉条　4—U 形导条器　5—集束板
6—后罗拉　7—给棉罗拉　8—导条板　9—光电控制器　10—自停装置

2. 牵伸机构

FA306 型并条机的牵伸形式如图 2—52 所示，采用三上三下压力棒加导向上罗拉牵伸形式，由罗拉、胶辊、压力棒、加压装置、集束器和喇叭头等组成。棉条先经后区预牵伸，然后进入前区进行牵伸，前区为主牵伸区，压力棒为 12 mm 的光滑圆棒，经铣扁，然后放在罗拉滑座内，在主牵伸区内起加强控制慢速纤维的作用，前罗拉上方的第一根胶辊将棉网转向并送入集束器集合成束状后送入喇叭头和压辊。

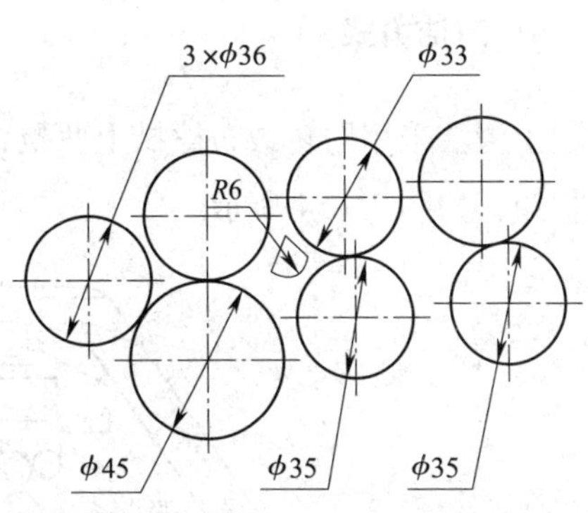

图 2—52　FA306 型并条机的牵伸形式

这种牵伸形式在三上三下下压式压力棒曲线牵伸的基础上，在前钳口的前方加了一个导向辊，使前钳口输出的须条方向改变，顺利进入弧形导管，克服了三上三下压力棒曲线牵伸棉网受空气干扰容易散失的缺点。

3. 加压形式

并条机采用弹簧、摇架加压。弹簧、摇架加压结构轻巧，加压量大且较准确，吸震作用好，加压及卸压方便，但使用时间长弹簧会疲劳变形，影响压力大小和加压的稳定性，如图 2—53 所示。

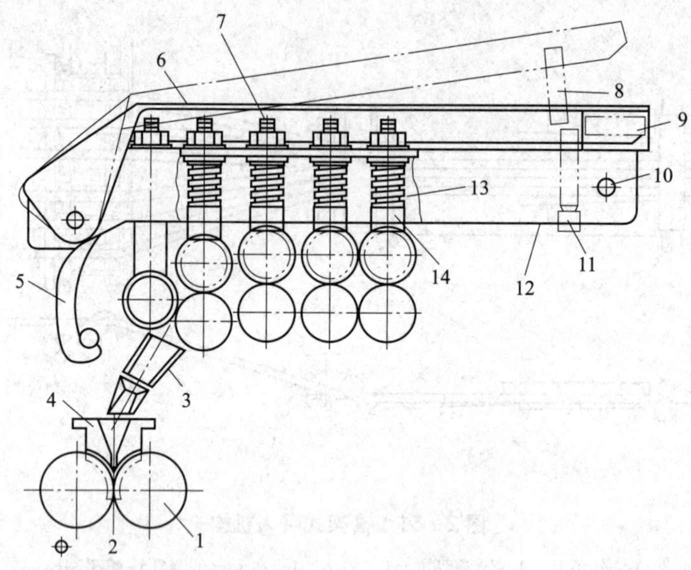

图 2—53 并条机加压形式

1—压辊 2—光电管 3—集束器 4—喇叭口 5—挂钩 6—摇架盖 7—调节螺钉 8—传感器 9—磁铁 10—摇架支座 11—限位开关 12—支架 13—弹簧 14—压头

4. 清洁方式

上清洁采用回转绒布擦拭上罗拉，下清洁为单皮圈往复摆动擦拭罗拉，花衣经吸风口吸入棉箱，如图 2—54 所示。

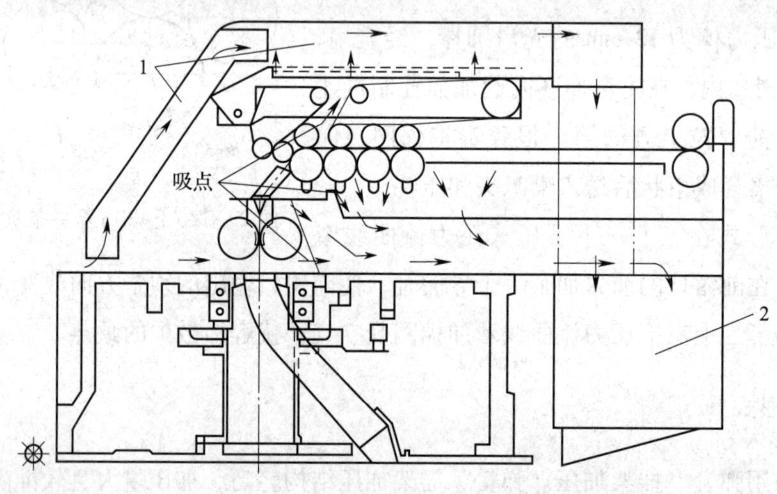

图 2—54 FA306 型并条机上、下清洁示意图

1—风扇通风道 2—滤棉箱

5．上圈条和下圈条

上圈条采用独特的螺旋曲线斜管圈条盘，大圈条形式。这样可防止高速开车运转棉条还未接触到圈条盘时被甩到筒沿外，造成筒底乱条的弊病，获得良好的圈条成形。

下圈条由后压辊轴通过两级带轮变速驱动，平带采用丁腈橡胶加强力层的薄型带，设有一个张紧轮装置，利于高速转动。如图 2—55 所示为 FA306 型并条机圈条机构。

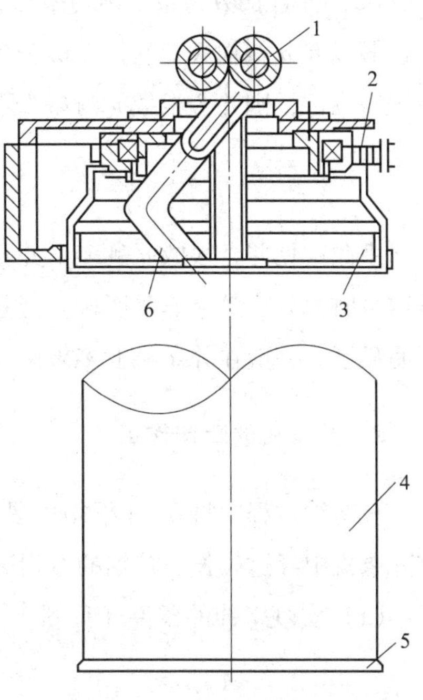

图 2—55　FA306 型并条机圈条机构

1—紧压罗拉　2—齿形带　3—圆条盘
4—棉条筒　5—底盘　6—斜管

四、并条机的并合与牵伸

1．并条机的并合作用原理

并合是并条机的主要作用，通过将多根纤维条平行地叠合成一体，可以使条子均匀。对于混纺纱来说，通过并合可以使几种成分的条子按一定的比例进行混合，使纤维在单纤维状态充分混合达到均匀。

（1）并合的均匀作用

梳棉生条粗细不匀，当两根棉条在并条机上并合时，由于并合的随机性可能产生四种情况，如图 2—56 所示。前三种都可能使条子的均匀度得到改善，后一种情况虽不能使棉条均匀度提高，但也不会恶化。

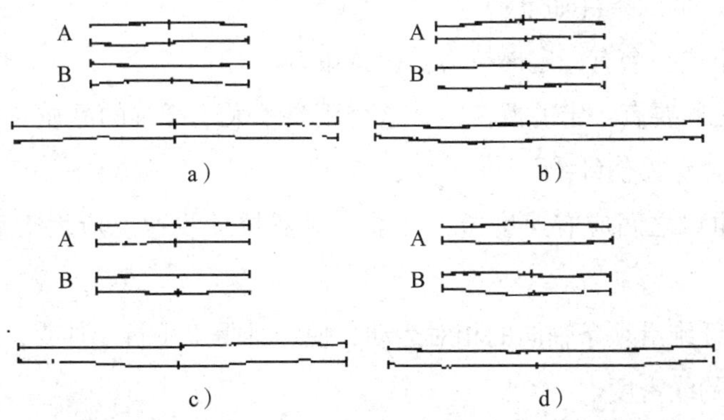

图 2—56　并合的均匀效果

a）最粗与最细相并合　b）最细与适中相并合　c）最粗与适中相并合　d）最粗与最粗相并合，最细与最细相并合

（2）并合根数与条干不匀率的关系

假设有 n 根棉条，它们 5 m 长度片段平均重量及不匀率 C_0 都相等，可用数理统计的方法进行推证，则并合根数 n 与条干不匀率 C 之间的关系式为：

$$C = \frac{C_0}{\sqrt{n}}$$

由此可见并合根数 n 越多，并合后棉条的不匀率越低，其关系如图 2—57 所示，当并合根数少时，并合效果非常明显，当并合根数超过一定范围时再增加并合数，并和效果就逐渐不明显了。一般在并条机上多采用 6 ~ 8 根并合。

2. 并条机的牵伸作用

在纺纱过程中将 6 ~ 8 根须条喂入并条机，经并条机牵伸后输出一根棉条，喂入的须条在并条机中经过拉长、拉细的过程称为牵伸。

（1）实现牵伸的条件（见图 2—58）

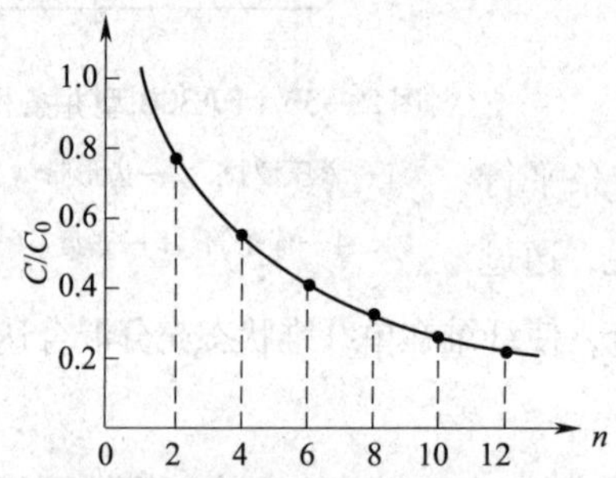

图 2—57　并合效果与并合根数的关系

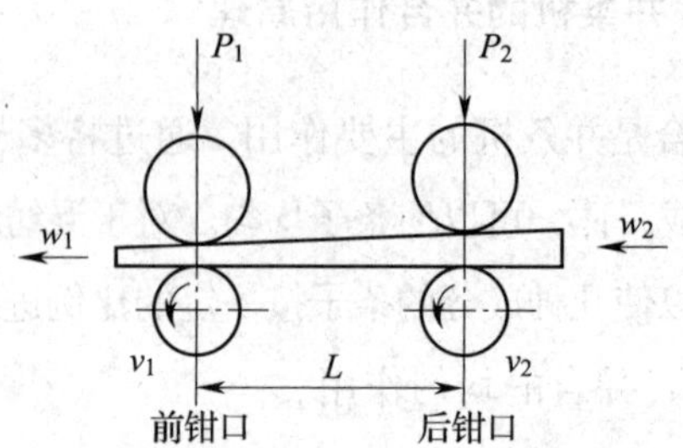

图 2—58　牵伸作用示意图

并条机的牵伸机构由罗拉和胶辊组成牵伸钳口，每两对相邻的罗拉组成一个牵伸区。在每个牵伸区内实现牵伸的条件如下：

1）每对罗拉组成一个有一定握持力的握持钳口。

2）两个钳口之间要有一定的握持距，这个距离稍大于纤维的品质长度，以利于牵伸的顺利进行，并可以避免损伤纤维。

3）两对罗拉钳口之间应有速度差，即前一对罗拉的线速度应大于后一对罗拉的线速度。

牵伸的实质是纤维沿须条轴向的相对运动，使纤维得以平行、伸直，其目的是拉长、拉细须条并达到规定的线密度。

（2）牵伸倍数

将须条拉长、拉细的倍数称为牵伸倍数，有以下两种表示方法：

1）机械牵伸倍数 E_1。是指前罗拉输出速度与后罗拉喂入速度之比，用公式表示为：

$$E_1 = v_1/v_2$$

式中，v_1表示罗拉输出速度，v_2表示罗拉喂入速度。

可见牵伸倍数与罗拉的表面线速度成正比。实际上，牵伸过程中有落棉产生，皮辊也有滑溜现象，前者使牵伸倍数增大，后者使牵伸倍数减小。

2）实际牵伸倍数 E_2。是指喂入须条的定量与输出须条定量之比，用公式表示为：

$$E_2 = w_2/w_1$$

式中，w_1为输出产品单位长度的质量，w_2为喂入产品单位长度的质量。

实际生产中，通过调节罗拉的速度来达到需要的牵伸倍数。在棉纺工艺中，一般实际牵伸倍数小于计算牵伸倍数。

3）牵伸效率 η。实际牵伸倍数与机械牵伸倍数之比，即：

$$\eta = (E_p/E_m) \times 100\%$$

4）总牵伸与部分牵伸。总牵伸倍数等于各部分牵伸倍数之积。

工艺上一般根据总牵伸倍数的大小来分配各牵伸区的部分牵伸倍数——牵伸分配；一般前区牵伸大，后区牵伸小；当纤维条经若干机台牵伸后，其总牵伸倍数等于各机台总牵伸倍数的乘积。

五、并条工艺及熟条质量控制

1. 并条工序的工艺配置

为了获得质量较好的棉条，必须确定合理的并条机道数，选择优良的牵伸形式及牵伸工艺参数。牵伸工艺参数包括棉条线密度、并合数、总牵伸倍数、牵伸分配、罗拉握持距、加压、压力棒调节、集合器口径等。

（1）并条机的道数

并条工艺道数确定的依据：由牵伸过程中纤维的伸直理论可知，牵伸倍数越大，对伸直后弯钩的效果越好，因细纱机的牵伸倍数最大，应保证喂入细纱机的纤维弯钩为后弯钩。根据这一理论，从梳棉到细纱的工序道数应为“奇数”，即普梳纺纱系统的并条机为二道，如图 2—59 所示。

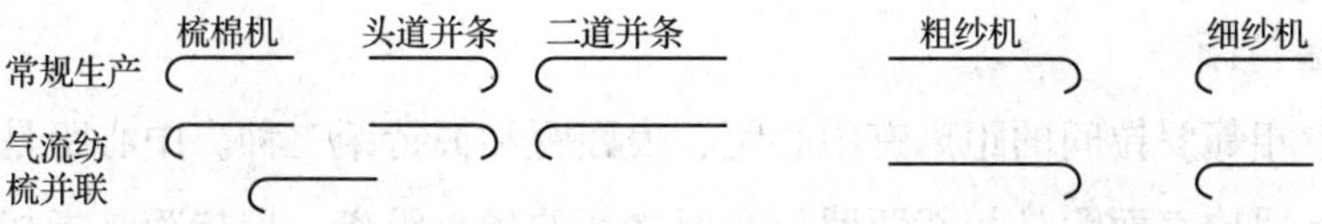

图 2—59　工艺道数与纤维的弯钩方向

当不同原料采用条子混纺时，为了提高纤维的混合效果，一般采用三道混并。

（2）出条速度

随着并条机喂入形式、牵伸形式、传动方式及零件的改进和机器自动化程度的提高，并条机的出条速度提高很快，现代新型高速并条机的出条速度达到600 m/min 以上。确定速度时应考虑以下因素：并条机的机型；所纺纤维的类型，如纺化纤时应比棉低 10% ~20%；并条机产量供应；纺纱的质量要求。

对于同类并条机来说，为了保证前、后道并条机的产量供应，头道出条速度略大于二道并条速度。

（3）熟条定量

熟条定量大小是影响牵伸区牵伸力的一个主要因素。主要根据纺纱特数、纺纱品种、设备情况等因素而定，一般为 12 ~25 g/5 m。

（4）总牵伸倍数及牵伸分配

1）总牵伸倍数。总牵伸倍数应与并合数及纺纱特数相适应。根据生产经验，总牵伸倍数=（1 ~1.15）×并合数。

2）牵伸分配。牵伸分配是指当并条机的总牵伸倍数一定时，配置各牵伸区倍数或头道、二道并条机的牵伸倍数。决定牵伸分配的主要因素是牵伸形式，还要结合纱条结构状态来考虑。

①各牵伸区的牵伸分配。方法是先确定后区牵伸倍数，再根据总牵伸倍数计算前区牵伸倍数。头道并条机的后区牵伸倍数偏大掌握，一般为 1.7 ~2.0 倍；原因是加大后区牵伸倍数可使前区牵伸倍数减小，由于前弯钩纤维的伸直（因喂入头道并条机的大多为前弯钩纤维），前区牵伸倍数一般为 3 倍左右；二道并条机因喂入的是半熟条，条子内纤维较为顺直，且弯钩以后弯钩纤维居多，后区牵伸倍数可缩小到 1.06 ~1.1 倍，前区牵伸倍数在 7 倍以上。

②头道、二道并条机的牵伸分配。头道、二道并条机的牵伸分配有两种工艺方法：一是头道牵伸倍数大于二道牵伸倍数，称为倒牵伸。此种方式有利于熟条的条干均匀度，但对前弯钩纤维的伸直不利。二是头道牵伸倍数小于二道牵伸倍数，称为顺牵伸。此种方式有利于弯钩纤维的伸直，且牵伸力合理，熟条质量较好。实践证明第二种牵伸工艺较为合理。

（5）罗拉握持距

牵伸装置中相邻罗拉间的距离有中心距、表面距和握持距三种。中心距是相邻两罗拉中心之间的距离；罗拉表面距是相邻两罗拉表面之间的最小距离；握持距是指相邻两对钳口线之间的须条长度。对于直线牵伸，握持距与罗拉中心距是相等的；对于曲线牵伸，罗拉握持距大于罗拉中心距。

罗拉握持距是纺纱的主要工艺参数，罗拉握持距的大小对牵伸的影响：过大时，易出现牵伸波；过小时，须条在钳口中打滑。因此，罗拉握持距的大小要适应加工纤维的长度并兼顾纤维的整齐度，罗拉握持距必须大于纤维的品质长度。一般可由下式表示：

$$S = L_P + P$$

式中 S——罗拉握持距；

L_P——纤维品质长度；

P——根据牵伸力的差异及罗拉钳口扩展长度而确定的长度值。

确定罗拉握持距时应根据纤维长度与性能、牵伸区内的摩擦力界大小、须条的定量等而定。一般情况前区握持距 $S = L_P +$ （5～10）mm，可偏小掌握，以利于改善条干均匀度；后区握持距 $S = L_P +$ （10～14）mm，偏大掌握，有利于纤维伸直。

（6）罗拉加压

罗拉加压是保证须条顺利牵伸的必要条件，“紧隔距、重加压”工艺是实现对纤维运动有效控制的主要手段。罗拉加压一般应考虑罗拉速度、纤维种类、棉条定量、牵伸倍数、牵伸形式等。棉与化纤混纺时，加压比纯棉纺高20%，加工纯化纤时加压应比纺纯棉高30%。

2. 熟条质量控制

熟条质量控制主要通过检测控制棉条重量不匀率、重量偏差及条干不匀率三项指标。

（1）棉条重量不匀率和重量偏差

1）棉条重量不匀率的测试。熟条（末道条子）每班、每台、每眼一般测试2～3次。每台、每眼各取一个5 m试样，各个品种每次不少于20段，计算重量不匀率。

2）棉条重量不匀率的参考指标。末道条子重量不匀率：纯棉普梳小于1%，纯棉精梳小于0.8%，化纤混纺小于1%。

3）棉条重量不匀率和重量偏差的控制。为降低细纱重量偏差和细纱重量不匀率，确保细纱少调或不调牵伸齿轮，纺出纱的线密度符合国家标准的规定，生产上直接控制末道并条棉条质量，控制熟条重量偏差，用细纱重量偏差为±2.5%作为参考依据。在棉条喂入并条机时做好两个方面的工作：一是轻重搭配。如梳棉机台固定供应、并条两眼交叉搭配、棉条轻重搭配、高灵敏度的断头自停装置等。二是控制熟条重量偏差。条子的定量控制和调整范围有两种，一种是单机台各眼条子定量的控制；另一种是同一品种全部机台条子定量的控制。重量偏差公式如下：

$$偏差（\%）=（实际干重量-标准干重量）/标准干重量$$

生产上并条单机台棉条干重差异百分率常控制在±1%左右，并条多机台棉条干重差异百分率控制在±0.5%左右。

重量偏差控制方法：并条调整牵伸变换齿轮。如超过控制的允许范围（±1%）时，调整牵伸变换齿轮（轻重牙）和牵伸微调齿轮（冠牙）。

（2）条干不匀率

纱条条干不匀率是衡量纱条质量的主要指标之一。要求生产出均匀的纱条是相当困难的，甚至是做不到的。纱条均匀包括外观粗细均匀和结构均匀，纤维排列的随机性带来的随机不匀和因工艺过程不良所形成的条干附加不匀是导致条干不匀的主要原因。条干不匀包括有规律的周期性不匀和无规律的非周期性不匀两类。

周期性不匀是指在产品全部长度上按一定规律变化的一种不匀，它是由周期性作用的机器因某些工作机件有缺陷而产生的（如罗拉偏心等），其表现形式为周期性（规律）波动，如图2—60a所示。

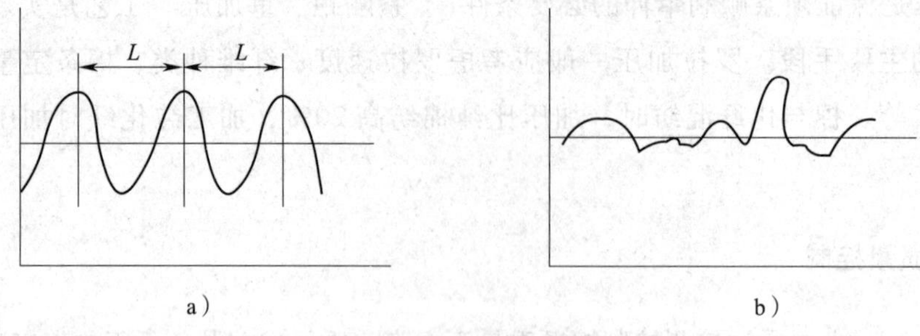

图2—60　条干不匀现象

a）纱条周期性不匀　b）纱条非周期性不匀

非周期性不匀是指没有固定周期长度的不匀，如图2—60b所示，是由牵伸过程中须条内纤维的不规则运动造成的，如牵伸波等。

1）条干不匀率试验。末并条干不匀率试验用Y311型试验仪器，试验周期通常是每天、每台、每眼、每班试验一次，并条棉条条干均匀度参考指标小于20%；用Uster试验仪器通常每月、每台、每眼至少试验4次，并条棉条条干均匀度Uster CV值参考指标小于4.3%。

2）条干不匀率的控制

①纱条的随机不匀。随机不匀与设备及工艺因素无关，随着纱条在加工过程中牵伸倍数的增大，随机不匀随之增大；纺粗线密度纱时随机不匀较小，纺细特纱时随机不匀较大；用较细纤维纺相同线密度的纱时，纱条断面内的纤维根数增加，可提高纱线的均匀度和强力。

②纱条的附加不匀。纱条的实际不匀大于纱条的随机不匀（理论不匀），两者之间的差

是由附加不匀引起的。附加不匀产生的原因很多，主要是机械状态不良和在牵伸过程中浮游纤维运动不规则造成的。

机械波是指由机械状态不良而做周期运动所造成的纱条不匀，这种不匀的特点是具有显著的规律性。

机械波产生的主要原因：a. 罗拉钳口移动。罗拉钳口的位置不稳定易形成纱条不匀，主要原因有罗拉或者胶辊偏心（或椭圆）、弯曲，胶辊包覆材料的弹性与硬度差异，胶辊外壳与其轴心间配合不良等。其中，前罗拉造成的不匀最为严重。b. 下罗拉表面速度不稳定。下罗拉表面速度不稳定而形成的纱条不匀同样具有周期性，其波长与不正常机件的运动周期有关，主要原因有下罗拉弯曲或偏心、传动齿轮有问题（偏心、啮合不良等）及罗拉振动等，其中以罗拉振动的影响最为严重。c. 其他机械因素。某些牵伸机构的问题，如针板、针圈等安装不合适、精度低也会造成纱条不匀。

在理想的机械状态下，由牵伸过程中浮游纤维的不规则运动造成的波形称为牵伸波，产生的主要原因是牵伸区中作用于浮游纤维上的引导力与控制力发生波动。

牵伸波产生的主要原因：a. 工艺设计不当，使得附加摩擦力界布置不合理、控制力不足等均会使纤维运动不规则。b. 喂入纱条粗细不匀，使条干恶化。c. 喂入纱条结构不匀，导致纤维变速点位置的变化和牵伸力的波动，使输出纱条的条干恶化，如纤维长度、成分等结构不良。d. 工艺参数变化引起条干恶化，如加压不足、罗拉隔距走动等。

③其他附加不匀。主要是与人有关的一些因素，如操作不当等。

六、混纺纱熟条的制成

1. 工艺道数和喂入条子的定量

（1）工艺道数

并条机的工艺道数取决于原料的混合方式，纺纯棉、纯化纤及化纤与化纤混纺时，由于采用棉包混棉，混合均匀、充分，所以并条机多采用两道，以简化工艺，防止条子发毛。

当采用棉与化纤混纺时，如涤纶，由于原料含杂不同，所以在开清棉时分开进行，在并条工序采用条子混合；为了混合均匀，防止产生色差，多采用三道并条工序。

在生产精梳涤棉混纺纱时，涤纶生条先经过一道预并条，再与精梳棉条并合，这样可以降低涤纶生条的重量不匀率并控制生条的定量，使涤纶与棉混合时保证混纺比正确；而且还可以使化纤条子中纤维的平行度、伸直度提高，有利于条干均匀度。

对于混纺纱熟条的制成，从纤维的混合效果看，国内普遍采用一预三混并或三道混并的工艺过程。

(2) 混纺时喂入条子的定量

一般精梳涤棉混纺的混纺比为干重比（如65%∶35%），这个比例必须从混并头道开始，用两种条子的干定量与并合根数搭配进行控制。

一般可根据混纺比确定两种条子的混合根数 n_1 和 n_2，根据纺纱线密度，选择一种条子的干定量 a，然后确定另一种条子的干定量 b。例如，两种条子的混纺比为 $w_1 : w_2$，则 $n_1 a : n_2 b = w_1 : w_2$。

知道了混并条子的干定量及混并机的牵伸倍数、喂入各种条子的根数，则可根据混纺比求出各种条子的干重。例如，头道混并条子的干重为20 g/5 m，牵伸倍数为6.2倍，4根涤条、2根棉条混合喂入，涤棉干重混纺比为65∶35，则：

$$涤条干重 = 20 \times 6.2 \times 0.65/4 = 20.15\ (g/5\ m)$$

$$棉条干重 = 20 \times 6.2 \times 0.35/2 = 21.7\ (g/5\ m)$$

2. 混纺纱牵伸工艺特点

熟条中由于化纤具有整齐度好、长度长、卷曲数比棉多、纤维与金属之间摩擦因数较大等特点。采用“重加压、大隔距、通道光洁、防缠防堵”等工艺措施，以保证纤维条质量。

(1) 罗拉握持距

罗拉握持距比纺纯棉时大，且一定要大于纤维长度的数值，同时要考虑到罗拉加压大小。三上四下曲线牵伸的前区握持距约为 $L+$（3～6）mm，后区握持距约为 $L+$（12～16）mm；三上三下压力棒曲线牵伸的前区握持距约为 $L+$（8～10）mm，后区由于后罗拉加压充分，此握持距变动较小，控制在 $L+$（10～15）mm内，L 为化纤的公称长度。

(2) 皮辊加压

皮辊加压一般应比纺纯棉时增加20%～30%，如果加压不足，会产生突发性纱疵。

(3) 牵伸分配

为了降低化纤条在牵伸中的较大牵伸力，提高半制品质量，可适当加大后区牵伸倍数，可达1.5～1.6倍。

(4) 出条速度

化纤容易产生静电，引起缠皮辊和缠罗拉的现象，机后部分也会产生意外牵伸，因此出条速度比纺纯棉时稍低。

阅读材料

一、并条机自调匀整技术的运用

1．并条机运用自调匀整装置的作用

自调匀整装置就是根据喂入或纺出的半制品单位长度重量（或粗细）差异自动调节牵伸倍数，从而使纺出的半制品单位长度重量（或粗细）稳定在一定的水平，如图2—61所示。其具体作用如下：

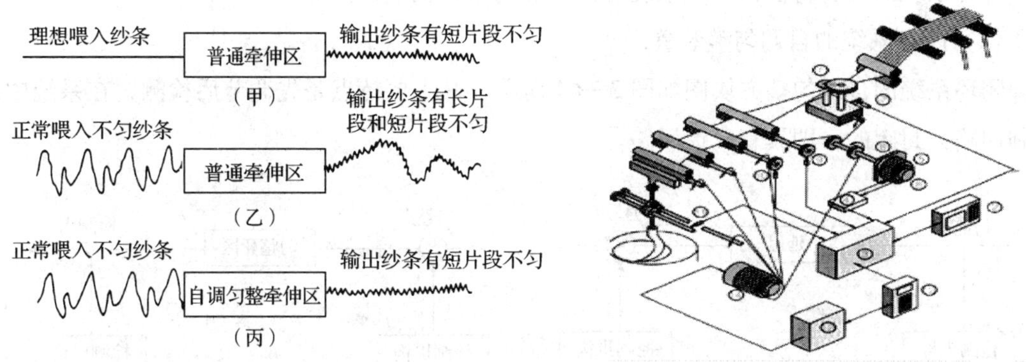

图2—61 自调匀整装置的作用

（1）能消除中、长片段不匀现象，但不能消除短片段不匀。

（2）能消除并合作用不能消除的正相关不匀。

（3）连续、自动地校正和监督条子均匀度。

如图2—62所示，自调匀整装置一般由检测机构、放大机构、记忆延迟机构、传导机构、变速机构等部分组成。

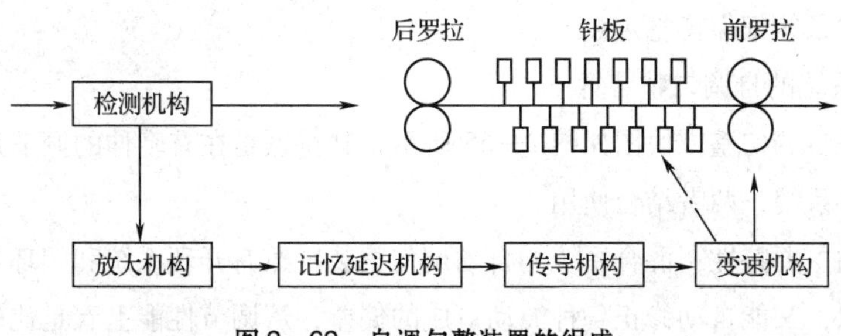

图2—62 自调匀整装置的组成

为提高产品均匀度和条子水平，可通过两种牵伸的调节方式保证条子的匀整性，一种是通过改变后罗拉速度来调节牵伸；另一种是通过改变前罗拉速度来调节牵伸，从而改善纱条的随机不匀和同步不匀。

2. 自调匀整装置的特征

自调匀整装置在棉纺工艺流程和毛纺工艺流程中运用比较广泛，常见的有开环系统、闭环系统和混合系统的自调匀整装置，下面简单介绍其组成和主要特征。

（1）开环系统的自调匀整装置

开环系统的自调匀整方块图如图2—63所示，其主要特点为先检测后控制，系统中的控制回路为非封闭的，此系统大都在精梳毛纺中采用。

开环系统的主要特性：开环系统为针对性匀整，调节性能好。

（2）闭环系统的自调匀整装置

闭环系统的自调匀整方块图如图2—64所示，其主要特点是先调节后检测，在系统中的控制回路为封闭的，即具有反馈回路。

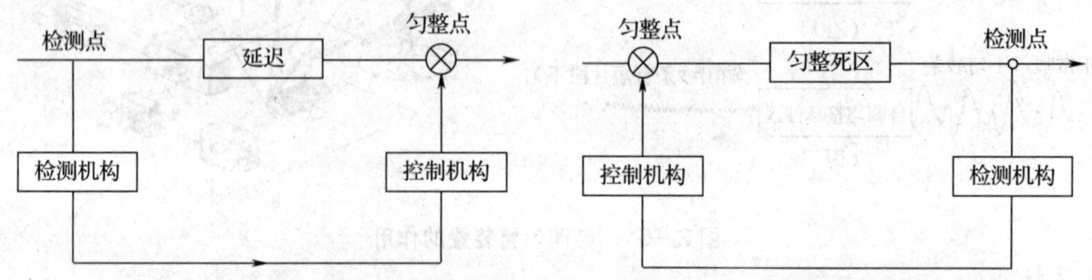

图2—63　开环系统的自调匀整方块图　　图2—64　闭环系统的自调匀整方块图

闭环系统的主要特性：在闭环系统中，喂入纱条是在经过牵伸机构后进行检测的，由于检测的纱条是已经被匀整过的，一般纱条的重量差异较小，因此，闭环系统往往需要一个高倍放大器，以放大检测偏差信号，才能改变调速机构的速度，使偏差减小。闭环系统是按反馈原理工作的，它能自动修正各种因素波动造成的偏差，从而使输出纱条的平均粗细能达到正常水平，使纱条粗细保持稳定。

（3）混合系统的自调匀整装置

混合系统的自调匀整方块图如图2—65所示，其特点是在有牵伸的调节系统中既有开环系统，又有闭环系统，两者结合使用。

混合系统的主要特性：混合系统的自动调匀整装置兼有开环系统和闭环系统的优点，既能保持匀整效果，又能自动修正各种波动造成的偏差，从调节性能上看是比较完善的。

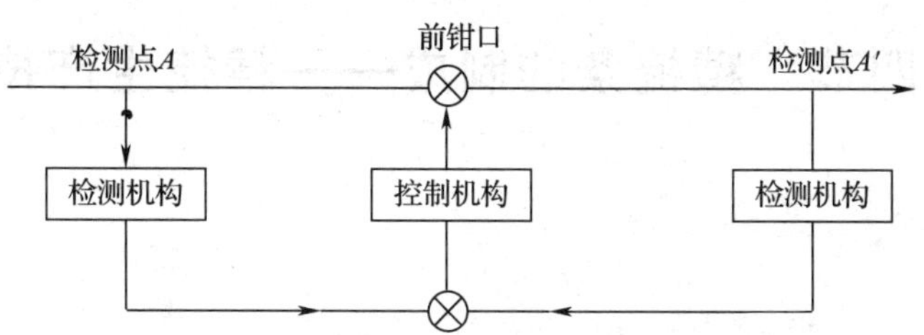

图 2—65 混合系统的自调匀整方块图

二、自动换棉条筒技术

并条机的自动换棉条筒技术替代了人工劳动，提高了生产效能，如图 2—66 所示。

图 2—66 并条机的自动换棉条筒

思考练习

1. 试述并条工序的任务。
2. 试述并条机的主要机构及作用。
3. 说明并合可降低棉条不匀率的原因，以及均匀效果和并合根数的关系。
4. 说明并条机一般要采用两道的原因。
5. 什么是机械牵伸倍数？什么是实际牵伸倍数？两者怎样换算？
6. 纺纯棉纱和纺涤棉混纺纱时，并条机械配置牵伸工艺有何不同？
7. 熟条质量控制主要控制哪几项指标？
8. 牵伸过程中纤维的平行作用是怎样实现的？
9. 产生不规律性条干不匀的原因有哪些？平时应做好哪些工作才能减少这类不匀？

第四节 精梳条的制成——精梳生产技术

学习目标

1. 熟悉选择精梳准备工艺的原则及机械加工原理。
2. 掌握精梳小卷的制作工艺过程。
3. 掌握精梳条的制作工艺过程。
4. 熟悉精梳机结构的组成及作用。
5. 了解精梳质量控制内容。

精梳是精梳工序的简称。精梳是指在梳棉机对纤维充分梳理的基础上所进行的进一步精细梳理，其主要目的如下：

第一，去除不符合纺精梳纱要求的短纤维。生条中的短绒含量占12% ~14%，精梳工序的落棉率为13% ~16%，可排除生条中40% ~50%的短纤维，从而提高纤维的平均长度及整齐度，减少纱线毛羽，提高成纱强力。

第二，进一步梳理纤维，提高纤维的平行伸直度和分离度。其纤维平行伸直度可由梳棉生条的50%左右提高到85% ~95%，以利于提高纱线的条干强力和光泽。

第三，清除生条纤维中的杂质和棉结。精梳工序可排除生条中50% ~60%的杂质和10% ~20%的棉结，提高成纱的外观质量。

第四，并合均匀、混合与成条。梳棉生条中的重量不匀率为2% ~4%，通过并合不同条子中的纤维充分混合与均匀，制成的精梳棉条重量不匀率为0.5% ~2%。

精梳条制成的精梳纱与同号普梳纱相比，强度提高10% ~15%，棉结、杂质含量降低50% ~60%，成纱条干均匀，毛羽少且外观光洁。但是，精梳纱线质量的提高是在精梳过程中排除短纤维，产生落棉，增加原料成本基础上而得到的，且随着落棉率的变化，精梳效果有以下几种区别：

1. 半精梳的落棉率为5% ~10%，原棉中短纤维和杂质大部分被除去，相当于原棉提高1个或2个等级，纱的强力提高10%，纱疵降低10% ~38%。

2. 全精梳的落棉率为10% ~20%，纱疵降低40% ~62%。

3. 高级精梳的落棉率为20%以上，用于纺最优纱，但使用较少，纺出口纱使用较多。

棉精梳系统主要用于纺 10 tex 以下的细特纱，要求光泽和美观的 10～20 tex 中、粗特纱以及涤、棉混纺纱中棉条的加工。经过棉精梳系统加工的纱，主要用于制作高档缝纫线、刺绣线、轮胎帘子线、高档汗衫和府绸等。

一、精梳条制成工艺过程

精梳条的制成是通过精梳工序完成的。精梳工序由精梳准备机械和精梳机组成。精梳准备机械是提供质量好的精梳小卷供精梳机加工。精梳机梳理小卷棉层先是在握持状态下，精梳锡林梳理其前端，继而再握持已梳理过的前端，顶梳梳理其后端，最后经过牵伸集束成精梳条。

1. 精梳小卷的制作

（1）精梳前准备工序的目的

经过梳棉机制成的生条，纤维排列混乱，纤维伸直度差，大部分纤维呈弯钩状态，其中 50% 以上纤维呈后弯钩状态。如直接用这种棉条在精梳机上加工梳理，梳理过程中不仅可能形成大量的落棉，并造成大量的纤维损伤，而且锡林梳理阻力大，易损伤梳针及锯齿，还会产生新的棉结，甚至很多未伸直的纤维被作为短纤维而排除。为了适应精梳机工作的要求，梳棉棉条在喂入精梳机前应经过精梳准备工序，预先制成适应精梳机加工、质量优良的小卷，以改善纤维状态。

（2）精梳准备的工艺流程

棉纺精梳准备的工艺流程不同，所选用的精梳准备机台也不同，概括起来，精梳准备机械有预并条机、条卷机、并卷机和条并卷联合机四种，除预并条机为并条工序通用的机械外，其他三种均为精梳准备专用机械。精梳准备有三种工艺流程，具体区别如下：

1）预并条机→条卷机准备工艺

①工艺特点。如图 2—67 所示，这种条卷工艺的特点是总并合数为 120～180，总牵伸倍数为 8～14 倍；机器少，占地面积小，结构简单，便于管理和维修；由于采用棉条并合方式成卷，虽然层次清晰，不粘卷，但是制成的小卷有明显的条痕，横向均匀度差，精梳落棉多，同时使精梳条条干和重量波动较大。

②条卷机工艺过程。条卷机的作用是将 20～24 根棉条经牵伸、并合制成一个小卷。如图 2—67 所示，从机后两侧导条架下的 20～24 个棉条筒 1 中引出的棉条 2，经导条压辊 5 与导条辊 3 引导，绕过导条钉转向 90°后在 V 形导条板 4 上平行排列，然后经导条罗拉 6 引入

牵伸装置 7，经牵伸后形成的棉层由一对气动紧压辊 8 压紧后，由棉卷罗拉 10 卷绕在筒管上制成条卷 9。筒管由棉卷罗拉的表面摩擦传动，两侧由夹盘夹紧并对精梳小卷加压，以增大卷绕密度。满卷后，由落卷机构将小卷落下，换上空筒后继续生产。该机牵伸倍数为 1.1～1.5。目前国内使用较多的条卷机有 A191B 型、FA331 型和 FA334 型，其工艺过程基本相同。

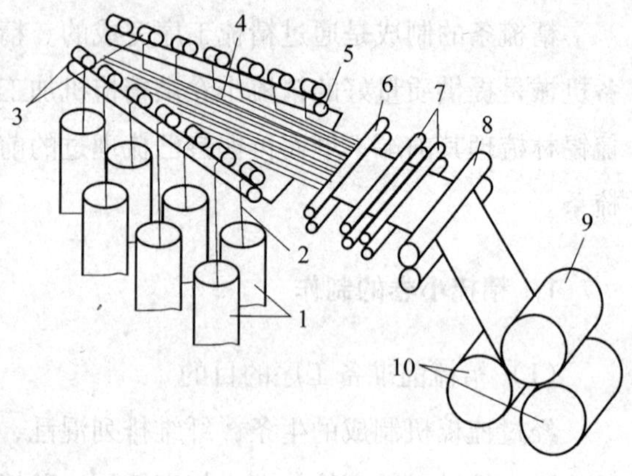

图 2—67　条卷的工艺流程

1—棉条筒　2—棉条　3—导条辊　4—V 形导条板　5—导条压辊　6—导条罗拉
7—牵伸装置　8—紧压辊　9—条卷　10—棉卷罗拉

2）条卷机→并卷机准备工艺

①工艺特点。这种并卷工艺的特点是总并合数为 120～160，总牵伸倍数为 8～14 倍，小卷成形良好，但是经过了 6 层棉网的叠合使棉层层次清晰，纵向和横向均匀度好，有利于精梳时钳板的握持，精梳落棉均匀，适用于纺特细特纱。

②并卷机工艺流程。如图 2—68 所示，并卷机的作用是将 6 个棉卷经牵伸、并合制成一个小卷。将 6 个棉卷 1 分别放在并卷机后的喂卷罗拉 2 上，小卷退解后经曲面导板 4 进入各自的牵伸罗拉 3，牵伸倍数约为 6 倍，牵伸后的棉网经曲面导板 4 做 90°转弯至平台上相互叠合，由导条压辊 5 压紧输出，再由成卷罗拉 7 卷成精梳小卷 6。

3）预并条机→条并卷联合机准备工艺

①工艺特点。这种条并卷工艺的特点是总并合数为 280～480，总牵伸倍数为 18～40 倍。小卷并合次数多，成卷质量好，小卷的重量不匀率小，有利于提高精机的产量、质量和节约用棉，但是因牵伸倍数过大，小卷易发生粘连，且对车间温度、湿度要求较高，且此种流程占地面积大。

②条并卷联合机工艺过程。如图2—69所示，条并卷联合机喂入部分由两三部分组成，每一部分各有16~20根棉条经导条压辊2平行喂入，棉层经牵伸罗拉3牵伸后成为薄棉网，经过光滑的曲面导板4转向90°进入导条罗拉8和输棉平台，在输棉平台上完成两三层薄棉网的重叠，经输出罗拉进入两对牵伸导条5压紧后，再由成卷罗拉7制成精梳小卷6。该机牵伸倍数为1.2~2倍，国内主要机型有FA355型、FA356型两种。

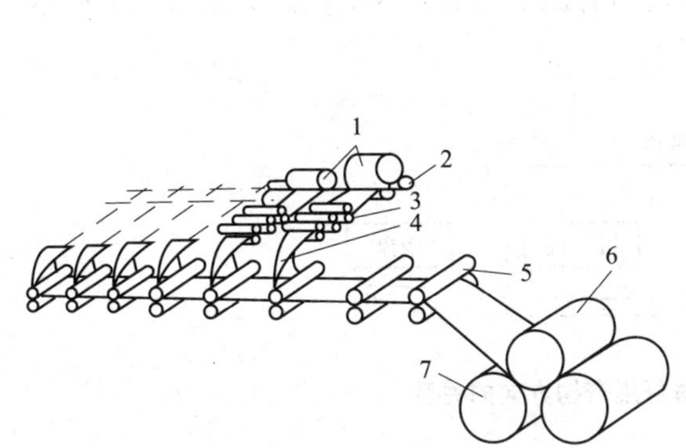

图2—68　并卷机工艺流程

1—棉卷　2—喂卷罗拉　3—牵伸罗拉
4—曲面导板　5—导条压辊
6—精梳小卷　7—成卷罗拉

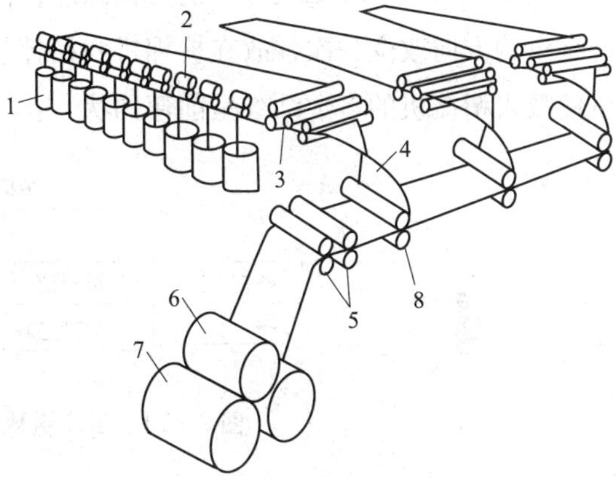

图2—69　条并卷联合机工艺流程

1—棉条筒　2—导条压辊　3—牵伸罗拉
4—曲面导板　5—牵伸导条罗拉　6—精梳小卷
7—成卷罗拉　8—导条罗拉

目前，并卷工艺和条并卷工艺是企业广泛采用的两种精梳准备工艺流程，如图2—70所示。

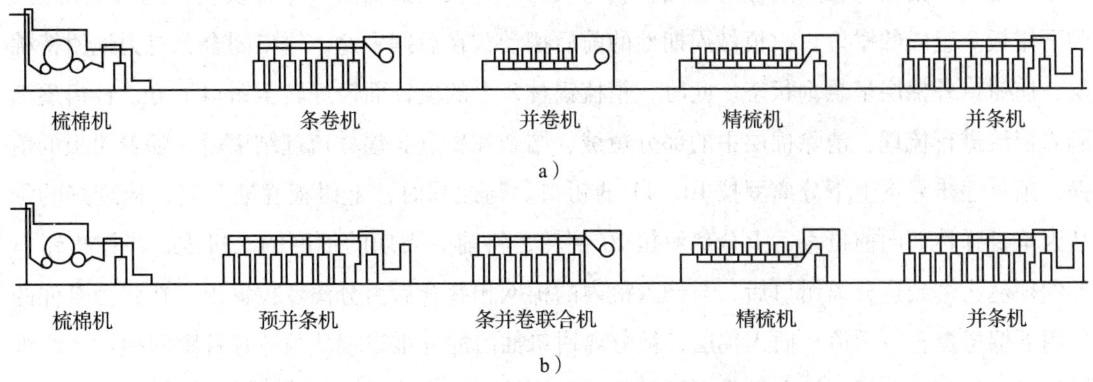

图2—70　两种精梳准备工艺流程

a）并卷工艺　b）条并卷工艺

并卷工艺流程是梳棉机→条卷机→并卷机→精梳机→并条机。

条并卷工艺流程是梳棉机→预并条机→条并卷联合机→精梳机→并条机。

(3) 精梳准备工艺流程的偶数准则

梳棉机生产的生条在纤维结构和卷装形式上不适宜直接喂入精梳机加工，故精梳前的准备加工是十分必要的。由于生条内的纤维有50%呈后弯钩状态，若依靠精梳锡林将纤维梳直，则喂入棉层的纤维最好呈前弯钩状态；同时，棉条筒内纤维弯钩状态每经过一道工序，纤维弯钩方向改变一次，故在梳棉机和精梳机之间的加工道数须为偶数。如图2—71所示，可使喂入精梳机的多数纤维呈前弯钩状。

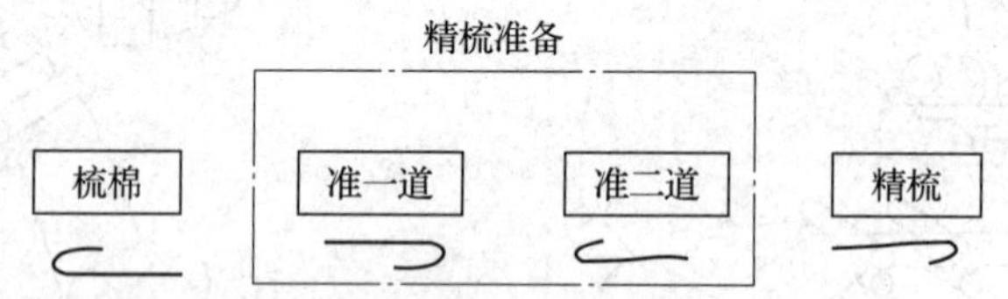

图2—71 工序道数与纤维弯钩方向的关系

2. 精梳条制作过程

(1) 精梳机工艺过程

精梳机虽有多种机型，但其工作原理基本相同，即都是周期性地梳理棉丛的两端，梳理过的棉丛与分离罗拉倒入机内的棉网接合，再将棉网输出机外。

如图2—72所示为SXF1269A型精梳机的工艺流程，小卷1放在一对承卷罗拉2上，随承卷罗拉的回转而退解棉层，经导卷板3喂入置于钳板上的给棉罗拉4与弧形给棉板5组成的钳口之间。给棉罗拉周期性间歇回转，每次将一定长度的棉层（给棉长度）送入上钳板6和下钳板7组成的钳口。钳板做周期性的前后摆动，在后摆中途，钳口闭合，有力地钳持棉层，使钳口外棉层呈悬垂状态。此时，精梳锡林8上的梳针面恰好转至钳口下方，针齿逐渐刺入棉层进行梳理，清除棉层中的部分短绒、结杂和疵点。锡林梳理结束后，随着钳板的前摆，须丛逐步靠近上下分离罗拉10、11的钳口。与此同时，上钳板逐渐开启，梳理好的须丛因本身弹性而向前挺直，上分离罗拉10倒转，将前一周期的棉网倒入机内，当钳板钳口外的须丛头端到达分离钳口后，与倒入机内的棉网相叠合后由分离罗拉输出。在张力牵伸的作用下棉层挺直，顶梳9插入棉层，被分离钳口抽出的纤维尾端从顶梳片针隙间拽过，纤维尾端黏附的部分短纤、结杂和疵点被阻留于顶梳针后边，待下一周期锡林梳理时除去。由分离罗拉输出的棉网经过一个有导棉板的松弛区后进入集合器12聚拢成条，通过一对导向压辊13输出，各眼输出的棉条分别绕过导条钉14转向90°，进入三上五下曲线牵伸罗拉16，经牵伸后，精梳条通过集合器 17 进入大压辊 18，通过圈条集束器 19 及一对圈条检测压辊 20，经斜管 21 圈放在条筒 22 中。在锡林针面下方位置，高速回转的毛刷 23 清除棉层中被锡林梳理时清除的部分短绒、结杂和疵点等，经风斗吸附在尘笼 24 的表面，或直接由风机吸入尘室，这样符合要求的精梳条就制成了。

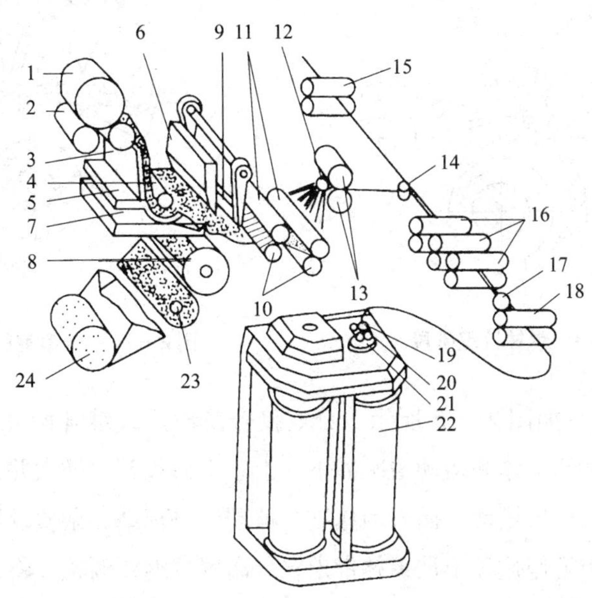

图 2—72 SXF1269A 型精梳机的工艺流程

1—小卷 2—承卷罗拉 3—导卷板 4—给棉罗拉 5—弧形给棉板 6—上钳板 7—下钳板 8—精梳锡林 9—顶梳 10、11—上、下分离罗拉 12、17—集合器 13—导向压辊 14—导条钉 15—罗拉 16—牵伸罗拉 18—大压辊 19—圈条集束器 20—圈条检测压辊 21—斜管 22—条筒 23—毛刷 24—尘笼

（2）精梳机工作的运动配合

精梳机的钳板前后往复运动一次（或锡林转一转）称为一个运动周期或一钳次，精梳机的一个运动周期可分为四个阶段。

1）锡林梳理阶段。如图 2—73 所示，锡林梳理阶段从锡林第一排针开始梳理到末排针脱离棉丛为止。在这一阶段各主要机件的工作和运动情况如下：上、下钳板闭合，牢固地握持须丛，钳板运动先向后再向前；锡林梳理须丛前端，排除短绒和杂质；给棉罗拉停止给棉；分离罗拉处于基本静止状态；顶梳先向后再向前摆，但不与须丛接触。

2）分离前的准备阶段。如图 2—74 所示，分离前的准备阶段从锡林梳理结束开始到开始分离为止。在这一阶段各主要机件的工作和运动情况如下：上、下钳板由闭合到逐渐开启，钳板继续向前运动；锡林梳理结束；给棉罗拉开始给棉；分离罗拉由静止再到开始倒转，将棉网倒入机内，准备与钳板送来的纤维丛结合；顶梳继续向前摆动，但仍未插入须丛进行梳理。

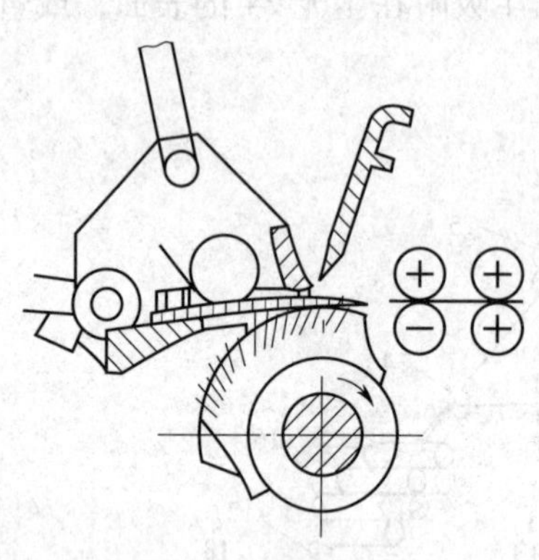

图2—73　锡林梳理阶段

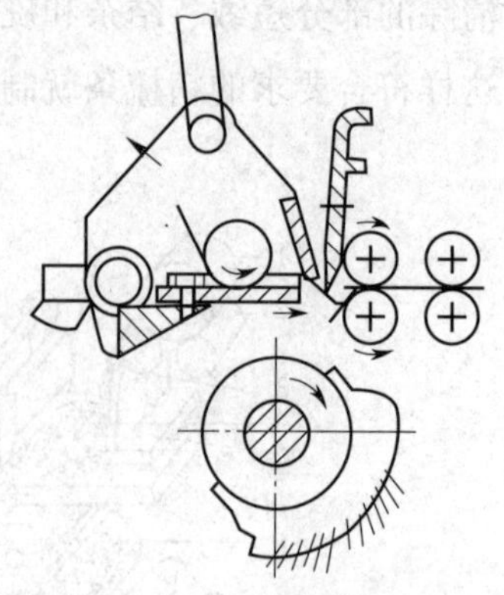

图2—74　分离前的准备阶段

3）分离接合阶段。如图2—75所示，分离接合阶段从纤维开始分离到分离结束为止。在这一阶段各主要机件的工作和运动情况如下：上、下钳板开口增大并继续向前运动，将须丛送入分离钳口；顶梳向后摆动，插入须丛进行梳理，将棉结、杂质及短纤维阻留在顶梳后面的须丛中，在下一个工作循环中被锡林带走；分离罗拉继续顺转，将钳板送来的纤维牵引出来，叠合在原来的棉网尾端，实现分离接合；给棉罗拉继续给棉。

4）锡林梳理前的准备阶段。如图2—76所示，锡林梳理前的准备阶段从分离结束到锡林梳理开始为止。本阶段各主要机件的工作和运动情况如下：上、下钳板向后摆动，逐渐闭合；锡林第一排针逐渐接近钳板下方，准备梳理；给棉罗拉停止给棉；分离罗拉继续顺转输出棉网，并逐渐趋向静止；顶梳向后摆动，逐渐脱离须丛。

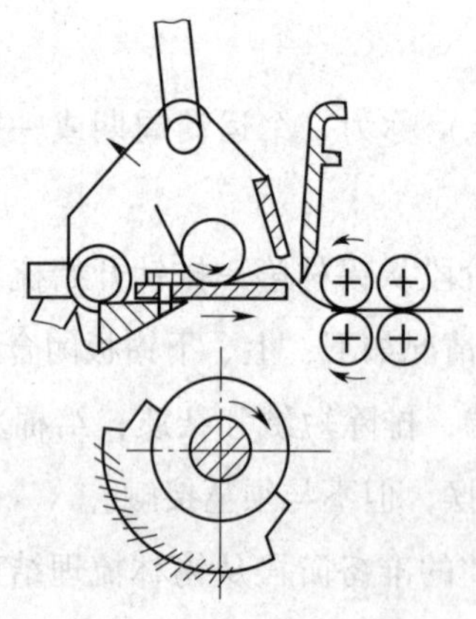

图2—75　分离接合阶段

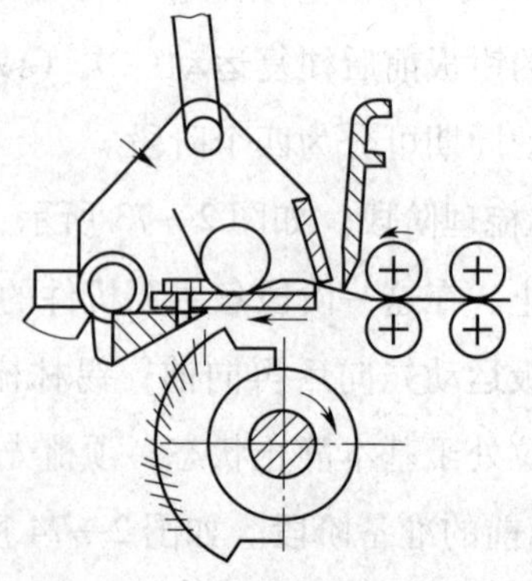

图2—76　锡林梳理前的准备阶段

二、精梳机的结构及作用

1. 给棉机构及其作用

给棉机构包括承卷罗拉机构、给棉罗拉机构和钳板机构。

（1）承卷罗拉机构与作用

承卷罗拉采用连续回转式，此种方式适应精梳机的高速运转。承卷罗拉机构由一对承卷罗拉2、导卷板、偏心张力辊3组成。小卷存放在一对承卷罗拉上，随着承卷罗拉上的小卷回转退绕一定长度的棉层，输送给给棉罗拉4。导卷板托持承卷罗拉退绕下来的纤维层，防止其意外伸长。由于承卷罗拉连续回转，当给棉罗拉不给棉时，承卷罗拉仍在喂给，加上给棉罗拉随钳板摆动，从而引起棉层张力呈周期性的波动，为了稳定棉层张力，SXF1269A 型精梳机的承卷罗拉与给棉罗拉之间装有一个偏心张力辊，如图2—77所示。当钳板后摆、给棉罗拉停止给棉时，偏心辊偏心往上摆，使纤维层运动路径长度增大，将多余的纤维层储存起来；相反，当钳板前摆、给棉罗拉给棉时，偏心辊偏心往下摆，将前面储存的纤维层释放出来，确保纤维层张力均匀。

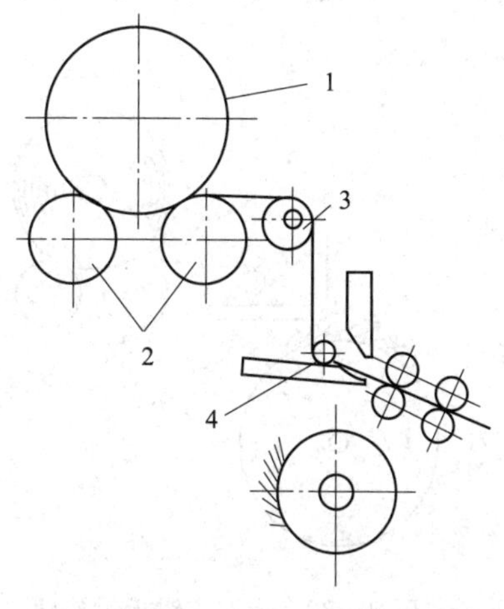

图2—77　精梳机棉层张力补偿装置

1—小卷　2—承卷罗拉
3—偏心张力辊　4—给棉罗拉

（2）给棉罗拉机构与作用

给棉罗拉机构包括给棉罗拉、弧形给棉板及给棉罗拉传动机构。其作用是定时、定量喂给棉层。SXF1269A 型等新型精梳机均采用单给棉罗拉机构，与双给棉罗拉机构相比，对精梳机的高速、须丛的抬头及棉网的分离接合有利。在新型精梳机上有两种给棉方式，一种是钳板在前摆过程中给棉，称为前进给棉；另一种是后摆过程中给棉，称为后退给棉。精梳机的给棉方式不同，则给棉机构也不同。SXF1269A 型精梳机配有前进给棉机构（见图2—78）和后退给棉机构（见图2—79）供选用，以适应各种精梳产品的不同质量要求和落棉控制。

（3）钳板机构与作用

钳板机构由摆轴传动机构、摆动机构和上钳板、下钳板组成。它们的作用是钳持棉丛供锡林梳理，并将梳理过的须丛送向分离钳口，以实现新棉丛与旧棉网的接合，如图2—80所示。图2—81为钳板的结构。

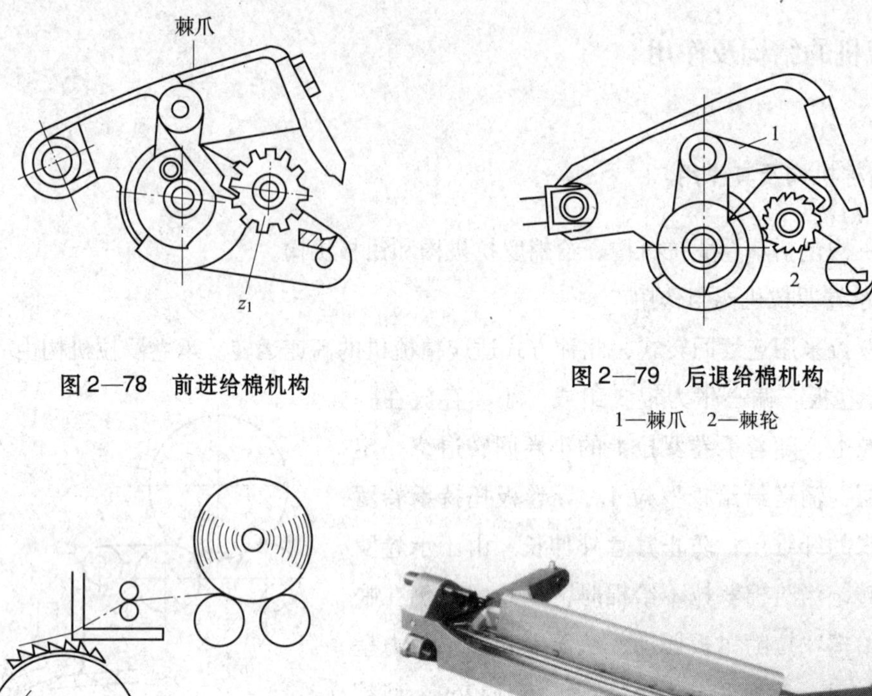

图 2—78　前进给棉机构

图 2—79　后退给棉机构

1—棘爪　2—棘轮

图 2—80　上、下钳板钳持棉丛供锡林梳理

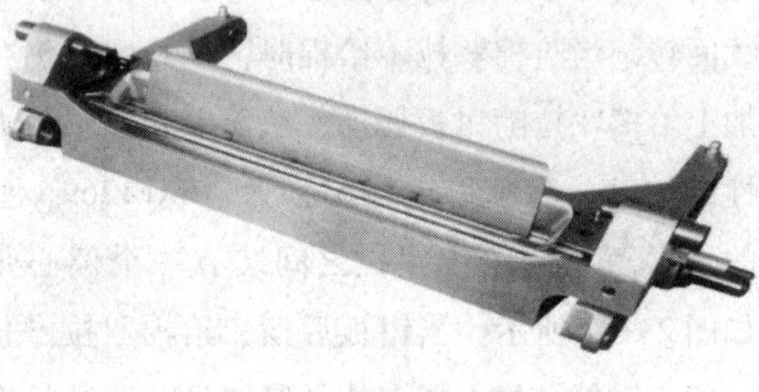

图 2—81　钳板的结构

1）上、下钳板的组成。上、下钳板组成钳口，将棉层钳住，如图 2—82 所示，钳板钳口对纤维层的握持是靠加压实现的。工艺上钳板钳口加压要适当，要求钳口握持纤维层要牢。过大易造成加压弹簧断裂及钳板机件损坏；过小会导致钳口握持不良，使落纤增多，纤维网产生破洞。

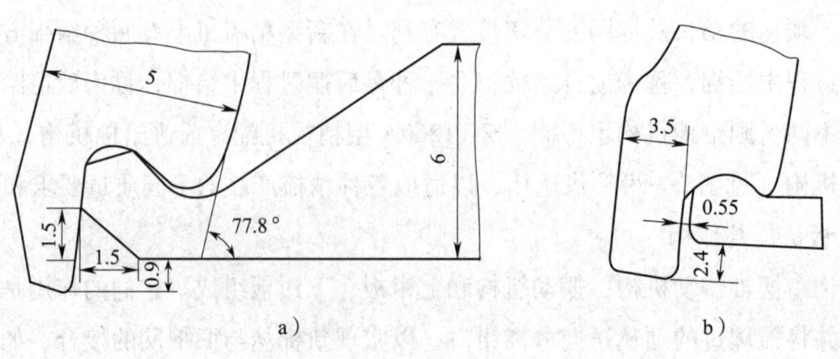

图 2—82　钳板钳口的结构

2）钳板摆轴的传动机构。如图 2—83 所示为 SXF1269A 型精梳机的钳板摆轴传动机构，锡林轴 1 装有法兰盘 2，离锡林轴中心 70 mm 处装有滑套 3，钳板摆轴 5 上装有 L 形滑杆 4，滑杆的中心偏离钳板摆轴中心 38 mm，且滑杆在滑套内。当锡林轴带动法兰盘转过一周时，通过滑套和滑杆使钳板摆轴来回摆动一次。

2. 锡林与顶梳机构及其作用

精梳机的梳理机构主要包括精梳锡林和顶梳机构，它们是精梳机最重要的组成部分，对精梳质量起到非常重要的作用。

（1）锡林的结构与作用

如图 2—84 所示，锡林是精梳机的主要梳理机件，其主要作用是由浅到深梳理须丛前端和中部纤维丛的大部分长度，使纤维进一步伸直、平行及提高纤维的分离度，并排除须丛中的短绒、棉结和其他杂质、疵点形成落棉。

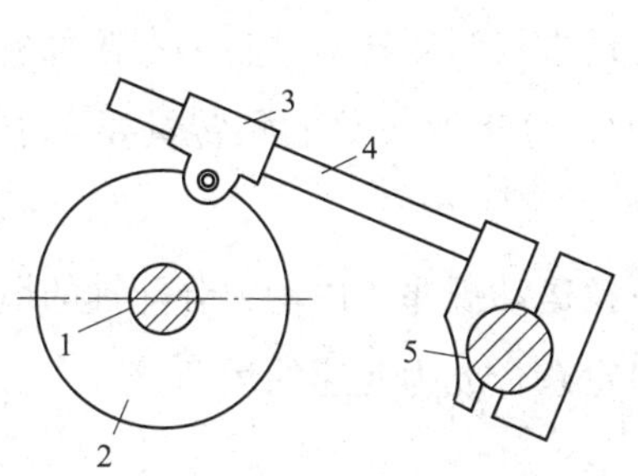

图 2—83　SXF1269A 型精梳机的钳板摆轴传动机构

1—锡林轴　2—法兰盘　3—滑套　4—L 形滑杆　5—钳板摆轴

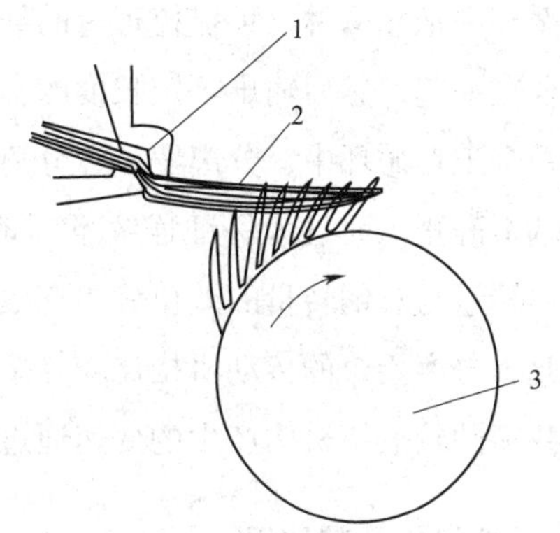

图 2—84　锡林梳理示意图

1—钳板钳口　2—须丛　3—锡林

精梳机锡林的针齿对纤维的作用同前面梳棉机针齿对纤维的作用机理是一样的，但是精梳机的锡林体与梳棉机的锡林有根本的区别。精梳机的锡林直径为 125.4 mm，在锡林体的四分之一表面粘接有金属锯齿，可分为一分割、二分割、三分割、四分割及五分割共五种，可根据纺纱质量要求选定，从而形成前稀后密、不同规格参数锯齿排列的锡林针面。梳棉机的锡林是在直径为 1 290 mm 滚筒体的表面包有金属锯齿，而且锯齿密度是均匀、相同的。

（2）顶梳的结构与作用

当分离罗拉握持须丛的前端，顶梳刺入须丛中时，由于分离罗拉的顺转运动，分离须丛的尾部，这包括钳唇“死隙”部分和钳板钳持线后面的尾部纤维从顶梳针齿缝隙中抽过，须丛中后弯钩纤维被顶梳梳理伸直。同时，短绒、棉结和杂质等也被顶梳阻留而得以排除。

顶梳及梳针结构如图2—85所示，顶梳固定在上钳板上。顶梳由顶梳片与梳针组成。

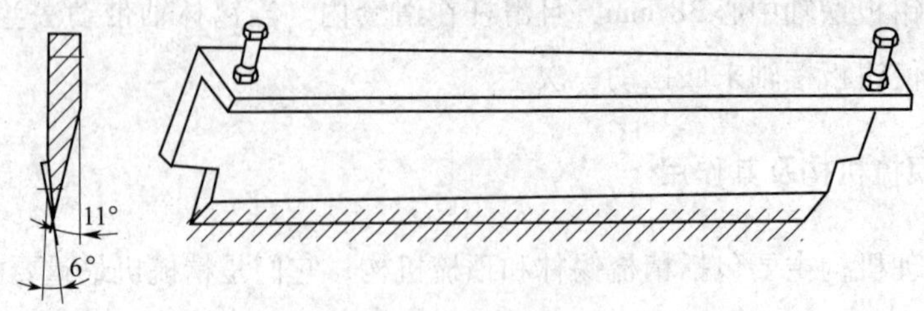

图2—85 顶梳及梳针结构

3. 分离接合机构及其作用

精梳机分离接合机构由分离罗拉、分离胶辊及其传动机构组成，其作用是在精梳机每一个工作循环中把经锡林、顶梳梳理过的纤维从须丛中分离出来，并与前一工作循环形成的纤维网接合在一起，然后输出一定长度的棉网。为了实现新、旧纤维丛的分离、接合并输出棉网，在一个工作循环中，分离罗拉、分离胶辊的运动方式为倒转→顺转→在锡林梳理阶段还要保持基本静止，而且为保证连续不断地输出棉网，分离罗拉总的顺转量要大于总的倒转量，总顺转量与总倒转量的差值称为有效输出长度。

因此，分离接合的传动机构比较复杂，分离罗拉运动规律：由动力分配轴的恒速与连杆机构或共轭凸轮滑块机构产生的变速通过差动行星轮系合成为变速的运动。

4. 其他机构及其作用

（1）车面输出部分

精梳机棉网从分离罗拉输出，经车面托棉网、集合器和导向压辊输出成条，8根或4根并合经牵伸罗拉牵伸后圈条成形为止称为车面输出部分。

车面输出部分对精梳机由于分离接合造成的棉条规律性不匀具有均匀补偿作用。由于分离纤维丛周期性接合的特点，使输出棉网呈现周期性不匀波，棉网经过托棉网、集合器集束时产生了棉网纵向的混合与均匀作用；另外，当8根或4根并合后，精梳条的不匀还会进一步改善。

（2）牵伸机构

SXF1269A型精梳机的牵伸机构采用三上五下曲线牵伸形式。

（3）圈条机构

为防止出牵伸区的棉条产生意外牵伸，采用输送带将棉条送入圈条器。SXF1269A型精梳机采用单筒单圈条，且配有自动增容装置和自动换筒装置。通过往复横动圈条底盘，使气孔硬心区圈条的重叠部分错开而达到增容效果，通过此法增容，其容量可增加15% ~20%。

（4）落棉排除部分

SXF1269A 型精梳机采用集体排棉机构，集体排棉机构是在单独排棉的基础上，将尘笼剥下的精梳落棉由风机通过吸风管道进入滤尘室，在滤尘室中由滤尘设备将落棉与气流分离，收集落棉，并将过滤后的空气送入空调室。集体吸落棉的机台数量可根据滤尘设备的过滤风量来确定。落棉经毛刷刷下，经气流作用由管道输送，集体排除。

阅读材料

影响精梳条质量的因素很多，精梳生产车间生产时的温度和相对湿度要求比较高，条卷回潮率和精梳棉条条卷回潮率一般控制在6% ~7%之间。

一、质量控制

1. 条卷质量控制

条卷质量每米重量不匀率参考指标一般小于1.20%。

条卷含短纤维率参考指标：16.5 mm 以下的短纤维率为13% ~15%，20.5 mm 以下的短纤维率为12% ~14%。

条卷质量伸长率参考指标一般小于1.40%。

2. 精梳棉条质量控制

精梳棉条重量不匀率参考指标一般控制为1.1% ~1.4%。

精梳棉条条干不匀率参考指标一般控制为18% ~25%，UsterCV 值为2.5% ~5%。

精梳条含短绒率一般控制为7% ~9%。

精梳条棉结和杂质，一般1 g 精梳棉条的棉结可控制在20 粒以下，杂质可控制在30 粒以下。

精梳落棉率参考指标一般控制为13% ~18%，所纺纱越细，精梳落棉率可以控制为18% ~20%或20%以上，其中，要求落棉中16.5 mm 以下的短纤维率大于60%。

精梳机台落棉率差异小于1%，眼与眼差异小于2%。

二、工艺调整

工艺调整点主要是梳理隔距、落棉隔距、顶梳进出与高低位置、分离罗拉顺转定时、锡林弓形板定位、给棉长度与给棉方式、小卷定量、精梳条定量。

思考练习

1. 精梳工序的任务是什么？精梳纱与普梳纱的质量有什么区别？

2. 精梳前为什么要有精梳准备工序？用于精梳前准备工序的机械有哪些？

3. 精梳前准备工艺路线有哪几种方式？各有什么特点？

4. 为什么精梳前准备工序道数要遵守偶数准则？

5. 精梳机一个工作循环可分为哪几个阶段？试说明精梳机各主要机件在各阶段中的运动状态。

第五节　粗纱的制成——粗纱生产技术

学习目标

1. 熟悉粗纱工序的任务、工作原理。
2. 掌握粗纱牵伸机构。
3. 掌握粗纱加捻、卷绕成形。
4. 了解粗纱工艺及粗纱质量控制。

由熟条到细纱约需150倍的牵伸，而目前细纱机的最大牵伸能力在50倍左右，所以需要粗纱机来分担部分牵伸工作，以保证细纱的成纱质量。

一、粗纱工序的任务

1. 牵伸

牵伸的任务是将棉条拉长、拉细成为粗纱。

2. 加捻

加捻的任务是给粗纱加上一定的捻度，提高粗纱强力。以避免卷绕和退绕时的意外伸长，并为细纱牵伸做准备。

3. 卷绕

卷绕的任务是将加捻后的粗纱卷绕在筒管上。制成一定形状和大小的卷装，以便储存、搬运及适应细纱机上的喂入。

二、粗纱机的工艺过程

粗纱机工艺过程如图2—86所示，棉条从机后条筒内引出，分条器将多根棉条隔开后，由导条辊积极输送，经导条喇叭口喂入牵伸装置。棉条被牵伸成规定号数的须条，然后由前罗拉钳口输出，导入安装在固定龙筋上的锭翼顶孔后进入空心臂。锭翼的回转使须条获得捻度而形成粗纱，经压掌将粗纱卷绕在由锭子支撑的筒管上，筒管随运动龙筋做升降运动，将粗纱卷绕成两头呈截头圆锥形、中间为圆柱形的粗纱卷装。

粗纱机由喂入、牵伸部分，加捻、卷绕部分，变速、成形控制部分，车头传动部分，电气部分等组成。

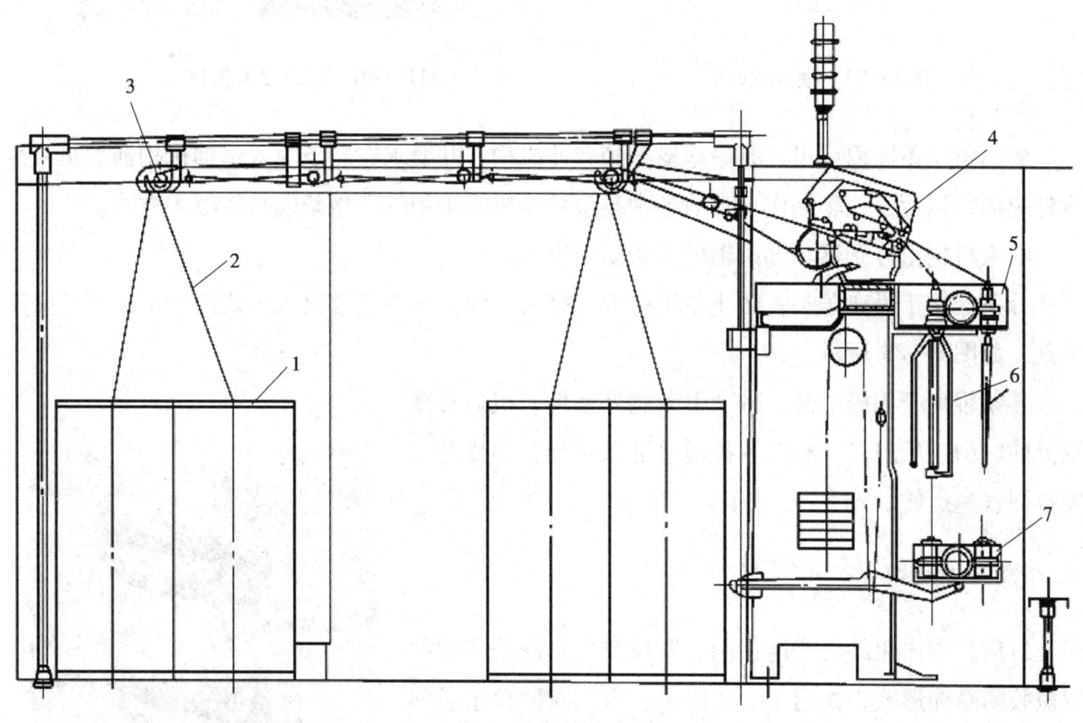

图2—86 粗纱机工艺过程

1—条筒 2—条子 3—导条辊 4—牵伸装置 5—固定龙筋 6—锭翼 7—运动龙筋

三、粗纱机的机构及其作用

1. 喂入机构

粗纱机喂入机构如图 2—87、图 2—88 所示。

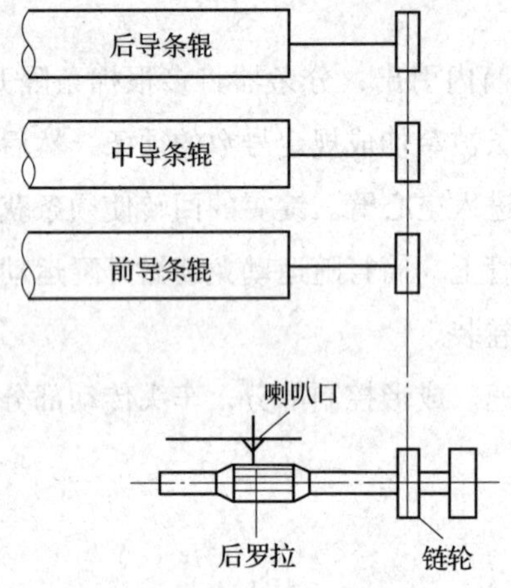

图 2—87　喂入机构

图 2—88　机后喂入部分

将熟条从条筒内引出，有序地输送到牵伸机构，并要求在熟条喂入牵伸机构前尽量减少意外牵伸，以便于挡车操作。目前各种新型粗纱机都采用三列导条辊高架喂入方式。

喂入机构由分条器、导条辊、导条喇叭组成。

分条器用于隔离条子，防止条子打圈、打扭、纠缠等不正常喂入方式的产生，严禁交叉引条，如图 2—89 所示。

导条辊用于积极引条，减少引条意外牵伸。机后导条辊分前、中、后三列，经后罗拉通过链条传动，实现与后罗拉同线速运转。

图 2—89　导条辊和分条器

2. 牵伸机构

目前，国内粗纱机普遍使用三罗拉双短胶圈或四罗拉双短胶圈牵伸形式，如图 2—90 所示。由三对罗拉组成两个牵伸区，在主牵伸区设置有上胶圈、下胶圈、上销、下销、隔距块、集合器等附加元件，以加强对纤维运动的控

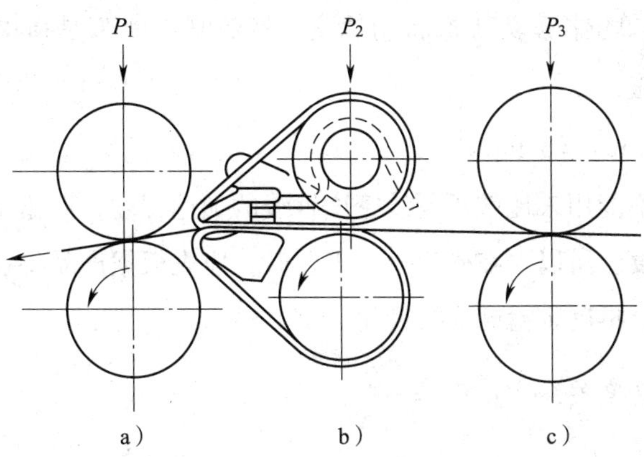

图 2—90　三罗拉双短皮圈牵伸形式

a）前钳口　b）中钳口　c）后钳口

制。四罗拉双短胶圈牵伸又称 D 型牵伸。实际上是在三罗拉双短胶圈牵伸形式的基础上，在双胶圈主牵伸区不用集合器，并在经主牵伸区后再加一个牵伸整理区形成的。D 型牵伸的特点是牵伸区不集束、集束区不牵伸，克服了三罗拉双短胶圈主牵伸区既集束又牵伸而影响纱条正常牵伸的缺点，使纤维运动比较稳定，有利于提高粗纱条干均匀度。另外，采用 D 型牵伸加捻的粗纱可达到前罗拉中心点，粗纱捻度均匀，有利于提高粗纱光洁度。

3. 粗纱的加捻机构

粗纱机的加捻机构主要包括锭子、锭翼和假捻器等元件。纱条被前罗拉握住、输出，穿过锭翼顶孔，从侧孔引出，通过空心臂、压掌杆、压掌绕到筒管上，当锭翼回转时，侧孔以下的纱条只绕筒管做公转，不绕纱条本身轴线自转，不起加捻作用，而顶孔到侧孔的一段纱条则随锭翼的回转绕自身轴线自转，锭翼回转一周，侧孔至前罗拉的纱条上加上一个捻回（见图 2—91），由此完成加捻作用。粗纱机的加捻机构以锭翼的设置形式不同分为三类，即悬吊式（吊锭）、竖式（竖锭）和封闭式。

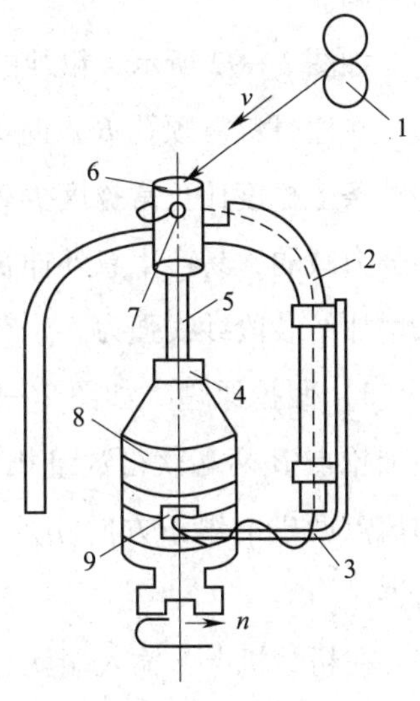

图 2—91　加捻示意图

1—前罗拉　2—空心管　3—压掌杆　4—筒管　5—锭子　6—顶孔　7—侧孔　8—粗纱　9—压掌

（1）加捻捻向和量度

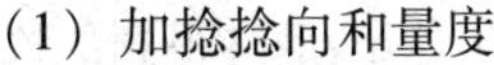

1）捻向。分 S 捻（顺手捻）、Z 捻（反手捻）两种。

2）加捻的量度

①捻度。属于绝对性指标。是指单位长度纱条上的捻回

数，按单位长度不同分为：英制捻度 T_e，单位长度为 1 in。

公制捻度 T_m 是指单位长度为 1 m 特制捻度；特数制捻度 T_t 是指单位长度为 10 cm 的捻度；T_e 为 1 in 长的捻度。

三者关系：$T_t = 0.1T_m = 3.937T_e$

②捻系数。捻度不能用来比较不同线密度纱线的加捻程度，而捻系数能比较相同或不同线密度纱线的加捻程度。所以，在确定生产工艺时，应先根据产品特点选定合适的粗纱捻系数，然后计算成捻度，再确定捻度变换齿轮。

捻度和捻系数的转换关系为：$T_{tex} = \frac{\alpha}{\sqrt{N_t}}$

式中 T_{tex}——捻度，捻/m；

α——捻系数；

N_t——纱线线密度，tex。

（2）假捻在粗纱机上的应用

1）真捻。当纱条一端被握持，另一端绕其本身轴线回转时，纱条上便产生捻回，这种实际存在的捻回就是真捻。

2）捻陷。纱条与机件的摩擦阻碍了捻回的传递，使纱条上的捻回分布不均匀的现象称为捻陷。

如图 2—92 所示，粗纱的加捻点在锭翼的侧孔 C 点，捻回从加捻点向前罗拉钳口 A 处传递，在通过锭翼顶孔 B 点时，纱条与锭翼顶孔有摩擦，使捻回不能顺利上传，使 AB 点之间的纱条上捻度比正常捻度少 20% ~40%，这种现象就是捻陷，结果使 AB 段（纺纱段）纱条的强力减弱，易产生意外伸长，影响产品的条干均匀度，使粗纱断头率增加。一般采用假捻来增加纺纱段纱线强力。

3）假捻原理。如图 2—93 所示，当纱条两端被握持时，在中间加一个外力，使纱条在加捻点 B 两端获得数量相等、捻向相反的捻回，当外力除去后，在轴向张力的作用下，加捻点两端的纱条方向相反的捻回互相抵消，这种暂时存在的捻回就是假捻，B 就是假捻器。

在粗纱机上，输入端就是前罗拉到锭翼顶孔之间，输出端就是顶孔到侧孔加捻点之间，这样原来由于捻陷产生的纺纱段纱条上捻回减少的现象得到了改善。粗纱最终得到的捻回就是加捻点 C 产生的捻回。

4）假捻器。如图 2—94 所示，在粗纱机上产生假捻最简单的方法是在锭翼顶孔上加装假捻器，使纱条在锭翼顶孔上由原来的滑动变为滚动，从而产生假捻效应。

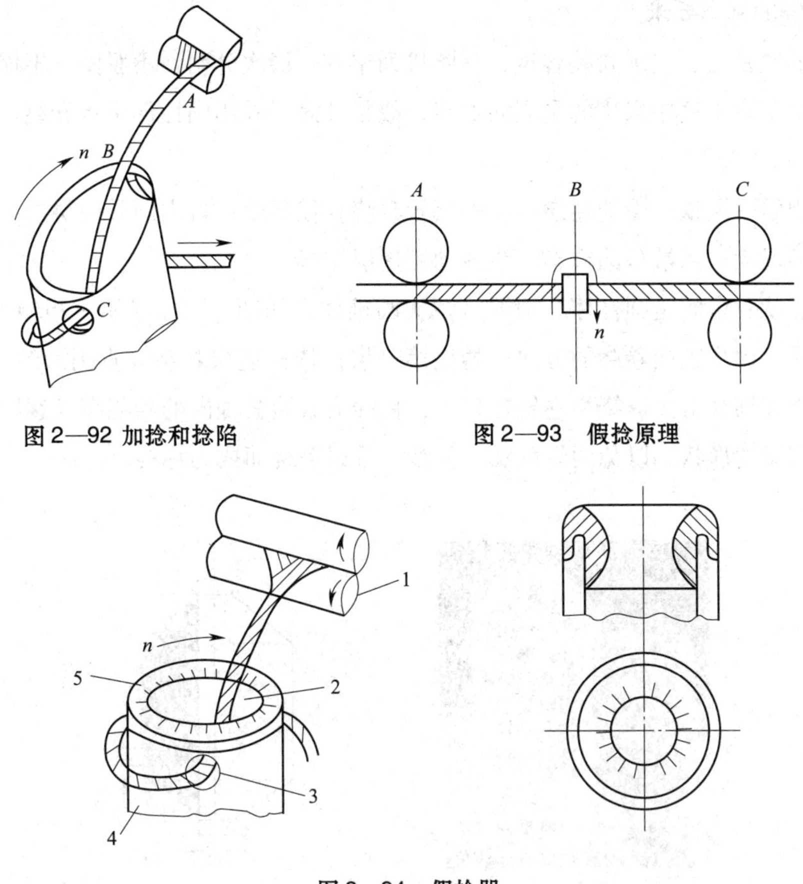

图 2—92 加捻和捻陷

图 2—93　假捻原理

图 2—94　假捻器

1—前罗拉　2—顶孔　3—侧孔　4—锭翼　5—假捻器

4. 粗纱的卷绕成形机构

粗纱的卷绕成形机构主要包括变速装置、成形装置及其他辅助机构等部分，如图 2—95 所示。

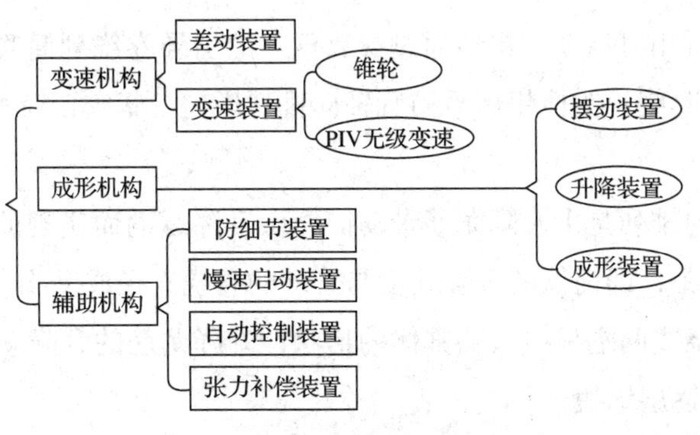

图 2—95　成形机构的组成

（1）卷绕的基本要求

有适当的紧密度，增加卷装容量；纱圈排列整齐，层次分明，不脱圈，不塌边，使退绕顺利。粗纱在下道工序中采用的是周向退绕，故粗纱筒子采用圆柱形平行卷绕。

（2）管纱的形成

同一层粗纱一圈挨一圈地卷绕→同一层纱卷绕直径不变；自内向外一层挨一层地卷绕→卷绕直径逐渐增大；两端呈圆锥形→绕纱动程逐层缩短。

管纱的形状：中间是圆柱体，两端呈截头圆锥体，如图 2—96 所示。粗纱的卷绕顺序：第一层绕完后，改变轴向卷绕的方向，卷绕第二层，依次逐层卷绕，直到满纱，这样逐圈、逐层卷绕便于在细纱机上退绕。卷绕过程中，粗纱沿着筒管轴向的卷绕高度逐层缩短，使两端绕成截头圆锥的形状，以免两端脱圈、冒纱，难以退绕而成为坏纱。

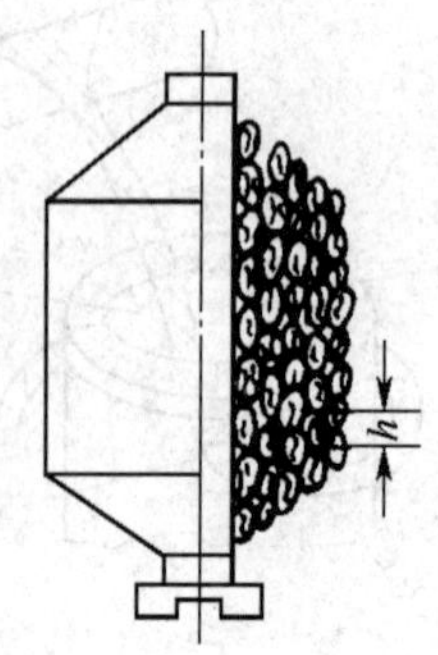

图 2—96 粗纱的形状

（3）粗纱卷绕的条件

为了将管纱绕成上述的形状，粗纱卷绕时必须符合以下四个条件：

1）管纱的卷绕速度与卷绕直径成反比。粗纱卷绕时，任一时间内管纱的绕取长度必须与前罗拉输出的长度相等。

2）筒管与锭翼有相对运动。粗纱通过锭翼压掌的引导卷绕到筒管上，筒管和锭翼必须有相对运动才能实现卷绕；为使粗纱沿筒管轴向排列均匀、紧密，筒管相对于锭翼压掌做升降运动，即导纱运动。

3）粗纱逐圈轴向排列是由升降龙筋带动筒管做升降运动而实现的，每绕一圈粗纱，升降龙筋需移动一个圈距，即筒管的升降速度与管纱的卷绕直径成反比。

4）为了使管纱绕成两端呈截头圆锥体的形状，升降龙筋的升降动程需要逐层缩短，以使管纱各卷绕层高度逐层缩短。

四、粗纱的质量控制及纱疵防除

1. 粗纱回潮率

纯棉中细特纱为6.6%～7.2%，中粗特纱为6.8%～7.3%，涤棉为2.6%±0.2%。

2. 粗纱重量不匀率

纯棉普梳棉小于1.1%、精梳棉小于1.3%、化纤及化纤混纺小于1.2%。

3. 粗纱条干不匀率

细特纱：30%（Uster CV/%6.9%～9.5%）。
粗特纱：40%（Uster CV/%6.1%～8.7%）。
中特纱：35%（Uster CV/%6.5%～9.1%）。
化纤及混纺纱：25%（Uster CV/%4.5%～6.8%）。
精梳纱：25%（Uster CV/%4.5%～6.8%）。

4. 伸长率

影响粗纱重量不匀率和断头率，应控制在1.5%～2.5%之间。

5. 粗纱捻度

目的是控制成纱重量不匀率和条干均匀度。方法：使用捻度仪。参考指标：以设计捻度为准。

6. 粗纱工序造成纱疵的种类和原因

由于化纤的导电性差，对温度和湿度的影响较敏感，如果管理不好，容易出现粘（条子或粗纱互相粘连）、缠（罗拉和胶辊表面缠花）、挂（锭翼等通道挂花）和带（纱条中带入飞花等）四种弊病，造成竹节纱、粗经、粗纬和突发性条干不匀等纱疵。粗纱工序形成竹节纱的主要原因有粗纱接头不良，绒板花带入，机后条子粘连。粗纱工序形成粗经、粗纬的主要原因有粗纱接头时搭头过长或包卷过紧，罗拉、胶辊、胶圈缠花，粗纱飘头，加压不足，胶辊有中凹或有大小头。突发性条干不匀常在气候突变、原料成分改变或牵伸部件损坏等情况下发生，机械因素主要有胶辊或胶圈芯子缺油、牵伸部分的齿轮磨灭、隔距走动、中罗拉抖动及齿轮啮合不良等。

7. 防止纱疵的方法

（1）加强胶辊和胶圈的表面处理

由于化纤摩擦因数大，导电性能差，又因在加工化纤时必须重加压，故在纺纱过程中胶辊、胶圈容易绕花、中凹和断圈，影响正常生产。因此，用于加工化纤的胶辊要求表面光洁、颗粒细、硬度高、耐磨性好。对胶辊、胶圈刷涂料、进行酸处理等，可增加胶辊和胶圈的光滑性、抗静电性及适应温度和湿度变化的能力，减少绕花现象，但应注意不要降低胶辊的硬度。

（2）加强温度和湿度的控制

化纤的蓬松性、表面摩擦因数和导电性等与温度、湿度有密切关系。化纤回潮率都较低，水分仅吸附在纤维表面，故对周围环境的变化比棉纤维要敏感得多。温度、湿度高时，纤维表面发黏，对牵伸不利，且易粘、易缠；温度、湿度低时，静电现象严重，同样容易粘缠。因此，加强温度、湿度控制是稳定生产、减少粗纱纱疵和提高成纱质量的重要一环。

生产经验表明，并粗工序的相对湿度应介于前纺与后纺两个工序之间，一般掌握在55%～65%范围内。

（3）加强保全、保养制度

1）保证胶辊调换周期。

2）保持导条辊、条筒边沿、喇叭口、集合器及锭翼等纱条通道的光洁。

3）提高清洁装置对胶辊、胶圈和罗拉表面的清洁效能。

4）定期检查牵伸部分的齿轮啮合、轴颈磨损，检查是否缺油，加压是否适当，上、下胶圈销是否正常，以及隔距是否走动等。

阅读材料

粗纱机还有一些辅助机构，如铁炮三自动机构、防塌肩装置、防细节装置、自动落纱装置等。

一、铁炮三自动机构

粗纱机铁炮机构如图2—97所示。为了准确开始和完成粗纱的卷绕，除了保证正常卷绕所必需的变速机构和成形机构外，还应设置下铁炮升降、传动带复位和落纱自停等辅助机构。

图 2—97　铁炮机构

1. 下铁炮升降机构

粗纱机每次落纱时，需有0.5 m左右的粗纱不能被卷绕，而应盘绕在锭翼顶端，以供下一落纱生头使用，将其称为落纱盘头。因此，落纱前需先抬起下铁炮，再运行一段时间。此时，前罗拉继续输出纱条，但锭翼与筒管的转速相同，因此不卷绕，致使纱条盘绕在锭翼顶端。当下一落纱始纺前，需再放下下铁炮，以便继续纺纱。下铁炮的抬起和放下动作由下铁炮的升降机构完成。

2. 铁炮传动带复位机构

每当一落纱纺满后，铁炮传动带已移至主动铁炮的小端位置。在铁炮升降机构将下铁炮抬起后，应将铁炮传动带从主动铁炮的小头位置移至大头的始纺位置，以便开始下一落纱的正常纺纱。以上动作由传动带复位机构完成。

3. 满纱自停机构

粗纱满纱停车，应做到“三定”，即定长、定位和定向。定长是指一落纱的纺纱长度一定，以便在细纱机上更好地实行“粗纱宝塔分段”工作法；定位是指落纱时运动龙筋所处的位置要符合要求；定向是指落纱时运动龙筋是上升还是下降。为了便于细纱机上粗纱“捋筒管”的操作，一般要求运动龙筋下降至卷装的1/3～1/2高度处落纱。这样下一落纱可以从空管中部或1/3处卷绕，即第一层粗纱绕在空管上部的1/3～1/2部位，使细纱挡车工在粗纱跑空前，还有不到一层的粗纱便于捋下，更换新粗纱。

二、防塌肩装置

防塌肩装置又称防冒装置。采用光电断头自停后，为防止断头发生在换向前（车停后惯性运转中恰在该处换向）出现冒花现象（断头发生在换向后不会出现冒花），粗纱机在电路中设有“换向前不自停装置”，可有效防止冒花的发生，必须等到运动龙筋换向后，并越过下极点区防冒开关断开后才能停车。

三、防细节装置

电动机至前罗拉的传动路线比电动机至筒管的传动路线短得多，故筒管停转比前罗拉滞后，致使关车前罗拉至筒管（尤其是前罗拉至锭翼顶孔）间这段粗纱会因过度的张力而产生细节。

在粗纱机下锥轮输出至差动装置的传动路线中设置了一个电磁离合器。该电磁离合器在机器运转时啮合，而当切断主机电源到机器完全停转这一段时间内，电磁离合器脱开片刻，输入差动装置的变速为零，从而使此时的筒管和锭翼同转而不产生卷绕，致使前钳口至锭翼顶端间粗纱呈松弛状态，避免了粗纱细节的产生。

四、自动落纱装置

粗纱机自动落纱技术是提高自动化程度和生产效率，降低劳动强度，实现纺纱过程连续化的关键技术。大部分吊锭粗纱实现了半自动或全自动落纱。

思考练习

1. 粗纱工序的任务是什么？
2. 如何配置粗纱机的牵伸工艺？
3. 粗纱机胶圈牵伸有什么特点？
4. 什么是捻度、假捻、真捻、捻向、捻陷？
5. 为什么粗纱机纺纱段容易出现断头？应如何防止？
6. 粗纱加捻的基本条件是什么？

7. 粗纱卷绕的特点是什么？粗纱卷绕成形有哪些基本要求？

8. 棉粗纱特克斯数为500tex，拟定熟条特数为4000tex，粗纱捻系数为98，牵伸差异率为-2%，试计算粗纱机的有关工艺参数（实际特数、后区牵伸倍数、捻度及变换齿轮、锭子速度、前罗拉速度、产量）。

第六节 细纱的制成——细纱生产技术

学习目标

1. 了解细纱机的任务、主要结构及工艺过程。
2. 了解细纱断头产生的原因及控制措施。
3. 了解细纱机的工艺配置及质量控制方法。

细纱是纺纱最重要的一道工序。细纱机总锭数的多少反映纺织企业生产规模的大小；前纺工序机械设备配备数量是以细纱产量为依据的，而细纱的质量、产量、消耗（原料、机物料、用电量等的耗用指标）、断头率、劳动生产率、设备完好率等又反映了纺纱企业管理水平和生产技术水平的好坏。因此，细纱工序在纺纱企业中占有重要的地位。

细纱工序是将粗纱制成一定规格（特数、捻度等）且符合质量要求的细纱，供下道工序使用。因此，细纱工序的主要任务如下：

牵伸：将喂入的粗纱拉长、拉细10~50倍，使纱条达到所要求的特数和均匀度。

加捻：给牵伸后的须条加上一定的捻度，保证该纱线具有一定的强力、光泽度、手感和弹性等，以满足服用性能的要求。

卷绕：为了便于运输、储藏和后道工序加工使用，细纱必须按一定规格要求卷绕在筒管上。

一、细纱机的结构及作用

如图2—98所示为环锭细纱机截面图。其工艺过程如下：粗纱从吊锭1上的粗纱管2退绕，绕过导纱杆3后进入横动导纱喇叭口4，喂入牵伸装置5，牵伸后须条由前罗拉6输出，穿过导纱钩7和钢丝圈8，绕在套于锭子9的筒管10上。由于锭子的高速回转，纱条处于紧张状态，从而带动钢丝圈在钢领板 11 上高速回转，钢丝圈每转一圈就给须条加上一个捻回。由于钢丝圈的回转速度总是落后于筒管回转的速度，因此，由前罗拉输出的纱条就被卷绕到纱管上，再依靠成形机构和钢领板有规律地做升降运动，保证卷绕成符合一定形状要求的管纱。

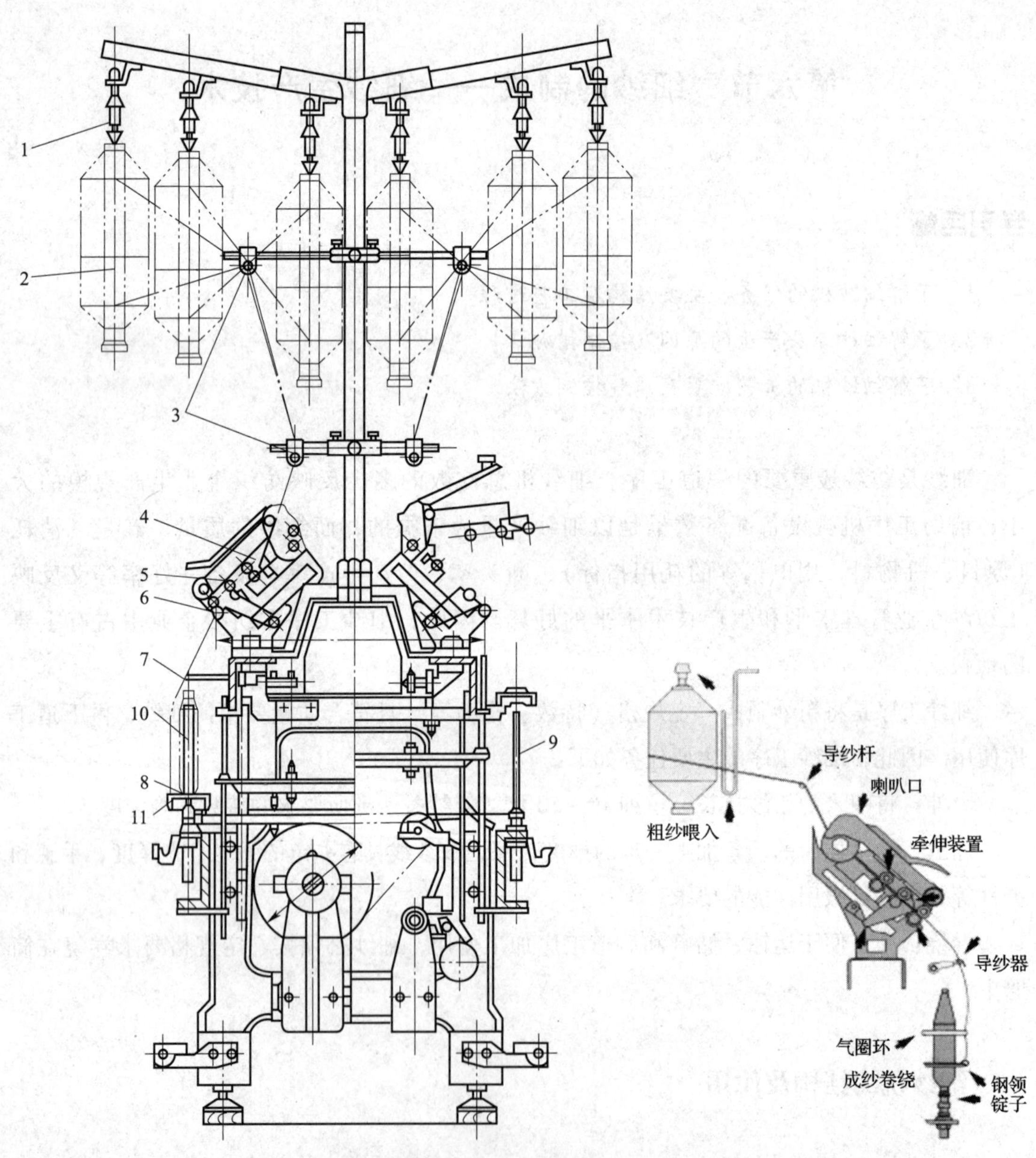

图 2—98　环锭细纱机截面图

1—吊锭　2—粗纱管　3—导纱杆　4—横动导纱喇叭口　5—牵伸装置　6—前罗拉　7—导纱钩　8—钢丝圈　9—锭子　10—筒管　11—钢领板

细纱机全机机构可分为四个部分，即喂入机构、牵伸机构、加捻机构和卷绕成形机构。

1. 喂入机构

细纱机的喂入机构主要由粗纱架、粗纱支持器、导纱杆、横动装置等组成，如图 2—99 所示。工艺上对喂入部分的要求是保证粗纱能顺利退绕，各机件间的位置配合要正确，尽可能地减少意外牵伸。

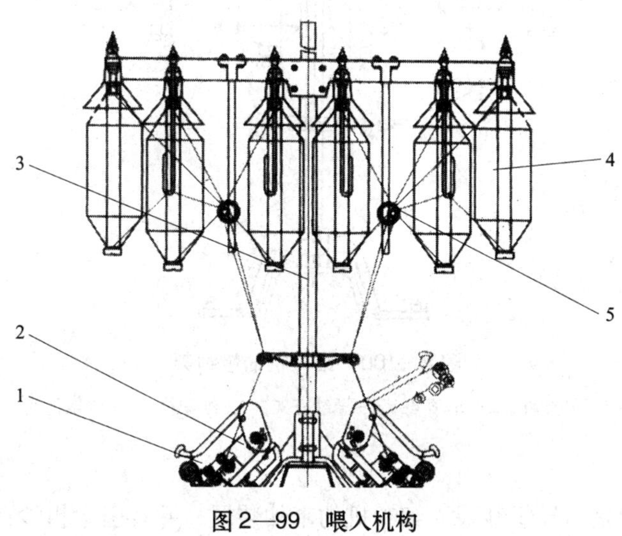

图 2—99　喂入机构

1—牵伸装置　2—横动喇叭口　3—粗纱架　4—粗纱　5—导线杆

（1）粗纱架

粗纱架的作用是支撑粗纱，如图 2—100 所示，而且要能放置一定数量的空粗纱筒管和备用粗纱。粗纱架的高度依据挡车工的身高及粗纱管的长度来确定，一般为 1.6 ~ 1.7 m。同时，相邻粗纱架间要保持足够的距离，以便于在满纱管时能正常进行生产操作，防止互相干扰，而且要保证回转灵活，不易积聚飞花，便于正常退绕粗纱和清洁。

（2）粗纱支持器

工艺上要求粗纱支持器回转灵活，保证粗纱正常退绕，防止退绕时产生意外伸长。目前，粗纱支持器主要有托锭和吊锭两种形式。其中吊锭式回转灵活，退绕时意外伸长少，张力均匀，装取方便，尺寸适应性广泛。因此，目前大部分细纱均使用吊锭式，有单层四列和单层六列两种。DTM199 型细纱机采用六列单层吊锭式。

（3）导纱杆

导纱杆的作用是引导退绕后的粗纱进入喇叭口，使粗纱退绕张力均衡，防止产生意外伸长。在实际生产中，为了保持退绕张力均衡，导纱杆通常安装在距离粗纱卷装下端 1/3 处。

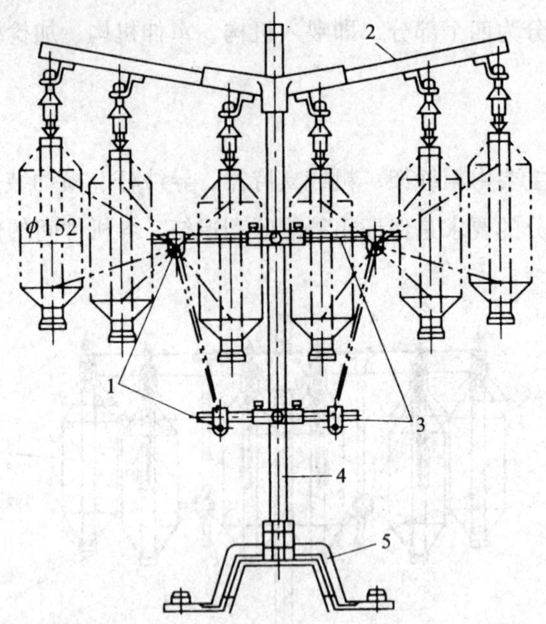

图2—100　细纱机的粗纱架

1—导纱杆　2—车顶架　3—导纱杆架　4—纱架柱　5—纱架柱座

(4) 横动装置

横动装置的作用是引导粗纱喂入细纱机的牵伸装置，并且引导粗纱在后钳口一定的宽度范围内做连续慢速的横向移动，便于改变粗纱喂入点的位置，使胶辊表面均匀磨损，以防集中磨损而产生凹槽，延长胶辊的使用寿命。同时，保证钳口能有效握持纤维。

2. 牵伸机构

(1) 牵伸机构的组成

细纱机的牵伸机构主要由罗拉、罗拉座、上胶辊、胶圈、上销、下销及牵伸加压机构等组成，如图2—101所示。不同的牵伸机构和工艺配置会造成细纱质量水平、牵伸能力明显的差异。

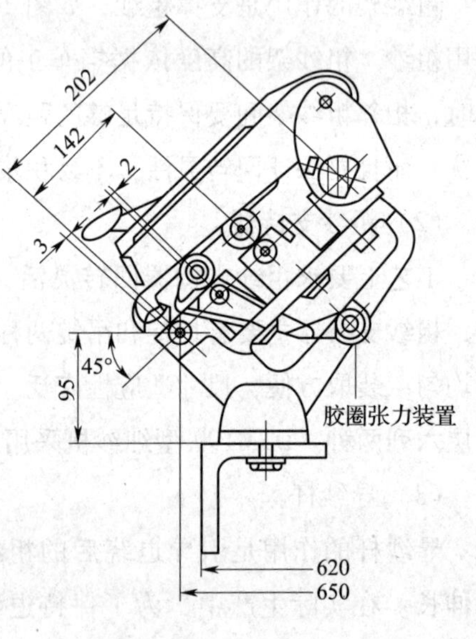

图2—101　牵伸机构

1) 牵伸罗拉和罗拉座。罗拉是纺纱牵伸机构的主要部件之一，与胶圈、胶辊、上销、下销等共同形成罗拉握持钳口，握持纱条进行牵伸。前后两列罗拉一般为沟槽罗拉，驱动下胶圈的中罗拉为滚花罗拉，如图2—102所示。罗拉、摇架等都安装在罗拉座上，中、后罗拉轴承座做成滑块形式，用于调节罗拉的中心距，如图 2—103 所示。

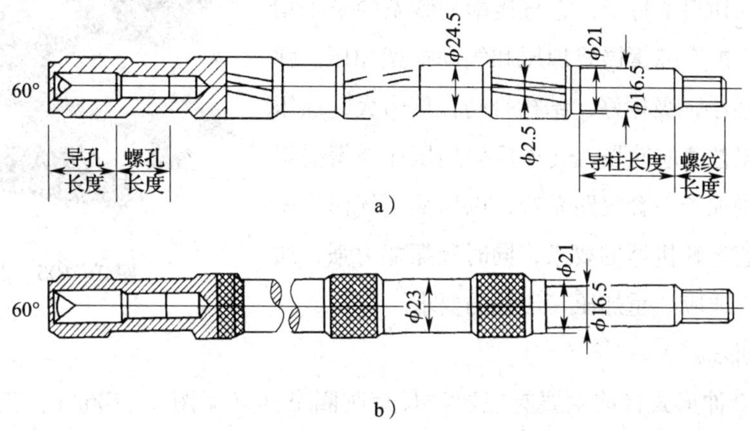

图 2—102 细纱机的牵伸罗拉

a）沟槽罗拉 b）滚花罗拉

2）胶辊和胶圈。胶辊由胶辊轴承和胶辊芯子组成，如图 2—104 所示，它与牵伸罗拉形成握持钳口，能有效地握持须条进行牵伸。胶圈要求表面光滑、柔软、耐磨，厚度均匀，且要有一定的硬度和弹性，如图 2—105 所示。上销、下销分别支撑上胶圈与下胶圈，使之紧密、有效地结合，同时保持同步回转，防止上胶圈打顿。在罗拉座的后下部，采用弹簧将下胶圈拉紧，使下胶圈能紧贴下销曲面回转。

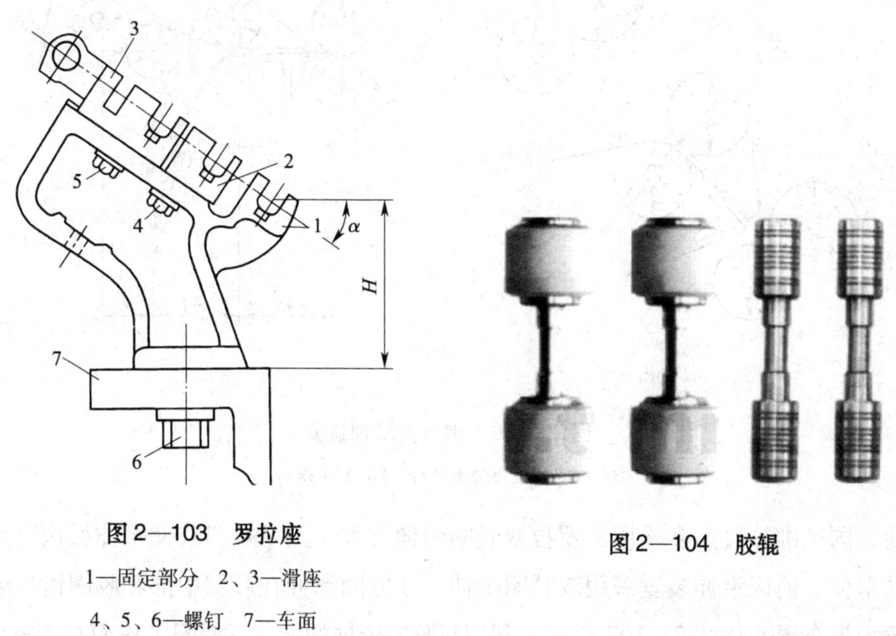

图 2—103 罗拉座

1—固定部分 2、3—滑座

4、5、6—螺钉 7—车面

图 2—104 胶辊

3）加压机构。加压机构是牵伸装置的重要组成部分，保证罗拉钳口对须条有足够大的摩擦力，即握持力，防止须条在钳口下打滑，它直接影响纱条的条干均匀度。目前常用的有弹簧摇架加压和气动摇架加压。弹簧摇架加压惯性小，吸振好，结构轻巧，压力大，加压和卸压方便，工艺适应性强。气动摇架加压在弹簧摇架加压的基础上增加了一套气路系统，以压缩空气作为压力源，适应高速运转机器的要求，同时吸振能力强，加压充分、稳定，适应“重加压”工艺的要求。

图 2—105　胶圈

（2）牵伸形式

细纱机的牵伸形式目前主要有三罗拉长短胶圈牵伸（见图 2—106a）、三罗拉双短胶圈牵伸和三罗拉长短胶圈 V 形牵伸等几种形式。DTM199 型细纱机采用的是三罗拉长短胶圈 V 形牵伸装置，如图 2—106b 所示。V 形牵伸装置喂入后区的纱条在后罗拉上形成一段曲线包围弧。同时，粗纱呈 V 形进入前牵伸区，因此称为 V 形牵伸。V 形牵伸因曲线包围弧所产生的附加摩擦力界能积极有效地控制后区纤维的运动，因此可提高细纱牵伸倍数 30% ~ 50%，产品质量好。

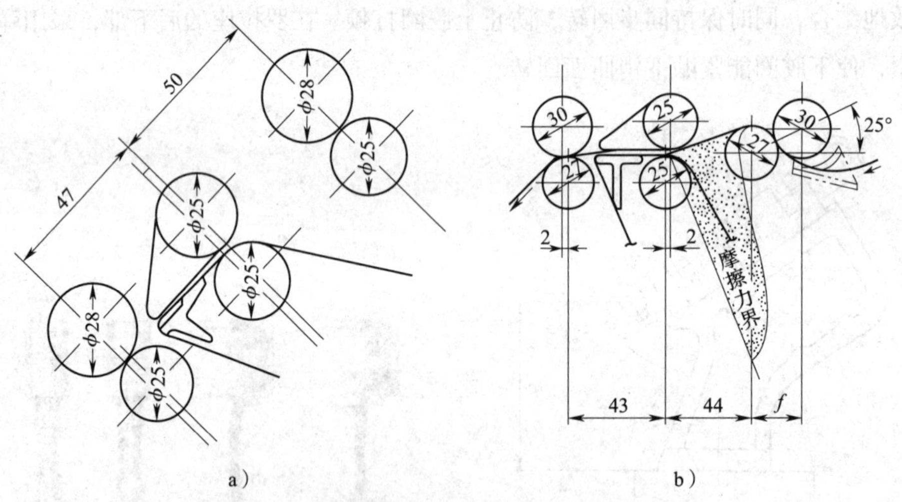

图 2—106　细纱机牵伸装置

a）三罗拉长短胶圈牵伸　b）V 形牵伸

目前，国产细纱机大多采用三罗拉双胶圈牵伸装置，三罗拉双胶圈牵伸机构分为前区牵伸和后区牵伸。前区牵伸装置采用双胶圈牵伸，双胶圈牵伸在胶圈中部和胶圈钳口处具有合理的摩擦力界布置，如图 2—107 所示。利用双胶圈牵伸的上、下胶圈工作面与须条（纤维）

直接接触，能有效地增强对牵伸区中部摩擦力界强度，加强对浮游纤维（指胶圈钳口至前罗拉钳口间的纤维）运动的控制，促使浮游纤维运动的变速点更集中、稳定，提高成纱的条干质量。同时，上、下胶圈形成的胶圈钳口可分为固定钳口和弹性钳口两种，弹性钳口借助弹簧作用对纤维实施柔和控制，其开口大小可根据须条粗细做适当调整，故既能控制短纤维运动，又能保证纤维顺利从前罗拉钳口的抽出，牵伸波动较小。

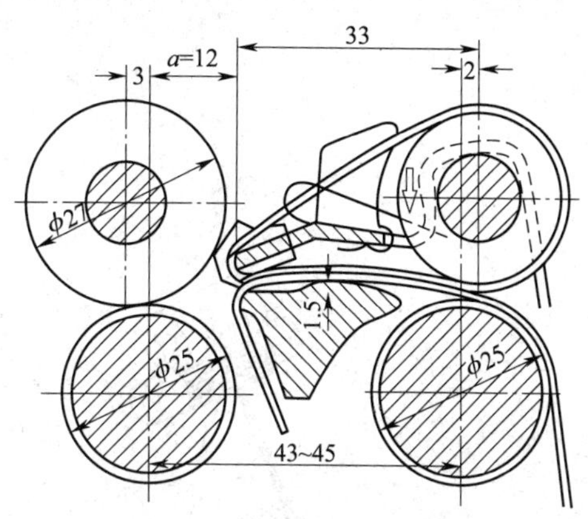

图 2—107　弹簧摆动销双胶圈牵伸

适当减小胶圈钳口至前罗拉钳口间的距离（又称浮游区长度），可增加对短纤维的控制，缩小牵伸区中部摩擦力界分布的薄弱区域，使浮游纤维的运动变速点向前钳口靠近且集中、稳定，阻止纤维提前变速，能更好地改善纱条的条干不匀。

细纱机的后区牵伸一般为简单罗拉牵伸，它是细纱总牵伸的一部分，是中、后罗拉间的牵伸，它与前区牵伸有密切的关系，可减轻前区牵伸的负担并为前区牵伸做好准备，保证了喂入前区的须条具有较好的均匀度和必要的紧密度，从而与前区的摩擦力界相配合，形成稳定的前区摩擦力界分布，以充分发挥胶圈对纤维运动的控制，减少成纱粗节、细节的形成，以提高纱条的条干均匀度。

3. 加捻机构

细纱要获得一定强度、光泽度、手感、弹性和伸长等力学性能就必须通过加捻来实现。细纱加捻过程如图 2—108 所示。前罗拉 1 输出的纱条 2 穿过导纱钩 3 和钢领 6 上的钢丝圈 4，绕到套于锭子的筒管 5 上。当锭子回转时，纱线借助张力拉动钢丝圈沿钢领回转，钢丝圈在钢领上每回转一转，纱条就获得一个捻回，即细纱捻度 $T=n_s/v_f$。式中，n_s 表示锭子速度，v_f 表示前罗拉输出速度。主要加捻卷绕元件包括锭子、钢丝圈、钢领、筒管等。

（1）锭子

锭子由锭杆、锭盘、锭胆、锭脚和锭钩组成，用于带动筒管转动，是加捻卷绕的主要元件。目前，新型细纱机的锭子速度可达 14 000～25 000 r/min。因此要求锭子振动要小（以适当高速，一般要求空锭振幅小于 0.08 mm，满纱振幅小于 0.04 mm）、动力消耗小、噪声低、结构简单、便于维修与保养、使用寿命长、制造方便、易于保全保养。目前锭子的结构主要有两种，如图 2—109 所示。

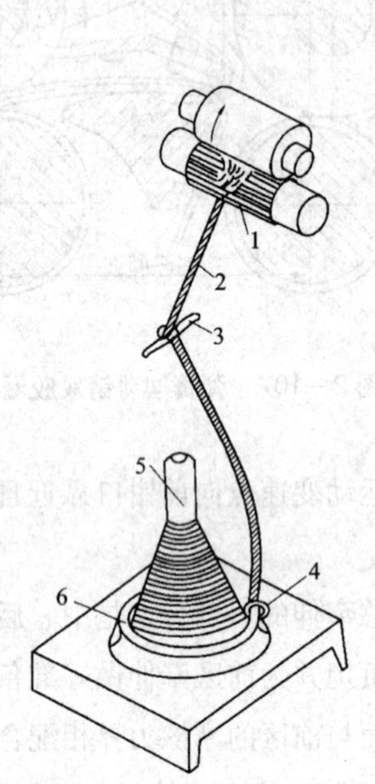

图 2—108 细纱加捻过程

1—前罗拉 2—纱条 3—导纱钩

4—钢丝圈 5—筒管 6—钢领

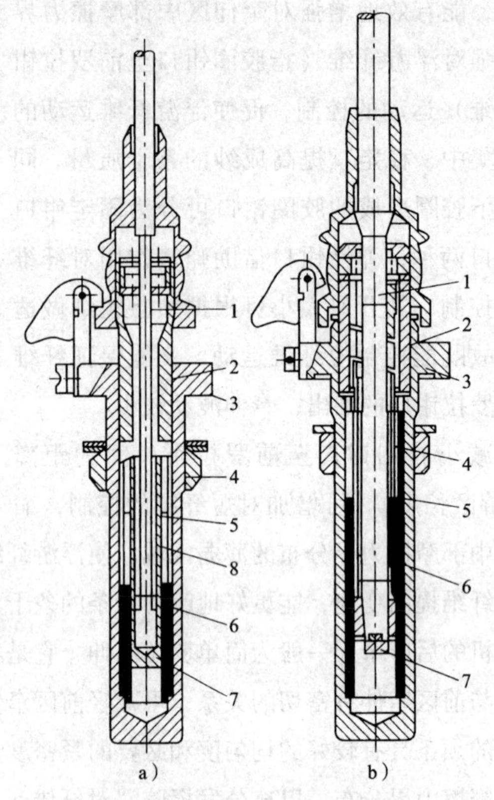

图 2—109 锭子结构

a) 分离式锭胆 b) 连接式锭胆

1—锭杆 2—支承 3—锭脚 4—弹性圈 5—中心套管

6—圈簧 7—锭底 8—隔离圈

(2) 筒管

筒管分为经纱管和纬纱管，其内部尺寸都必须与锭子相适应，主要作用是卷绕纱线，通过纱线带动钢丝圈转动。随着细纱机速度的提高，对筒管质量的要求也日趋严格，各锭插上筒管后要求高度一致，高速时不跳管。目前多采用塑料筒管，高速时可减少跳管断头。

(3) 钢领

钢领是钢丝圈的回转轨道跑道，要求钢领截面形状要适合钢丝圈的高速回转，跑道表面要有较高的硬度和研磨性能，以延长寿命，而且跑道表面要进行适当的处理，以获得稳定的摩擦性能。图 2—110 所示为纱线、钢领、钢丝圈之间的关系。

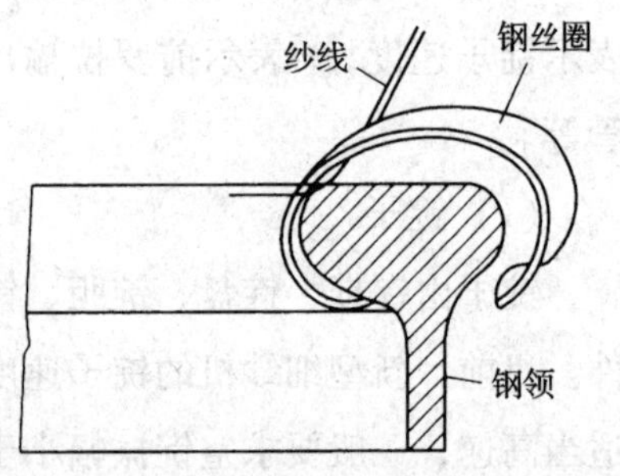

图 2—110 纱线、钢领、钢丝圈之间的关系

细纱机上使用的钢领有平面钢领和锥面钢领两种。

1）平面钢领。可分为高速钢领和普通钢领两种。高速钢领有 PG1/2 型（边宽 2.6 mm，适合纺细特纱）和 PG1 型（边宽 3.2 mm，适合纺中特纱），普通钢领有 PG2 型（边宽 4 mm，适合纺粗特纱）。平面钢领的几何形状如图 2—111 所示。

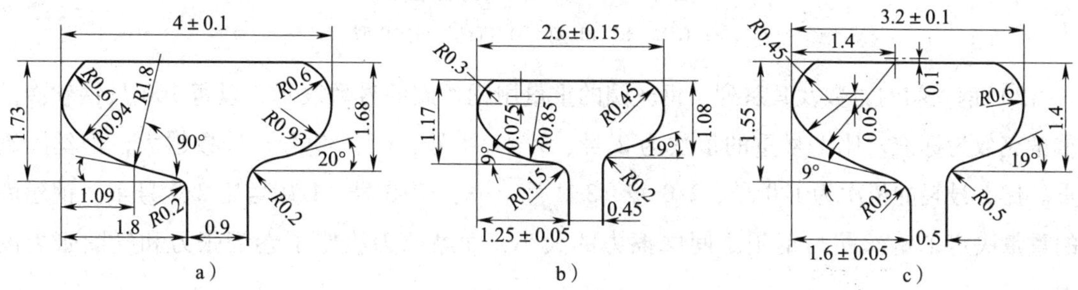

图 2—111　平面钢领的几何形状

a）PG2 型　b）PG1/2 型　c）PG1 型

2）锥面钢领。主要有 H27 和 ZM6 两个系列，与钢丝圈配合为“下沉式”，如图 2—112 所示。钢领内几何跑道的形状近似为双曲线的直线部分，钢丝圈的几何形状为非对称形且内脚长，所以接触面积大、压力小，这样有利于钢丝圈的散热，减少磨损。同时钢丝圈运行平稳，有利于降低细纱断头。

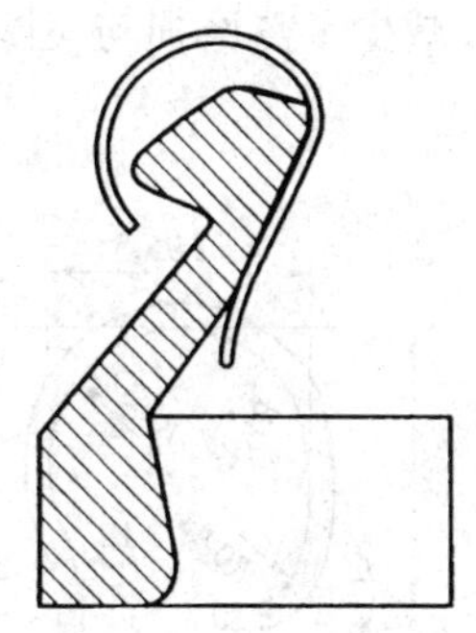

图 2—112　锥面钢领

（4）钢丝圈

钢丝圈虽小，但作用很大。它不仅具有细纱的加捻卷绕的作用，而且生产上通常采用调整钢丝圈型号的方法来控制气圈张力与形态。钢领与钢丝圈配合以达到卷绕成形良好，降低细纱断头的目的。由于钢丝圈在钢领上高速回转，速度快，压强高，易产生高温，容易磨损锥面钢领。为此，必须使钢丝圈在高速运行中尽量保持平衡。这就要求钢丝圈的几何形状应与钢领跑道的形状正确配合，与钢领要有足够大的接触面积且富有弹性而不变形。

钢丝圈分为平面钢领用钢丝圈和锥面钢领用钢丝圈两种类型。平面钢领用钢丝圈的型号是按钢丝圈的几何形状划分的，还反映了钢丝圈线材的截面形状。钢丝圈的号数反映钢丝圈的重量，不同型号钢丝圈的重量标准各不相同。

1）钢丝圈的圈形。有 C 型（如 G 型和 GS 型）、EL 型（椭圆形，如 O、GO、FO）、FE 型（平背椭圆形，如 CO、FU）和 R 型（矩形，如 7506）四种，如图 2—113 所示。

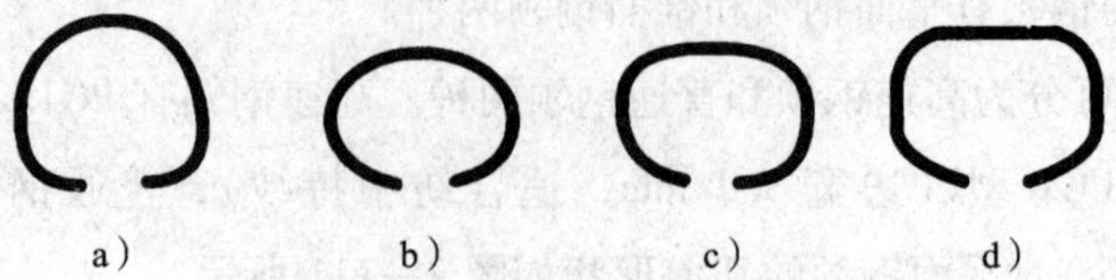

图 2—113　平面钢领用钢丝圈

a) C 型　b) EL 型　c) FE 型　d) R 型

2）钢丝圈的号数及其系列。钢丝圈的重量用钢丝圈的号数表示，以每 100 只钢丝圈的重量克数为标准，比 1 号重的依次为 2 号、3 号、4 号、…、30 号，号数越大，钢丝圈越重。比 1 号轻的依次为 1/0 号、2/0 号、3/0 号、…、30/0 号，1/0 号比 2/0 号重。钢丝圈的重量决定了钢丝圈与钢领之间摩擦力的大小，而摩擦力决定了卷绕张力和气圈张力的大小。

锥面钢领用钢丝圈的线材截面为薄弓形，如图 2—114 所示。由于钢丝圈与钢领的接触面积大、内脚长，而且热容量和散热能力比平面钢领用的钢丝圈有所提高，所以内脚温度低，减少了热磨损与飞圈断头。其线速度可提高 5% ~10%。

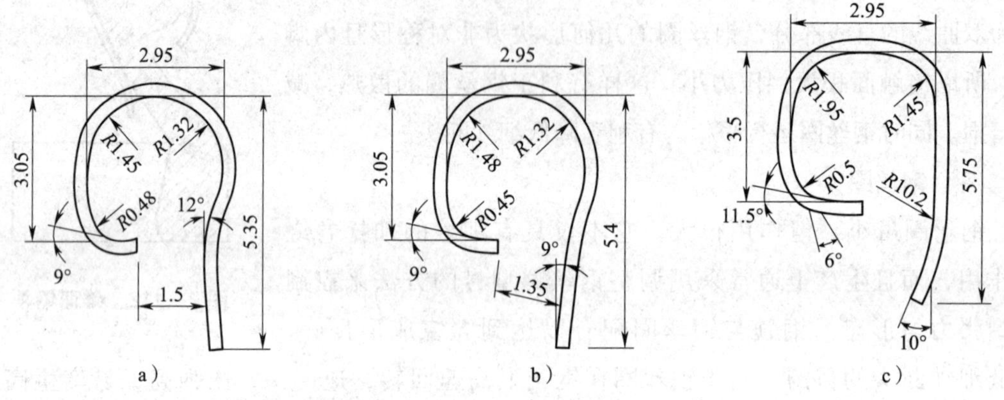

图 2—114　锥面钢领用钢丝圈

a) ZB－1 型钢丝圈　b) ZB－8 型钢丝圈　c) ZB 型钢丝圈

（5）导纱钩和隔纱板

导纱钩的作用是将前罗拉输出的须条引向锭子的正上方，以便加捻成纱。细纱机所用的导纱钩一般为虾米螺钉式，如图 2—115 所示。其前后、左右位置是可调节的，以实现导纱孔、钢领中心与锭子在同一铅垂线上。导纱钩前侧有一浅刻槽，是为了抓住细纱的断头，不使其飘至邻锭而产生新的断头，又可将纱条内附有的杂质或粗节因气圈膨大而碰在浅槽处被切断，以提高细纱的成纱质量。同时为了防止相邻两气圈相互干扰和碰撞，中间用隔纱板（见图 2—116）隔开。隔纱板表面要光滑、平整，以防刮毛纱条或钩住纱条造成断头。

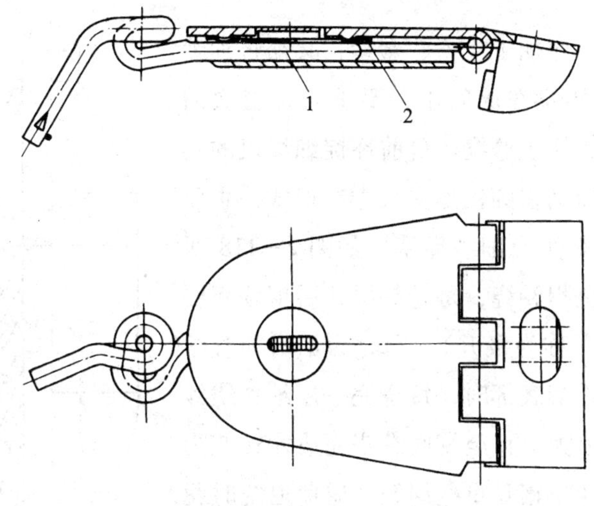

图 2—115　导纱板

1—导纱钩　2—调节座

（6）气圈环

为了增大细纱卷装容量，必须要增加升降尺寸，也就是要加大锭子和筒管的长度。同时钢领和导纱钩之间的距离也应适当增大，而气圈高度也必随之增大。这会导致气圈曲线的变形和不稳定，增加了纱线断头的可能性。为此，生产中常采用气圈环将气圈分为两个较小的连续气圈（见图 2—117），以利于稳定纺纱张力，减少细纱断头的产生。

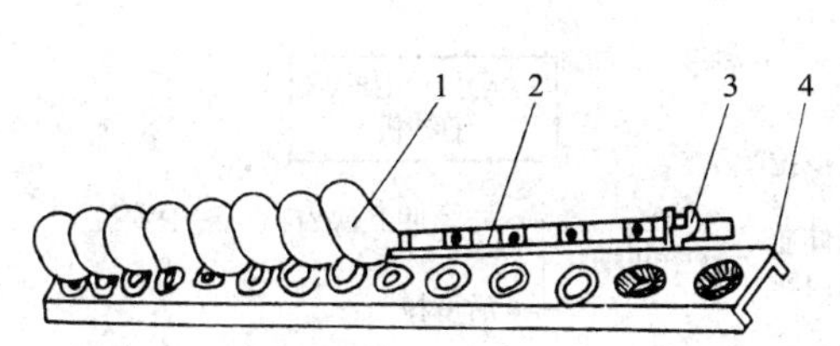

图 2—116　隔纱板

1—隔纱板　2—方铁条　3—托架　4—钢领板

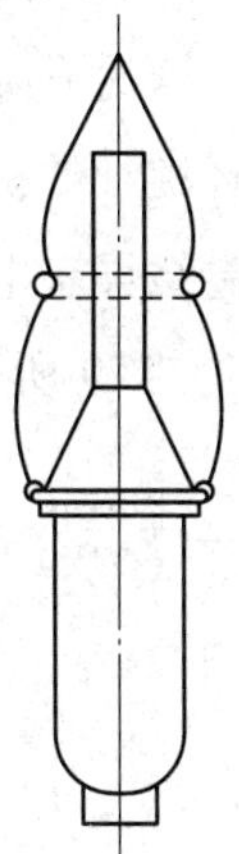

图 2—117　高气圈的分隔

4. 卷绕成形机构

为了便于细纱的后序加工生产、搬运，必须将细纱按一定的规格、形式卷绕在筒管上，要求卷绕层次清楚、紧密、成形良好、便于退绕。目前环锭细纱机的卷装形式基本上都采用短动程圆锥形交叉卷绕形式，主要通过控制钢领板运动来实现细纱卷绕，如图2—118所示。为了完成管纱的全程卷绕，每卷一层纱后钢领板要有一个很小的升距 m（称为级升）。同时为了增加管纱的容量，在卷绕细纱纱管底部时，每绕完一层纱，绕纱高度和级升均需逐层增大，直至管底卷绕完成才转变为常数。同时为了不使纱条相互重叠纠缠，避免退绕时脱圈，保证层次清楚，一般向上卷绕时密一些，称为绕纱层；向下卷绕时稀一些，称为束缚层。由此可见，细纱要完成圆锥形交叉卷绕形式，钢领板的运动必须满足以下三个条件。

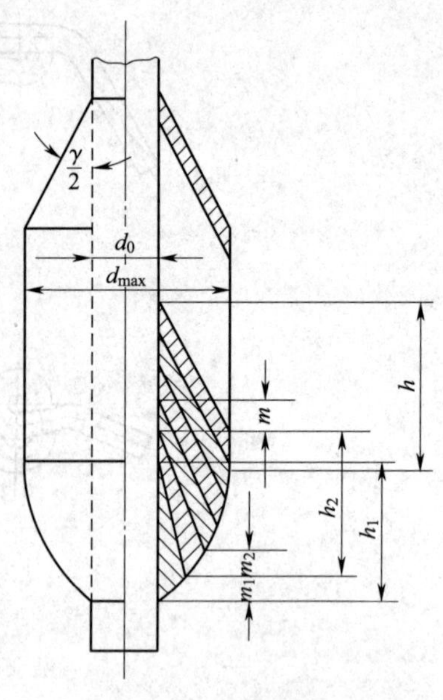

图2—118　细纱管圆锥形交叉卷绕

（1）钢领板必须做短动程升降运动，且上升慢、下降快，绕成密、稀两种不同的纱层，即卷绕层和束缚层。

（2）钢领板每次升降必须改变运动方向而且要有级升。

（3）管底成形阶段钢领板每次升降高度和级升都应由小逐层增大。管底成形完成后，进入管身卷绕，这时升降高度和级升不再变化为常数。

现代新型环锭细纱机，对于钢领板升降及换向都采用了先进的电子伺服传动系统，完全取代了传统的卷绕异步电动机、凸轮和齿轮传动，大大提高了生产的自动化程度。细纱机的传动路线如图2—119所示。

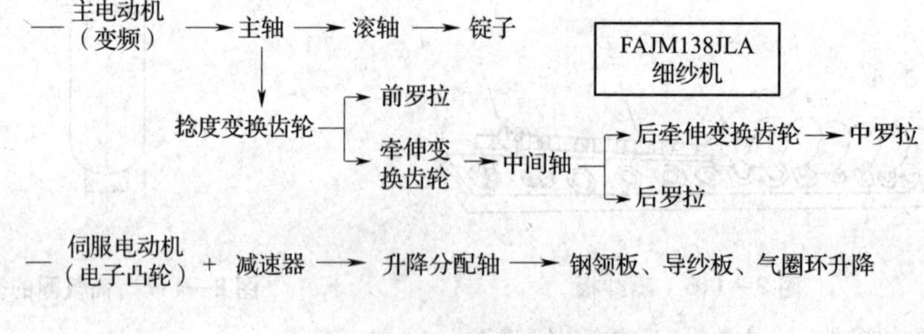

图2—119　细纱机的传动路线

二、细纱断头分析与控制

断头是细纱生产中最主要的问题，对产品的优质、高产、低耗有关键影响，阻碍了劳动生产率、设备生产率的提高。断头多，说明纱疵多、质量差、回花回丝和机物料消耗增多，直接影响产质量，也导致工人劳动强度大。因此，要提高细纱质量就必须降低细纱断头。降低细纱断头必须先了解断头产生的原因，然后才能予以解决。

1. 细纱断头的分析

（1）细纱断头的实质

在纺纱过程中，当纱线在某断面处的强力小于该处的张力时，就会发生断头。如图2—120所示，A、B点表示在某一瞬间，当作用在纱线上某点张力大于或等于该点的强力时就会发生断头。这说明断头主要发生在强力与张力两者波动的波峰与波谷交叉点，并不取决于它们的平均值大小。所以降低断头率主要是控制和稳定纺纱张力，减少突变张力，同时提高纺纱强力，降低强力不匀率和强力薄弱环节，以减少波峰与波谷交叉的概率。

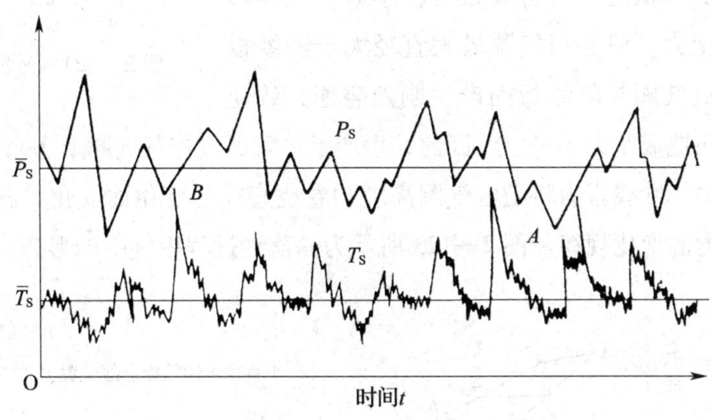

图2—120　强力 P_s与张力 T_s的变化曲线

（2）细纱张力

1）气圈的形成。钢丝圈拉动纱线在钢领上同时围绕着锭轴做高速回转，使导纱钩至钢丝圈之间的纱线围绕锭轴向外张开，形成一个封闭的纺锤形空间曲线，称为气圈。气圈起到储存纱条（卷绕小直径纱时）和释放纱条（卷绕大直径纱时）的作用，这有利于稳定纺纱张力。

2）细纱张力的产生。细纱在加捻卷绕过程中，纱线拖动钢丝圈做高速回转，必须克服钢领与钢丝圈间产生的摩擦力、导纱钩和钢丝圈给予纱线的摩擦力以及气圈段纱线回转时所承受的空气阻力等。因此，纱线要承受相当大的张力。虽然正常加捻卷绕必须要有一定的张力，且适当的纺纱张力还可以改善成纱结构，提高管纱的卷绕密度，还可以减少毛羽和增加管纱的容纱量。但若张力过大，不仅会使细纱断头增加、产量下降，还会使动力消耗增多；反之，张力过小，不仅会使管纱成形松散，还会造成纱强力降低。不同纱段的纺纱张力是不同的，在加捻卷绕过程中，纱线的张力一般可分为三段（见图2—121）：即纺纱张力（纺纱段）、气圈张力（气圈段）、卷绕张力（卷绕段）。其中卷绕张力最大，纺纱张力最小。

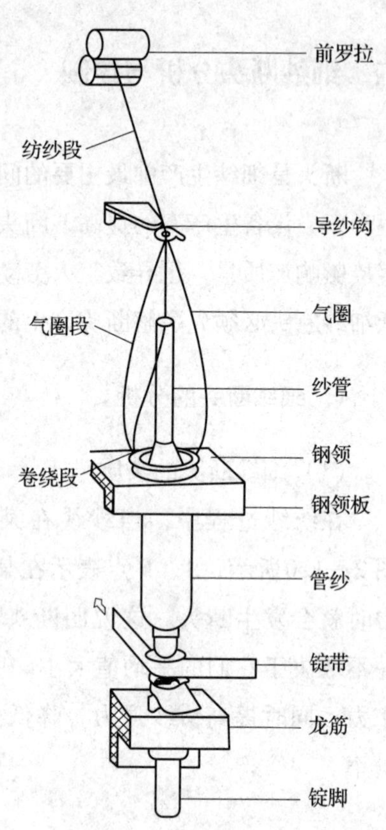

图2—121　纱线的张力组成

3）气圈的形态与纱线张力。纱线张力的大小直接影响气圈的形态。当纺纱张力过大时，气圈形态缩小，弹性变小，但圈形变得稳定；当纺纱张力较小时，气圈形态膨大、弹性也变大。但是当气圈最大直径大于隔纱板间距时，就会造成气圈与隔纱板间产生剧烈碰撞，致使气圈形态被破坏而造成张力不稳定。因此，生产上一般通过控制气圈形态来调整和控制纺纱张力。在一落纱中，纱线张力将随着气圈高度和卷绕直径的变化而变化。图2—122所示为一落纱过程中张力的变化规律。图2—123所示为一落纱过程中气圈的形态。

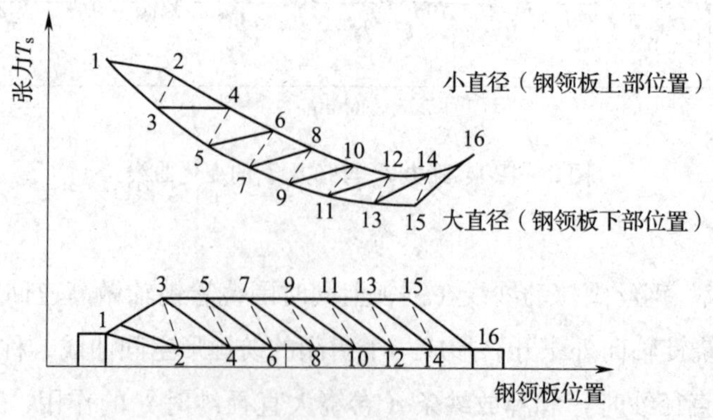

图2—122　一落纱过程中张力的变化规律

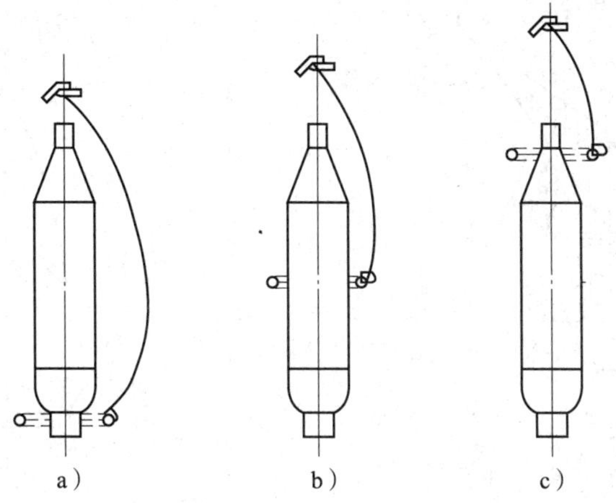

图 2—123 一落纱过程中气圈形态

a）小纱 b）中纱 c）大纱

2. 控制细纱断头

（1）稳定张力

1）控制气圈形态。气圈形态会直接影响纱的断头。当气圈凸形过大时，容易引起气圈猛烈撞击隔纱板造成气圈形态剧烈变化，进而导致张力发生突变，有时还会刮毛纱条甚至弹断纱线，造成钢丝圈运动不稳定，容易发生楔住或飞圈断头。此外，气圈凸形过大也会造成气圈顶角过大，如果纱线上遇到有较大的粗节或结杂通过导纱钩时，气圈顶部就会产生异常的凸形。纱线容易被导纱钩上的擒纱器缠住而造成气圈断头，这种现象一般发生在小纱阶段。在张力过大的情况下，气圈凸小，使得细纱断头后接头时操作困难。尤其大纱小直径卷绕时气圈更趋于平直，这时气圈完全失去对弹性的调节能力，若出现张力突变，就很容易引起纱线通道与钢丝圈磨损缺口交叉而割断纱线，也可能发生张力迅速传递到纺纱段弱捻区而造成上部断头。

由上述分析可知，要减少大、小纱断头，应尽量使其纱线张力和气圈形态向中纱靠拢，气圈凸形过大、过小都不利。在实际生产中控制气圈形态可以采用以下两种措施。

①导纱钩采用变程升降，如图 2—124 所示。

②使用气圈环控制，如图 2—125 所示。

2）合理选配钢领和钢丝圈

①合理选用钢丝圈号数。在日常生产中，纱线张力的控制主要是通过选用合适的钢丝圈重量来维持正常的气圈形态和较低的断头。重点考虑管底成形结束时，卷绕大直径气圈不应过大，而卷绕大纱小直径时，气圈不宜过小。例如在新钢领使用时，由于表面摩擦系数高，

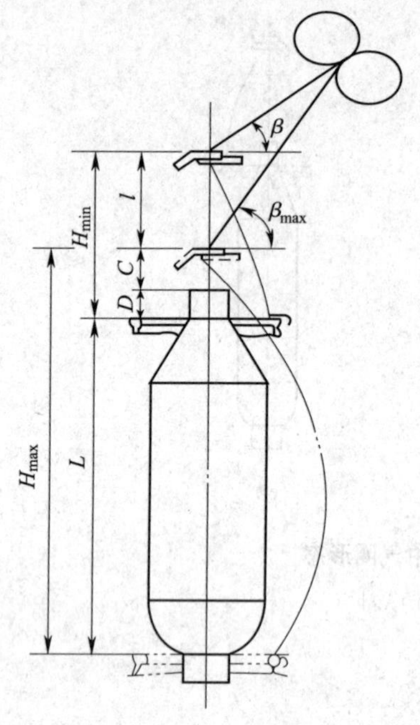

图2—124　气圈高度

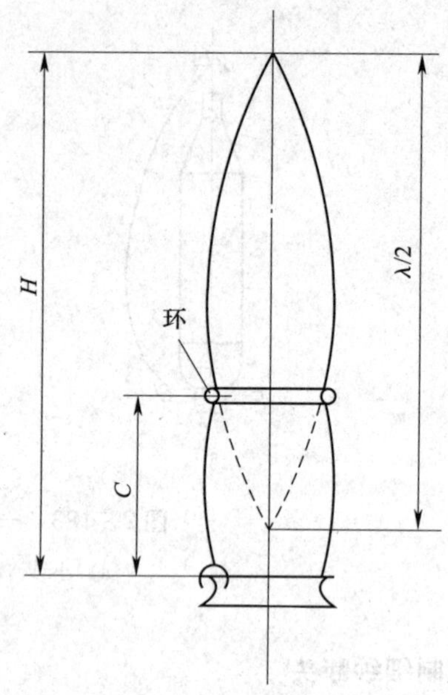

图2—125　使用气圈环控制的气圈形态

钢丝圈应偏轻，待跑道光滑后再加重至正常重量；粗特纱时由于气圈回转离心力大，气圈凸形容易膨大，钢丝圈宜偏重掌握；细特纱时因强力相对较低，钢丝圈宜偏轻掌握；钢领直径大，气圈底端张力大，钢丝圈宜偏轻；纺同样线密度的纱，若锭速高容易造成张力变大，这时钢丝圈宜偏轻；夏季梅雨季节由于温度、湿度较高，钢丝圈宜适当偏重掌握，而冬季由于气候干燥，相对湿度低，钢丝圈宜偏轻掌握。

②合理选用钢丝圈型号。在选用钢丝圈型号时，为了防止因选择不当而造成大面积的断头，可先在少量锭子上进行试纺，然后逐步扩大使用，有时必须进行多次反复实践才能最后确定。

③合理掌握钢丝圈的使用周期。钢丝圈都有一定的使用寿命。使用一段时间后因钢丝圈磨损而飞圈增多，有时因磨损与纱条通道发生交叉，使断头率显著增加。因此，为了稳定生产、减少细纱断头，除了采用自然换圈外，一般都要定期换圈。新换的钢丝圈上车后都有一定的走熟期，在走熟期内钢丝圈运转不稳定，容易引起断头，所以最好选在中纱时换圈，这样到纺大纱时或者落纱后纺小纱时，断头就少了，特别是纺小纱时飞圈情况可以得到很大的改善。

④保持加捻卷绕部分的正常机械状态。加捻、卷绕部件的不正常容易导致气圈形态的波动，产生突变张力，使成纱断头增加，特别是造成少数锭子重复断头。因此，在机械安装方

面尽可能做到导纱钩、锭子、钢领三中心在同一直线上，同时消除个别摇头锭子、钢领起浮、跳筒管、导纱钩起毛等不正常机械状态，严格保证安装质量，做好日常设备的维修工作。

（2）提高动态强力

在细纱加捻卷绕过程中，由于纺纱段（导纱钩与前罗拉之间）强力最低，大部分断头发生在该段纱上，而且主要发生在该段的加捻三角区，这说明动态强力的大小取决于加捻三角区纱条的强力。因此，要提高强力就必须提高加捻三角区的纱条强力。根据该处纱条的断裂强力分析，认为三角区纱条断裂主要是纤维滑脱所致。因此，在实际生产中应做好以下几方面工作：

1）增加弱捻区纱段的动态捻度。钢丝圈回转产生的捻回，先传递到气圈纱线上，经过导纱钩向前罗拉钳口传递，由于导纱钩对纱线摩擦阻力引起的捻陷阻止部分捻度向上传递，从而造成由钢丝圈到前罗拉钳口捻度逐渐减小。如图 2—126 所示为一落纱过程中纺纱捻度的分布情况。

2）减少无捻纱段的长度。如图 2—127 所示，生产上一般采用胶辊前冲的方法来减小包围弧长度，即从 ab'减小为 ab。但胶辊前冲会使浮游区长度增加，如果胶辊前冲过大，会影响罗拉的有效压力，故一般胶辊的前冲量只有 2 ~ 3 mm。

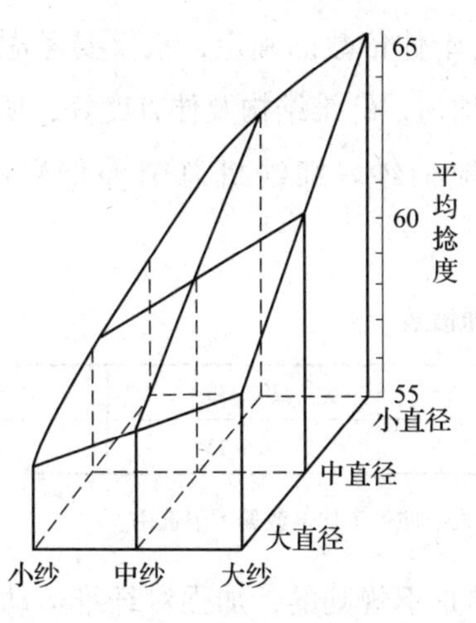

图 2—126　一落纱过程中纺纱段捻度的分布

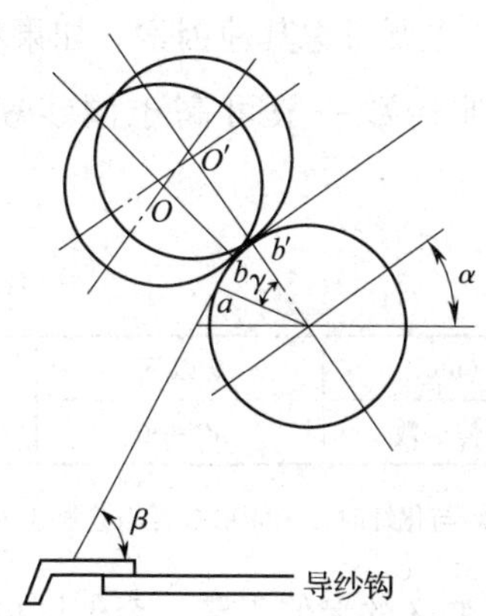

图 2—127　胶辊前冲的罗拉包围弧

3）增加前罗拉对须条的握持力。从纺纱段的捻度分布可以看出，在大纱卷绕小直径时，纺纱段的捻度一般较大，动态强力也较高。但是大纱断头反而比中纱多，除了张力的原因外，也是由于管纱上的单纱张力远大于罗拉握持力造成的。因此，增加罗拉握持力对减少细纱的断头有重要的意义。

（3）加强日常管理工作

在细纱机生产中，为了减少断头，除了考虑张力与强力两个因素外，还必须加强日常管理，包括操作管理，以及机械状态、工艺设计、原棉选配、温湿度控制等方面的技术管理工作。

三、细纱工艺及细纱质量控制

细纱是纺纱的最后一道工序，也是最重要的一道工序。细纱的质量既是前道各工序的加工质量、原料性能的综合体现，也与本身的工艺设计有关。细纱工艺的设计主要是根据纱线的最终用途和质量要求，参考相关资料，来确定细纱机的相关工艺参数，如机械牵伸倍数、实际牵伸倍数、锭速、捻系数、捻向、罗拉加压、罗拉握持距、钳口隔距、钢领型号及直径、钢丝圈型号及号数等。

1. 细纱工艺

（1）牵伸工艺

1）总牵伸倍数。在保证产品质量前提下，提高细纱机的牵伸倍数，有利于获得较高的经济效益。目前，牵伸倍数一般为30～50倍。总牵伸倍数的确定，不仅要考虑细纱机的机械工艺性能，也要考虑其他因素。如果粗纱条干均匀，纤维结构及伸直度好，所含短绒率较低，那么牵伸倍数一般可高于同线密度非精梳棉纱。细纱机总牵伸倍数的参考范围见表2—3。

表2—3　细纱机总牵伸倍数

纺纱特数（tex）	9以下	9～19	20～30	32以上
摇架加压牵伸倍数	40～50	25～50	20～35	12～25

注：纺精梳纱与化纤时，牵伸倍数可偏上限选用；固定钳口式牵伸的牵伸倍数偏下限选用。

2）前牵伸区的牵伸工艺。牵伸区内纤维运动是不规则的，加强对纤维运动的控制，有利于改善纱条条干不匀率。在实际生产中主要是通过合理布置前区的摩擦力界、加强对浮游纤维运动的有效控制来降低细纱条干不匀率。目前，细纱机的前区多采用双胶圈牵伸，同时在胶圈销处，形成一个稳定、柔和的胶圈钳口，既能控制纤维运动，又能保证纤维顺利从胶圈握持钳口抽出。

①前牵伸区罗拉隔距。前牵伸区罗拉隔距应根据胶圈架长度和胶圈钳口至前罗拉钳口之间的距离来决定。通常用前牵伸区罗拉中心距来表示前牵伸区罗拉隔距的大小，胶圈钳口至

前罗拉钳口之间的距离称为浮游区长度。缩小浮游区长度有利于加强对浮游纤维运动的控制，改善纱条的条干不匀。不同胶圈前牵伸区罗拉中心距与浮游区长度的关系见表2—4。

表2—4　　不同胶圈前牵伸区罗拉中心距与浮游区长度的关系

牵伸形式	纤维长度	胶圈架或上销长度（mm）	前牵伸区罗拉中心距（mm）	浮游区长度（mm）
双短胶圈	棉纤维（31 mm以下）	25	36～39	11～14
	棉纤维（33 mm以上）	29	40～43	11～14
长短胶圈	棉及化纤混纺（40 mm以下）	33	42～45	11～14
	棉及化纤混纺（50 mm以下）	42	52～56	12～16
	中长化纤混纺（40 mm以下）	56	62～74	14～18
	中长化纤混纺（40 mm以上）	70	82～90	14～20

②胶圈钳口隔距。胶圈钳口既要控制浮游纤维运动，又要保证快速纤维能顺利地抽出，因此，细纱机采用下销位置固定、上销位置可调的弹性钳口。胶圈钳口隔距一般根据喂入定量、纺纱线密度、胶圈特性、纤维性能以及罗拉加压等条件综合确定，纺纱条件对胶圈钳口隔距的影响见表2—5。其选用范围见表2—6。

表2—5　　纺纱条件对胶圈钳口隔距的影响

胶圈钳口隔距	纤维及其性质		粗纱工艺	细纱工艺					
			定量	捻系数	细纱特数	后牵伸倍数	胶圈钳口形式	罗拉加压	胶圈厚度
宜偏大	化纤	细、长	较重	较大	较大	较低	固定钳口	较轻	较厚
宜偏小	棉	粗、短	较轻	较小	较小	较高	弹性钳口	较重	较薄

表2—6　　纺纱线密度与钳口隔距的关系

线密度（tex）（英支）	>32（<18）	20～31（19～29）	9～19（30～60）	<9（>60）
钳口隔距（mm）	3.0～4.5	2.5～4.0	2.5～3.5	2.0～4.0

③罗拉加压。罗拉加压是为了使牵伸能够顺利进行，保证罗拉钳口处有足够的握持力来适应牵伸力的变化。如果后罗拉握持力不足，纱条就会在后罗拉钳口处打滑，严重影响成纱的重量不匀率，甚至出现重量偏差；中罗拉握持力不足，也会影响成纱条干不匀率和重量不匀率；前罗拉握持力不足，纱条会在前钳口处打滑，造成条干不匀、牵伸效率低，甚至出现“硬头”等不良后果。因此，罗拉钳口的握持力必须与牵伸力相匹配，还要视纤维品种的不

同而不同。细纱机前牵伸区牵伸配置工艺应满足“三小”要求，即浮游区长度小，前、中罗拉中心距小，胶圈钳口隔距小。

3）后牵伸区牵伸工艺。在细纱两个牵伸区中，后牵伸区是细纱总牵伸的组成部分。总牵伸倍数主要靠前牵伸区来承担，后牵伸区是简单的罗拉牵伸，主要是为前牵伸区做准备，以充分发挥前牵伸区胶圈对纤维运动的控制作用，达到既提高前牵伸区效果，又保证成纱质量的目的。

①罗拉握持距。罗拉握持距与喂入粗纱定量、粗纱捻系数、纤维长度、温湿度等因素有关。握持距的大小直接影响牵伸力的大小。握持距大，牵伸力小；反之，牵伸力大。在生产中如果所选用的纤维长而细，粗纱捻系数大，车间温湿度高且喂入粗纱定量重，如要减小牵伸力，就应该增大罗拉握持距。一般采用“紧隔距”和“重加压”相配合的工艺，有利于改善输出纱条的条干均匀度。

②后区牵伸倍数。后区牵伸是简单的罗拉牵伸，选择较小的牵伸倍数，则成纱的条干均匀度好。实践证明细纱机后区采用“二大一小”工艺对减少细节有明显效果，即采用较小的后牵伸倍数、较大的粗纱捻系数、较大的后罗拉中心距。在原料、成纱线密度变化不大时，一般不需调整。后区牵伸倍数在纺机织用纱时为1.25～1.5倍，纺针织用纱时为1.02～1.15倍。

③ 粗纱捻系数。后区是简单罗拉的牵伸区，可以利用粗纱捻回产生的附加摩擦力来控制纤维运动，避免纤维提早变速，使纤维变速点前移而且稳定。由实践经验得出，当后区采用较小的牵伸倍数时，适当提高粗纱捻系数，有利于降低细纱断头和提高成纱均匀度。具体选择粗纱捻系数时，要结合喂入粗纱定量、中后罗拉隔距和加压、后区牵伸倍数以及温湿度等来确定。

（2）加捻卷绕工艺

1）捻系数、捻向的选择。细纱的捻系数和捻向主要根据纱线的用途和最后成纱质量的要求来确定。细纱捻系数列入国家标准中，其变动范围较小。在保证成纱质量的前提下，尽可能选用较小的捻系数有利于提高细纱机的产量。例如，经纱要求强力较高，捻系数应选择得大些；细特纱比粗特纱捻系数大；精梳纱比普梳纱捻系数小；品级高、线密度小、纤维长度长，捻系数可较小；工艺设计合理，机械状态、技术管理水平好，也可采用较小的捻系数。

单纱的捻向可分为Z捻和S捻，捻向的选择视成品及后加工的需要而定。为了方便挡车工操作一般采用Z捻。

2）锭速。细纱机锭速的选择与纤维特性、纺纱线密度、钢领直径、钢领板升降动程、捻系数等有关，会影响成纱质量。例如，所纺纱为细特纱且纤维长度长时，则应适当降低锭速。随着新型细纱机的发展，锭速一般为14 000～17 000 r/min，最高可达25 000 r/min。

3）钢领和钢丝圈的选择。钢丝圈的作用不仅是要与钢领、锭子配合完成细纱的加捻卷绕，在生产上还可通过选择不同钢丝圈型号、号数来调整和控制纺纱张力、稳定胶圈形态，保证卷绕成形良好、降低细纱断头。

①钢丝圈型号的选配。钢丝圈的型号可以分为普通、高速和锥边三种。对于钢丝圈型号的选择，一般有如下的规律：钢丝圈重心位置高时，纱线通道通畅且钢丝圈拎头也轻，但因磨损位置低，容易飞钢丝圈，而造成纺纱张力突变；反之，当钢丝圈重心位置低时，钢丝圈运转稳定，但纱线通道小、拎头重。

②钢丝圈号数的选择。为了满足各种原料和纺纱线密度的要求，有许多钢丝圈型号可供选用。例如棉纱特数细，钢丝圈应偏轻。钢领直径大且锭速高时，钢丝圈宜轻。只要在细纱张力可以承受的范围内，一般选用稍重的钢丝圈有利于保持气圈稳定，减少断头，但不能过重，否则断头反而会增加。

2. 细纱质量控制

细纱是纺部的最终成品，其质量优劣直接影响后加工、织造以及织物质量。细纱质量不仅与本工序机械、操作、工艺等技术管理工作有关，而且还受清、梳、并、粗各工序半制品质量的影响。

（1）细纱条干不匀的控制

1）细纱条干不匀产生的原因。细纱条干不匀主要是由牵伸不匀、机械不匀以及其他原因造成的。

①牵伸不匀。由于牵伸区内对纤维（尤其是浮游纤维）运动控制不合理而产生。主要由牵伸工艺参数选择不合理、摩擦力界布置不合理或不稳定以及喂入粗纱结构不匀等原因造成。

②机械不匀。由于牵伸部件不正常或机械不良而形成的周期性和非周期不匀。生产中机械不匀主要是由于罗拉钳口移动、胶圈工作不良、胶辊回转不灵活或加压不足、吊皮圈、齿轮磨损、胶圈滑溜以及钳口对须条中的纤维运动控制不稳定等因素造成。

③其他原因。如意外牵伸过大、操作接头不良、集合器位置不正、机身振动、通道不光洁以及飞花夹入等，都会使细纱不匀增加。

2）改善细纱不匀的途径

①合理选择牵伸工艺参数。根据产品的特点、粗纱结构和纤维性质来合理地选择牵伸工艺参数，能有效地控制纤维运动，减少牵伸波的形成。罗拉隔距、粗纱定量、粗纱捻系数均要与细纱机牵伸形式、牵伸倍数以及细纱牵伸分配相适应，同时要确保罗拉加压均匀、稳定。

②合理布置摩擦力界。通过调节牵伸罗拉隔距、后罗拉适当前移、胶辊适当后移以及适

当地减小或增大胶辊加压，均可改变摩擦力界分布，以改变对纤维运动控制的状态。

③合理选择原料，提高半制品质量。合理选择纤维性质，如纤维长度、长度整齐度及线密度，同时加强原料的混合；合理选择半制品的并合根数，提高纤维伸直度；严格控制前纺各工序半制品定量偏差及重量不匀。

④加强日常机械维护，做好保全、保养工作。牵伸部件工作是否正常是影响成纱条干的主要因素，因此必须加强对牵伸部件的日常维护保养，定期检查，保证各种参数的准确及机械处于良好的运行状态。

(2) 细纱捻度和捻度变异系数的控制

捻度的多少直接影响纱线的力学性能和最终产品的风格。控制捻度、降低捻度变异系数是提高纱线质量的重要内容之一。主要措施如下：

1) 严格工艺管理，避免发生捻度变换齿数用错的现象。

2) 采用高弹性、低硬度胶辊胶圈，以利于增强对纤维运动的控制，既有利于降低成纱的粗节、细节、条干变异系数值和毛羽，又有利于降低纱线的捻度不匀。

3) 同一锭盘要保持锭带的安装正确，锭盘直径不同的锭子不能同台混用。锭盘位置和张力重锤的刻度要严格保持一致，确保锭带张力基本一致。调整锭带“扭花”使锭带基本处于锭盘中间位置运行。

4) 采用新型高效节能锭带，既可以节电，又可以降低纱线捻度不匀，延长锭带的使用寿命。

5) 锭子、筒管保持良好的状态，确保滚盘、锭盘和锭子回转灵活；锭杆要平直，保持锭子回转平稳；筒管重量、规格符合要求，定期剔除内孔磨损的筒管，减少跳管现象。

(3) 成形不良的种类及消除方法

细纱卷绕成形应符合卷绕层次清晰、不互相纠缠、紧密、便于退绕等要求，应尽量增大管纱的卷装容量，提高设备生产率和劳动生产率。但在实际生产过程中，往往由于企业操作管理不严或者机械状态不良而产生疵品纱。常见成形不良的种类及消除方法见表2—7。

表2—7　　常见成形不良的种类及消除方法

名称	产生原因	消除方法
冒头、冒脚纱	落纱时间掌握得不好；筒管天眼大小不一致，造成筒管高低不一；钢领板高低不平；钢领板位置过低；落纱时跳筒管（落纱时筒管未插紧、锭子摇头、坏筒管、锭杆上绕有回丝等）；筒管插得过紧，落纱时将纱拔冒；钢领起浮等	根据冒头、冒脚情况，通过严格掌握落纱时间；校正钢领板的起始位置及水平；加强对筒管的维修与管理、及时清除锭杆上的回丝等，可以大大减少冒头、冒脚纱

续表

名称	产生原因	消除方法
葫芦纱、笔杆纱	倒摇钢领板；钢领板升降柱套筒飞花阻塞；钢领板升降顿挫，成形齿轮撑爪失灵；成形凸轮磨损过多或由于空锭（如空粗纱、断胶圈、坏胶辊、断锭带、试验室拔纱取样及其他零件损坏未及时修理等）一段时间后再去接头等原因而造成。笔杆纱主要是由于某一锭子的重复断头特别多而形成的	可根据所造成的原因，加强机械保养维修，注意加强对机台的清洁工作，挡车工要严格执行操作规程等
胖纱或大肚子纱	由于管纱与钢领摩擦，纱线被磨损或断裂，给后加工带来很大的困难。其产生原因是：管纱成形过大或成形齿轮选用不当；钢领板升降柱轧煞；弱捻纱；歪锭子或跳筒管；成形齿轮撑爪动作失灵；倒摇钢领板及个别纱锭钢丝圈选用太轻等	严格控制管纱成形，使之与钢领大小相适应，一般管纱直径应小于钢领直径 3 mm，同时严格执行操作法，以消除弱捻纱、跳筒管的产生原因，并且加强巡回检修，保证机台平修的质量水平

阅读材料

环锭纺纱的加捻原理属于卷绕端回转加捻，这种加捻卷绕的方式存在以下缺陷：一是纱管与锭子一起回转，负载大，限制了速度的进一步提高。二是锭子达到高速后，钢领、钢丝圈摩擦发热严重，磨损快，易飞脱；纱线张力大，易断头，且接头操作困难而且落纱周期减短，降低设备利用率。三是机器振动大，发热、机物料消耗量增加，车间噪声大且飞花增多，严重影响工作条件和环境。因此，出现了各种新型纺纱方法，主要可分为两大类，即自由端纺纱和非自由端纺纱。

一、新型纺纱的特点

自由端纺纱的加捻和卷绕作用是分开的，如图 2—128 所示。其加工过程为：纤维条分离成单纤维→凝聚→加捻→卷绕。纤维分离采用刺辊分梳，形成一种不连续的纤维流，经凝聚后与加捻纱条的尾端（自由端）连接加捻，加捻时，纱条一端被握持，另一端不断喂入相互不连接的纤维束或纤维流，当与有捻纱段接触时，立即被捻合成纱。

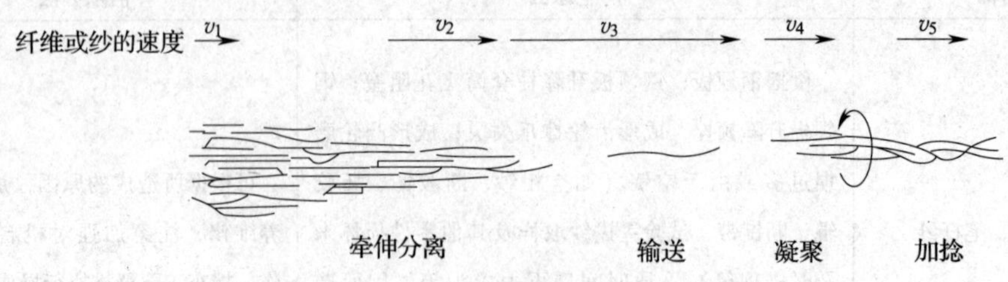

图 2—128　自由端纺纱的加工过程

非自由端纺纱是指喂入点至加捻点之间的须条是连续的纺纱方法，须条的两端分别被给棉罗拉和引纱罗拉所握持，而在中间加捻，形成了假捻形式。它不同于环锭纺，环锭纺纱是将加捻作用和卷绕作用合为一体。

常见的新型纺纱方法分类如图 2—129 所示。

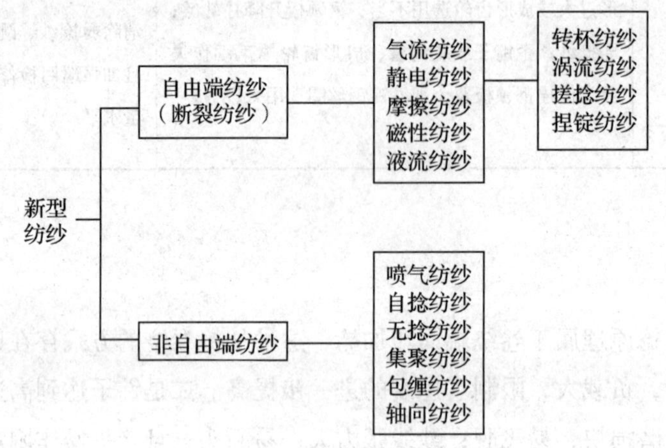

图 2—129　新型纺纱方法分类

二、转杯纺纱

1. 转杯纺纱机的主要机构及工艺过程

转杯纺纱机主要由喂给喇叭、喂给板、喂给罗拉、分梳辊、喂给板分梳面、输送管、隔离盘、转杯、假捻盘、引纱管、排杂机构等组成，用来完成条子的开松和除杂以及纤维的凝聚、加捻成纱。下面以图 2—130 所示 BD200 型转杯纺纱机为例介绍其纺纱工艺过程。条子 1 进入喂给喇叭口 2，由喂给罗拉 3 和喂给板 4 组成的喂给钳口牵引缓慢地进入纺纱器，分梳辊（表面包着金属针布）5 对露出钳口的纤维进行快速梳理，使之成为单纤维并由针齿抓走，其中尘杂在针齿梳理过程中被排出，从纺纱器的排杂腔进入机器的排杂管并集中于机尾进行处理。由于纺纱杯 8 高速回转，使纺纱杯内产生真空度，迫使从外界补入气流，附在纤维脱离分梳辊 5 齿面上的单纤维在离心力、气流的作用下剥离，并进入气流形成纤维流 6，然后通过输送通道 7（输送通道的截面积沿气流方向逐渐收缩，使通道内的气流速度渐增，这样有助于飞行中纤维的伸直），吸入纺纱杯 8，纤维沿纺纱杯杯壁滑入纺纱杯的凝聚槽 11，形成凝聚须条，此后须条通过引纱管 14 由引纱罗拉连续输出纱。最后，纱被绕在纱筒上，做成圆柱形或圆锥形纱筒。

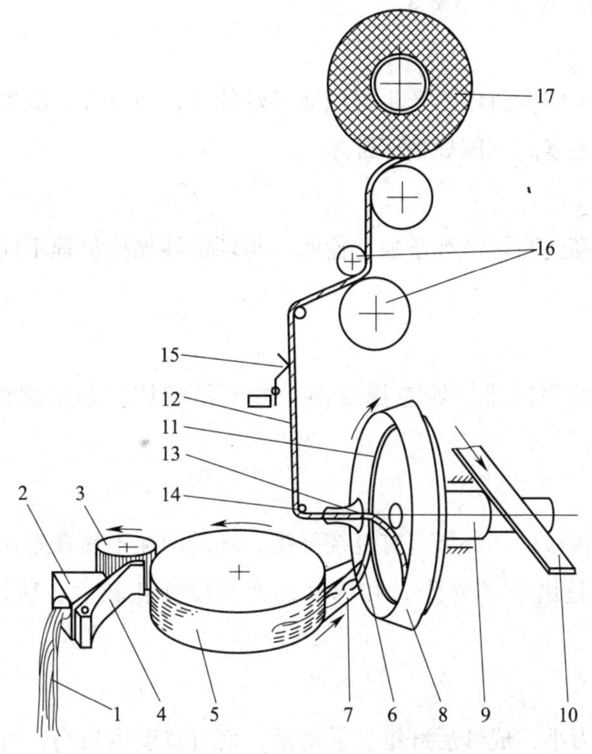

图 2—130　BD200 型转杯纺纱机

1—条子　2—喂给喇叭口　3—喂给罗拉　4—喂给板　5—分梳辊　6—纤维流　7—输送通道　8—纺纱杯　9—轴承　10—环形带　11—凝聚槽　12—纱　13—阻捻头　14—引纱管　15—断纱自停杆　16—引纱罗拉　17—纱筒

2. 转杯纱的特点

（1）断裂强度

由于转杯纱中对折、弯钩、打圈、缠绕纤维较多，排列混乱，纤维之间容易滑移，因此，断裂强度低于同规格环锭纱，一般比棉纱低 10% ~20%，比化纤纱低 20% ~30%。

（2）断裂伸长率

转杯纱中纤维伸直度差，卷曲多，纤维自身受外力而产生的伸长变形大，而且纺纱张力小，纱比较蓬松，纱直径也较大。拉伸时，纱中纤维相互滑移而使伸长增大，因此，断裂伸长率高于同规格环锭纱。

（3）蓬松度

转杯纱中纤维伸直度及排列较差，纺纱张力较小，外层包有缠绕纤维，所以转杯纱的蓬松度高于同规格环锭纱 10% ~15%。

（4）条干均匀度

转杯纱不用罗拉牵伸，所以不产生机械波和牵伸波，而且纤维凝聚过程中具有较大的并合效应，因此条干均匀度高于同规格环锭纱。

（5）捻度

转杯纱依靠转杯高速回转给纱条加上捻回，与环锭纱加捻过程不同。一般捻度高于同规格环锭纱 17% ~30%。

（6）耐磨性

转杯纱外层包有缠绕纤维，纱芯捻度高，纱不易解体，其耐磨性比同规格环锭纱高 10% ~30%。

（7）毛羽

转杯纱纤维内外转移少，外层包有缠绕纤维，纤维两端不易暴露在纱体表面，故毛羽比同规格环锭较少，但是由于纺纱张力和捻度传递长度变化较大，所以转杯纱毛羽离散度较大。

（8）弹性

转杯纱的纺纱张力小，成纱后纤维容易滑动，而且捻度也较高，所以转杯纱的弹性比同规格环锭纱好。

（9）染色上浆性能

转杯纱纱体比较蓬松，亲水性强，可节省染料 15% ~20%，浆液浓度可降低 10% ~20%。

思考练习

1. 简述细纱工序的任务和工艺过程。
2. 什么是V形牵伸，其特点如何？
3. 细纱是如何完成加捻卷绕的？

4. 钢丝圈的轻重，锭速的快慢，卷绕直径的大小分别对张力有何影响？

5. 细纱断头的原因是什么？如何降低细纱的断头？

6. 试述细纱捻度不匀产生的原因及消除的方法。

7. 试分析细纱机上产生下列疵病的原因：管纱过细；管纱碰钢领；葫芦纱；大肚纱。

8. 钢丝圈与钢领之间的配合应如何掌握？如何利用它们之间的配合来降低断头？

9. FA506 型细纱机锭速为1 500 r/min，前罗拉直径为 25 mm，前罗拉转速为220 r/min。当卷绕直径为 20 mm 和 40 mm 时，钢丝圈的线速度各为多少？

10. 转杯纺和环锭纺相比有何特点？

第三章 毛纱加工技术

第一节 羊毛初加工

学习目标

1. 了解羊毛初加工的工艺过程。
2. 掌握羊毛的分选和洗毛原理。
3. 掌握洗剂及助洗剂对洗毛质量的影响。
4. 掌握影响洗毛质量的因素。
5. 会根据所学知识分析洗净毛质量对纱线质量的影响。

从羊身上剪下的羊毛中夹带有各种杂质，称为原毛。原毛中所含的杂质可归纳为三大类：生活性杂质、生理性杂质、人为杂质。

羊毛初步加工的任务是对不同质量的原毛先进行区分，再采用一系列机械与化学的方法，除去原毛中的各种杂质，得到比较纯净的羊毛。羊毛初加工包括选毛、开毛、洗毛、烘毛和炭化等几个工序。

一、选毛

1. 选毛的目的

从绵羊身上剪下来的完整毛被称为套毛。如果剪下来的羊毛不能完整地连在一起，呈零碎毛片状的称为散毛。为合理使用原料，将套毛的不同部位或不同品质的散毛，用人工分选成不同的品级，这一工作称为选毛，也称羊毛分级。按整个套毛的品质来区分的称为分等。选毛的目的是贯彻优毛优用的原则，合理使用羊毛，在保证产品质量的同时，尽可能地降低原料成本。

2. 羊毛的分支分级

（1）国产细毛及其改良毛的分支与分级

国产细毛及其改良毛可分为支数毛和级数毛两类。支数毛属同质毛，按细度分为70支、66支、64支、60支共四档；级数毛属基本同质毛或异质毛，按粗腔毛率分为一级、二级、三级、四级甲、四级乙、五级共六档。

（2）土种毛的分级

土种毛均为异质毛，根据底绒含量、毛辫长短、粗死毛含量等项目分级。我国土种毛多数为二级至五级。在分级中有时根据产品的需要，也可分为二/三混合级或三/四混合级。

3. 选毛质量检验

一般取25 kg试样，测混级率（混支率）、混疵率两个项目。

（1）混级率（混支率）

非本级毛混入本级称为混级。非本级毛占本级毛重量的百分率称为混级率。

精纺用毛：上一级混入本级≤4%；下一级混入本级≤3%；或上一级和下一级混入本级之和≤4%；不允许下二级毛混入本级。

粗纺用毛：混级率≤8%（有的企业执行混级率≤5%），原则上不允许有跳级、跳支毛。

（2）混疵率

疵点毛重量占被检验羊毛重量的百分率称为混疵率。一般规定，外毛混疵率不超过0.4%，国毛不超过0.6%。

二、开毛

为便于洗毛时去除杂质，需要先对羊毛进行开毛处理，在开毛的过程中也能除去部分杂质。

1. B044－100型三锡林开毛机

如图3—1所示，B044－100型三锡林开毛机是LB023型洗毛联合机的开毛部分。它由一对喂给罗拉1、三个开毛锡林2、尘笼3以及锡林下方的尘格7、输土帘子5、输出帘子4等主要机件组成。该机除杂效率较高，可达18%左右。

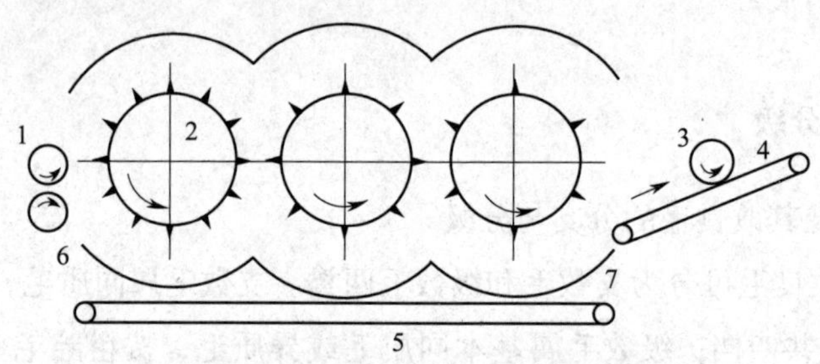

图3—1　B044－100型三锡林开毛机

1—喂给罗拉　2—开毛锡林　3—尘笼　4—输出帘子　5—输土帘子　6—铲刀　7—尘格

2. 开毛质量控制

（1）影响开松除杂作用的因素

开松除杂作用与开毛锡林、尘格的结构、气流的作用、原毛状态、车间温湿度、喂毛量等因素有关。喂毛量一般以500 kg/h左右为宜。

（2）除杂效果的检验

目前检验除杂效果的指标有羊毛纤维损伤率、含土杂率、开毛机除杂效率。

（3）开毛主要疵点及其产生原因

含杂多：因喂毛量过多，漏底堵塞而造成。

开松不够：因喂毛罗拉压力过小，锡林角钉绕毛、锡林速度不当造成。

开毛后混有别的羊毛或其他纤维：因开毛前羊毛混批或换批时了批不清。

三、洗毛

洗毛是利用物理与化学方法，通过机械作用去除羊毛脂及羊毛上的杂质。

1. 开洗烘联合机

如图3—2所示，开洗烘联合机由开毛、洗毛、烘毛三部分组成，用自动喂毛机连接。

LB023型开洗烘联合机由B044－100型三锡林开毛机、B052－100型洗毛机和R456型圆网型烘干机组成。羊毛经过喂毛机进入洗毛机的第一槽。第一槽一般不加洗剂，称为浸润槽（浸渍槽）。再经过第二、第三槽（均有洗剂，称为洗涤槽）和第四、第五槽（均盛清水，称为清洗槽）连续的作用后即成为洗净的羊毛。最后进入烘干机，使羊毛达到规定的回潮率。

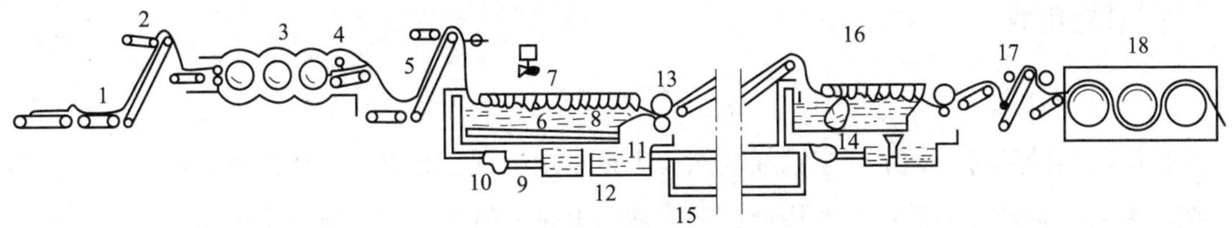

图 3—2　LB023 型开洗烘联合机

1、5—B034－100 型喂毛机　2—均毛帘　3—B044－100 型开毛机　4—尘笼　6—B052－100 型洗毛槽（5 个）　7—曲轴式耙架　8—自动翻泥管　9—气动排泥阀　10—循环泵　11—辅助槽　12—溢水管　13—轧辊　14—手动排泥阀　15—回水系统　16—自动控温系统　17—喂毛机　18—R456 型圆网烘干机

2. 羊毛脂、羊毛汗、土杂的成分和性质

（1）羊毛脂的成分与性质

一般细毛羊羊毛含脂量较高，最高可达 30% 以上，粗毛羊羊毛含脂较少，土种羊羊毛的含脂率更低。羊毛脂是高级脂肪酸、酯和高级一元醇的复杂混合物，酸和醇既有结合成脂的状态存在，也有游离态存在。其中高级脂肪酸类占 45% ~55%，高级一元醇类占 45% ~55%。

（2）羊毛汗的成分和性质

羊毛汗是羊体汗腺的分泌物，是含有多种溶解状有机酸盐类的液体在无纤维表面蒸发后的干盐。羊毛汗中碳酸钾占 75% ~85%，硫酸钠、硫酸钾、氯化钾、有机物质、不溶性物质（铁、锰盐等）各占 3% ~5%。

羊毛汗易溶于水，在洗毛时易除去。随着洗槽中羊毛汗的积累，洗毛效果更好。

（3）羊毛中土杂的成分和性质

土杂的性质与洗毛工艺有关，新疆细羊毛中多碱性土杂，所以在洗涤新疆细羊毛时，采用合成洗剂效果比用肥皂好。

3. 洗毛原理

洗毛方法有乳化法和溶剂法两类。乳化洗毛法又称水洗法，是在一定温度和机械作用下，用水、洗剂除去羊毛上油脂的方法；溶剂洗毛法是用有机溶剂溶解油脂的方法。洗毛是通过洗剂的洗涤和机械作用完成的。

洗剂能降低水的表面张力，润湿羊毛，并渗透到羊毛脂污垢层的缝隙中以削弱污垢与羊毛的结合力，将污垢层分裂成许多胶体大小的微粒，再借助机械外力的作用，油污杂质微粒便会从毛纤维上剥离下来，并使其悬浮在洗液中不再回到羊毛上去，从而获得洁净的羊毛。

4. 洗毛用剂

(1) 洗毛用水

在用肥皂洗毛时，硬水会多消耗洗剂，肥皂与水中钙、镁离子形成的钙、镁化合物会黏附在羊毛上，影响洗毛质量。在用合成洗涤剂洗毛时，虽然洗涤剂有一定的耐硬水性，但在洗毛过程中也会多消耗洗剂。洗毛时以用软水为宜。

(2) 洗涤剂

洗涤剂包括非离子型、离子型、两性离子型三种，其中离子型分阳离子型（在酸性液中使用）和阴离子型（在碱性液中使用）。目前使用最广泛的是阴离子型和非离子型洗涤剂。

阴离子型洗涤剂常用的肥皂、烷基磺酸钠（AS）、烷基苯磺酸钠（ABS）等。

非离子型洗涤剂常用的有平平加 OS－15、脂肪酸聚乙醇酯、烷基醇酰胺等。

(3) 助洗剂

用洗涤剂洗毛时，为了提高洗涤效果，在洗液中加入一些盐类或碱类物质起助洗作用，这些物质称为助洗剂。助洗剂不仅能帮助提高洗涤效果，还能软化水质，使洗净的毛变得松散。

用元明粉作助洗剂，洗后毛洁白、松散、手感柔软。用食盐作助洗剂，洗后毛的白度较差，手感松散度较好。用纯碱作助洗剂，洗后毛的白度尚好，手感松散度差，毡并严重。综合比较之下，元明粉是较好的助洗剂。

5. B052—100 型洗毛机的结构

洗毛机主要由洗毛槽、辅助槽、洗毛耙、出毛耙、轧压辊、回流水泵、自动控温等部件组成。第一、第二槽槽底还有自动排泥机构。

洗槽采用带边槽的斜底式洗槽，主槽中部的网眼底板（称为假底）固定，槽底装有翻管式排泥机构。洗毛槽采用斜底是为了便于泥沙杂质向排泥管集中。

洗毛耙采用曲轴式耙架，排泥机构将污泥倒出，洗毛机上装有温度自控装置，轧辊的作用是轧去洗后毛上带有的油污洗液，轧水机构还装有气泵加压装置，压力为 4～8 t；为防止羊毛之间相对运动引起毡缩，在压辊处设有保速装置。

6. 洗毛工艺

(1) 洗毛机的槽数及选用

五槽洗毛机的第一槽为浸渍槽，可去除 25% 以上的油脂和 70% 的砂土；第二、第三槽为洗涤槽，第四、第五槽为冲洗槽（清洗槽、漂洗槽），将吸附在羊毛上的洗涤剂、助洗剂及黏附的土杂洗除，洗涤时应使用活水。四槽洗毛机的第一槽为浸渍槽，第二、第三槽为洗涤槽，第四槽为冲洗槽。

（2）洗涤剂、助洗剂的品种和浓度

1）品种选用。阴离子洗涤剂适合在碱性或中性溶液中洗毛；阳离子洗涤剂适合在酸性溶液中洗毛；非离子洗涤剂在水中不解离，在酸性、碱性溶液中均可使用，并可以和阴离子或阳离子洗涤剂混合使用。

2）洗涤剂、助洗剂的浓度。洗涤剂的浓度达到某一浓度时，溶液中有大批的胶束形成，最大的去污力就发生在该浓度时，这个浓度称为临界胶束浓度。洗涤剂的浓度一定要大于此值。

几种常用洗涤剂在正常洗毛温度（50℃）时的临界胶束浓度为：烷基磺酸钠（AS、601）0.3% ~0.4%；烷基苯磺酸钠（ABS、工业粉）0.3%左右；肥皂0.2% ~0.4%；脂肪酰胺苯磺酸钠（洗剂LS）0.07% ~0.08%；阴离子与非离复合洗剂（洗剂721）0.25%左右；烷基酰胺磺酸钠（洗剂209）0.2% ~0.3%。

助洗剂要根据洗毛方法和洗涤剂种类选用。助洗剂加入量为0.1% ~0.3%。

3）洗涤剂、助洗剂用量。洗涤剂和助洗剂的加入量分为初加和追加两种情况。初加料应在洗涤前15 min投入辅助槽。追加时按一定时间（每30 min或1 h）或按一定喂毛量（每100 kg或200 kg）等量追加洗涤剂和助洗剂。

（3）洗液温度

一般第一槽温度小于60℃，第二、第三槽温度为48 ~52℃，第一槽与后两槽的温差不宜过大，否则会产生鳞片收缩，不易去杂。第四、第五槽的温度一般为45 ~50℃。

（4）喂毛量

喂毛量直接关系到洗净毛的产量和质量，投入量的多少根据羊毛脂的清洗难度、含脂率和含杂率的多少而变化。一般细毛较粗毛投入量少、新疆细羊毛较澳毛投入量少。一般掌握在400 ~700 kg/（台·时）。

（5）洗涤时间

五槽洗毛机的洗涤时间为3 min、3 min、2 min、2 min、2 min，共12 min。四槽洗毛机的洗涤时间控制在8 ~12 min，有的工厂前两槽各为3 ~3.5 min，后两槽各为2 ~2.5 min。

（6）洗液的pH值

洗液的pH<8时，羊毛强力基本无损伤；pH值为8 ~11时，羊毛强力随pH值增加而降低。一般pH值控制在8 ~11（不能超过11），提倡采用中性洗毛。

四、烘毛

1. 烘毛的目的和要求

从洗毛机末槽轧水辊出来的洗净毛，一般含水率略小于40%，一般须烘干至回潮率16% ±3%。回潮率过大，羊毛易霉，不宜储存；回潮率过小，会浪费热能，且羊毛发脆、发黄，品质受损。洗净毛如直接散毛炭化，则不需烘干。

2. 烘干方式

1）烘筒干燥。羊毛直接与蒸汽加热的金属烘筒接触，使毛中的水分汽化而干燥。

2）热风干燥。利用与热空气对流达到干燥，如B601型和R456型烘干机。

3）红外线干燥。利用辐射传热达到干燥的目的。设备较复杂。

五、洗净毛的质量控制

1. 洗净毛的质量标准

洗净毛质量是产品质量的基础，洗净毛质量的好坏和毛条质量、毛条制成率的关系极为密切。洗净毛的质量标准见表3—1。

表3—1　洗净毛的质量标准

洗净毛质量评定		含土杂率（%）≤	含毡并率（%）≤	沥青点	洁白、松散	含油率（%）		回潮率（%）		含残碱率（%）
						标准	允许范围	标准	允许范围	
支数毛	一等	4	2	不允许	比照标样	1	0.4～1.2	16	12～18	0.6
	二等	5	3			1	0.4～1.2	16	12～18	0.6
级数毛	一等	4	3			1	0.6～1.4	16	12～18	0.6
	二等	6	5			1	0.6～1.4	16	12～18	0.6
外毛	≥60支	0.6	1			0.8	0.4～1.2	16	9～16	0.5
	≤58支	0.6	1			0.8	0.4～1.2	16	9～16	0.7

2. 洗净毛常见质量问题及其产生原因

（1）含杂过多、毛条不洁白

原因是原毛含杂过多，开毛不良，毛块缠结不松散，喂入量过多，洗涤剂用量不足，洗涤温度过低，洗槽内槽水过脏等。

（2）含脂过高

原因是洗涤剂初加量不足、追加量不够或不及时，轧水辊压水效果不良，水温过低，辅助槽滤板上羊毛堆积时间过长等。

（3）毛色黄，手感粗糙

原因是洗毛中用碱量过多、温度高或烘房温度高。

（4）羊毛毡并

原因是槽水温度过高；洗毛机耙齿不良或位置不当，造成羊毛与槽底摩擦；在喂毛斗和烘毛过程中翻滚过度；羊毛洗涤时间过长，轧辊压力大或保速装置失灵。

（5）出现污块毛

原因是耙齿位置过高，使槽底毛积聚过多，长时间在洗槽底部出不去，造成羊毛沾污，并与槽底摩擦产生毡缩。

（6）羊毛过潮

原因是毛丛不松散，烘前羊毛含水过高，烘毛帘上毛层过厚，烘毛机内含湿量过高，风力不足；烘毛机中温度过低等。

阅读材料

羊毛中经常会含有草籽、草叶等植物性杂质。有些草杂在选毛时可用手抖掉，有些草杂则很难除掉。这些与羊毛紧密黏结的草杂，大部分是带钩刺的草叶、草籽及麻丝，对此要进行羊毛炭化。

炭化的原理是利用羊毛较耐酸而植物性杂质不耐酸的特点，将含草净毛在酸液中通过，然后经烘干、烘焙，草杂变为易碎的炭质，再经机械搓压打击，利用风力使其与羊毛分离。

在酸液中加入表面活性剂作助剂，可以保护羊毛免受酸损伤，可使酸液快速、充分地渗入到毛块中，降低羊毛的结合酸量，减少羊毛纤维的损伤，还可提高浸酸后轧去酸水的效率。常用的炭化助剂有拉开粉、AS、ABS、平平加等。

散毛炭化的工艺过程为浸酸、轧酸、烘干、烘焙、压炭除杂、中和、烘干。

毛条炭化的工艺过程为浸酸、预烘焙烘、粉碎、中和、烘干。

思考练习

1. 何谓选毛？选毛的目的是什么？选毛过程需完成哪些具体的任务？如何检验精梳毛纺用毛的混级率？

2. 何谓套毛、散毛？何谓羊毛的分等、分级？

3. 洗涤剂有哪些？非离子型洗涤剂有何优点？简述常见的阴离子型洗涤剂。

4. 何谓助洗剂？作用是什么？有哪几类？洗毛常用的助洗剂有哪些？

5. 羊毛脂与羊毛汗的成分是什么？洗涤新疆细羊毛和澳毛有何不同？

6. 炭化的目的是什么？炭化的原理是什么？炭化助剂的作用是什么？

第二节　混料准备

学习目标

1. 了解配毛的原则。

2. 掌握粗梳毛纱配毛时的原料选择。

3. 掌握精梳毛纱配毛时的原料选择。

4. 了解和毛油在毛纱生产中的作用。掌握混料时加油的原则。

5. 熟悉毛纱生产中化纤混用的方法以及对产品品质的影响。

混料准备包括配毛及和毛。粗梳毛纺中，配毛采用散毛搭配；精梳毛纺中，配毛有两种方式：一种是散毛搭配，称为梳条配毛；另一种是毛条搭配，称为混条。梳毛工序所用的原料称为混料。

一、配毛

根据毛织物的风格特征及质量要求，结合产品的成本，选择两种或两种以上的原料，互相搭配，取长补短，充分混合，很好地发挥混料中各种纤维的性能，保证生产的稳定性和产品的质量，扩大原料资源，降低生产成本。

1. 配毛原则

（1）考虑产品的加工工艺路线、质量要求及风格要求

在保证产品质量和稳定加工的前提下，尽量做到合理用毛。例如，粗纺用毛质量要求不高的产品可以适当混入廉价的再生毛。精梳毛纺含草杂原毛的使用情况应根据梳条时的机械除草能力决定。

（2）强调各成分在性能上取长补短

以满足原料的加工性能、产品的风格特征及质量要求为依据，选择纤维成分的种类并确定各成分所占的比例。对于有特殊风格要求的产品，应建立原料档案，保证同种产品原料品质的稳定性。

（3）根据经纬纱的不同要求确定混料成分

经纱原料的断裂长度应比纬纱原料高。配毛时经纱采用强力较大和长度较长的纤维，以保证经纱有足够的强度；对纬纱可以利用一些比较短的纤维。

（4）保证原料成本与加工成本的统一

毛纺织品的原料成本占总成本的70%以上。为降低成本，提高制成率，在不影响产品质量的情况下，要尽量采用本批回条、落车毛等。

2. 原料选配

（1）粗纺配毛

粗梳毛纱要求其横断面内有120～200根纤维。对粗纺原料的品质要求不高，可用较短的纤维，对长度、细度的整齐度要求也不严，可选原料的范围较广，20 mm以上的羊毛均可使用。重起毛、长绒类织物所用的纤维平均长度应保证在65 mm以上，尤其是纬纱，必须经得起拉毛，原料纤维长度不能太短。羊毛纤维越细，越易缩绒；当原料中粗纤维比例增加时，缩绒收缩率随之降低。

粗纺产品大多混用各种中低档原料。化学纤维包括粘胶、涤纶、腈纶、锦纶等纤维；特种动物纤维包括山羊绒、兔毛、马海毛、牦牛绒、骆驼绒、羊驼毛等；低档羊毛包括精梳短毛（可以改进产品的手感，提高织物的缩绒性，一般不超过30%）、次毛、回用毛、再生毛等原料。

（2）精纺配毛

精梳毛纱线密度较低，要求毛纱中纤维排列平行顺直、毛纱加捻程度较大且要求表面光洁、条干均匀。羊毛必须以长度为55 mm以上的同质毛为主；化学纤维为涤纶、腈纶、锦纶等；各种再生纤维；山羊绒、马海毛等特种动物纤维。

精梳毛纱要求纱横断面内有35～40根纤维。较细的羊毛，其可纺支数较高。如果纤维长度一定，纤维直径增加，则毛纱的毛羽增加、毛纱的条干均匀度变差。

提高纤维的平均长度能改善纱的牵伸性能。纤维平均长度过短，喂入下道工序时容易发生意外牵伸。当长度达到70～95 mm后，其作用不再明显。

(3) 化学纤维的使用

1) 长度的选择。粗纺配毛中，当与细羊毛混纺时，化纤长度可用55～65 mm，当与半粗毛混纺时，化纤长度以60～70 mm为宜；精纺配毛中，化纤长度可用70～110 mm，且平均长度一般比羊毛平均长度长10～25 mm。

2) 细度的选择。粗纺配毛中，当与细羊毛混纺时，化纤细度通常用2.78～4.44 dtex，当与半粗毛混纺时，化纤细度通常用4.44～6.66 dtex；精纺配毛中，化纤细度通常为3.33～6.66 dtex，且平均直径一般比羊毛平均直径细2～3 μm。

3) 混用比例的确定。在确定混纺比时应兼顾产品的风格特征与成本。如加工重缩绒织物，化纤比例小些；加工轻缩绒织物，化纤比例可大些。生产实践证明，为降低产品的成本，掺用30%以内的化纤时，毛纺织品仍可保持较好的毛型感；为提高产品的强力及耐磨性，可掺用5%（有时可达10%）以下的涤纶或锦纶。

二、和毛

1. 混料准备

梳毛机使用的原料统称为混料。混料准备包括对组成混料的各种纤维进行开松、除杂（有的还需要染色），按配毛比例将开松后的各种纤维进行均匀的混合（和毛），并按工艺要求均匀地加入和毛油。

2. 和毛

(1) 人工和毛

将组成混料的每种原料按所占比例逐次平铺在毛仓的场地上，形成若干层，然后垂直截取，翻动，喂入和毛机开毛混合，这种方法简称为“平铺直取、开毛混合”。混料中的每种原料所铺的层数越多，混合的均匀程度也就越高。

(2)“S”头机械和毛系统

“S”头机械铺层混毛流程如图3—3所示。将组成混料的每种原料按配比依次推入运输地道的喂料口，利用风管输送，通过尘笼，落到和毛机的喂毛帘上。原料经和毛机开毛、除杂和混合后，再由强力风扇经管道输送到S形喷头喷口处。S形喷头转动时将原料一层一层地平铺在毛仓地上，可经过2～3次S形喷头铺毛后送毛仓。

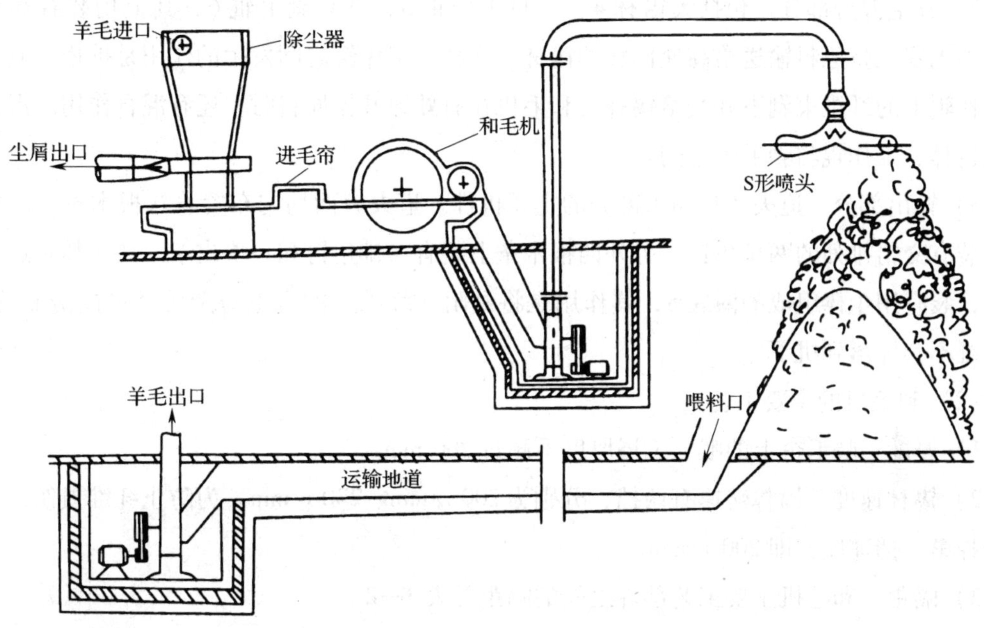

图3—3 "S"头机械铺层混毛流程图

3. 和毛机

(1) B262型和毛机

B262型和毛机由喂入部分、开毛混合部分和输出部分组成，如图3—4所示。

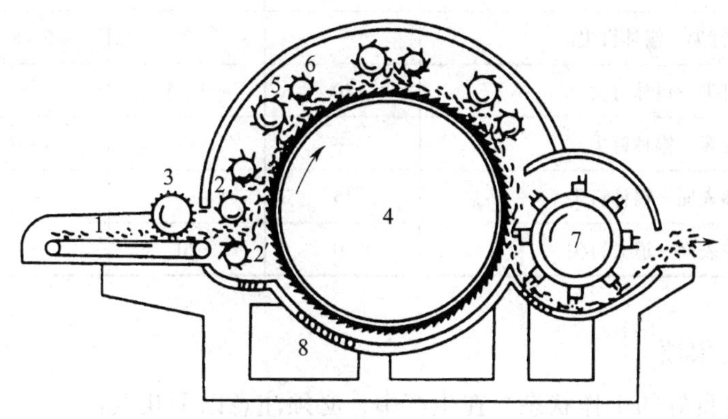

图3—4　B262型和毛机

1—喂毛帘　2、2′—喂毛罗拉　3—压毛辊　4—大锡林　5—工作辊
6—剥毛辊　7—道夫　8—漏底

1）喂入部分。喂入部分包括喂毛帘1、喂毛罗拉2和2′及压毛辊3。有的工厂喂毛帘前装自动喂毛机。

2）开毛混合部分。包括大锡林4、三只工作辊5、三只剥毛辊6，其上均装有鸡嘴角钉。喂毛罗拉将原料输送给高速回转的锡林。锡林与工作辊之间发生的作用是扯松。剥毛辊把工作辊上的纤维束剥下并交给锡林。和毛机在有效地开松原料时，还有混合作用。混合发生在锡林、工作辊与剥毛辊之间。

3）输出部分。道夫7是输出部分的主要机件。道夫表面均匀布置着八根木条，四根木条上装有交错排列的两排角钉，另外四根木条上装有一排角钉和一块皮条。在锡林及道夫的下方，装有用尘棒组成的漏底8，其作用是将黏附在纤维上的尘土与杂质经过撞击而落下，但纤维不会掉落到机下。

（2）和毛机的主要工艺

1）厚度。喂毛帘上的喂入毛层厚度不超过200 mm。

2）锡林速度。锡林转速有两挡，分别为200 r/min、230 r/min。为防止纤维损伤，一般都选择第一挡速度，即200 r/min。

3）隔距。和毛机主要工艺部件之间的隔距见表3—2。

表3—2　和毛机主要工艺部件之间的隔距

作用区	隔距（mm）		交叉深度（mm）	
	粗纺	精纺	粗纺	精纺
喂毛罗拉—锡林钉尖	—	9.5	5~8	—
工作辊钉尖—锡林钉尖	—	3.5	5~8	—
剥毛辊钉尖—工作辊钉尖	—	2	4~6	—
剥毛辊钉尖—锡林钉尖	—	2	5~8	—
道夫钉尖—锡林钉尖	20	3~5	—	—
道夫皮翼—锡林钉尖	—	—	4~6	—
漏底尘棒表面—锡林钉尖	15	—	—	—
漏底尘棒表面—道夫钉尖	50	20	—	—

（3）和毛注意事项

为保证和毛机良好的工作状态，在生产中，必须注意以下几点：

1）喂入的混料应防止金属等杂物带入。

2）各机件之间作用区的隔距或交叉深度必须正确。否则会导致原料充塞钉齿间隙而影响开毛效果，或造成机件表面的钉齿损坏。

3）保持和毛机各机件表面的钉齿完好，如有歪斜必须及时校正，弯曲或残缺在10%以上的应停机检修。

4）注意传动带的打滑现象，以保证机件之间准确地传动。尤其是道夫转速的减慢将造成原料的扭结现象。

5）原料换批时，一定要揩车出清，包括输料管道及其弯头，以防下批混料中出现杂毛、色污毛等现象。

三、加和毛油

1. 加和毛油的作用

和毛时对原料中相应成分所加的油剂称为和毛油。加和毛油可以保护纤维减少损伤，防止或减少静电的产生，还能使梳毛机上的针布不生锈。

2. 和毛油的组成

和毛油是由油、水、乳化剂配制而成的一种乳化液，有时还要加抗静电剂。

（1）和毛用油的种类

适于作和毛油的油脂种类很多，从大类上分为动物油、植物油及矿物油。目前大多采用矿物油配制和毛油，如锭子油、机械油等。矿物油具有润滑性能好、冬夏季黏度变化不大、价格低廉等优点。

（2）乳化剂

在油和水中加入一定量的乳化剂，经搅拌混合后，油就会变成微小的颗粒分散于水中，成为乳状液。乳化剂是一种助剂，大多数乳化剂的主要成分为阴离子表面活性剂和非离子表面活性剂。乳化剂的作用使油分散成无数细小的油滴均匀而又稳定地分布在水中，防止油水分层。

常用的乳化剂有肥皂、油酸三乙醇胺（氨基皂）、硫酸化油类、磺酸盐型表面活性剂、平平加、雷米邦、拉开粉BX、乳化剂MOA、乳化剂EL。

（3）商品和毛油

商品和毛油是油、乳化剂的混合物，使用时只需按具体生产所需要的油水比例加水制成乳化液。商品和毛油最大的特点是使用方便，常用的品种有水化白油、皂化溶解油、软皮白油及防锈乳化油等。

3. 油水量的确定

(1) 加油量的确定

和毛油的用量，以纯油占加工原料标准重量（在公定回潮率下的重量）的百分比表示。混料加油量的多少，主要根据原料的性质及工艺要求而定，也要考虑洗净毛本身的含油率（一般为0.8%左右）。在不影响工艺过程正常进行及保证产质量的条件下，加油量应尽可能小。粗梳毛纺企业一般加油率在1.5%~4%。

混料中掺有兔毛或较多精梳短毛时，可加适量（1%~2%）的硅胶溶液，以增加纤维间的抱合力，降低细纱断头，但成品手感略板。兔毛的加油量较大，一般为4%~8%。

(2) 加水量的确定

和毛油中虽含有一定量的水（一般油水比为1∶2~1∶4），但为了保证混料上机的回潮率，同时减小油的黏度，扩大油的面积，使油更均匀地分布在羊毛表面，应在和毛油乳化液中再追加部分水量，使和毛油乳化液进一步稀释。

追加水量以梳毛机的下机回潮率达到18%左右为宜。在纺纱过程中，回潮率如低于12%，静电现象严重，影响生产；如回潮率过高，则易损伤针布。

和毛油的加入量以及混料的上机回潮率是以油水率的计算进行控制的。油水率是指加入的油、水总量占投入原料公定重量的百分比。天气干燥时，油水率一般为19%~21%；天气潮湿时，油水率一般为17%~19%。加油水后，原则上使原料总含油率控制在1.5%左右。

(3) 控制加油量的一般原则

1）细羊毛由于鳞片多，卷曲大，需润滑的面积大，加油量比粗羊毛稍多，但毛细、弹性差的羊毛要少加，毛粗而脆弱的要多加一些油。

2）经过炭化或染色的羊毛因强力稍低，手感粗糙，要多加些油。

3）羊毛开毛不良，毛块较多时，应多加些油，否则在梳理时易拉断纤维。

4）马海毛的加油量应比细羊毛少30%~40%。

5）粗纺系统中，对于4~5级的国毛、羊绒、兔毛等原料，或配用较多的精梳短毛时，一般在和毛油中附加1%~2%（对原料重量）的硅胶溶液，但用量须严格控制。

6）回用毛不加油。

7）化学纤维加油量要少或不加油。

4. 混料的质量要求

(1) 质量要求

1）质量指标。和毛工序的质量指标包括回潮率及均匀度，均匀度又分为混料均匀度、色泽均匀度和加油均匀度。

2）注意事项。为保证和毛质量，应注意以下问题：第一，要求混料中各种纤维的松散程度基本一致，染色纤维应事先开松一次。第二，对原料种类多、色泽多或原料种类少、比例差异大的采用假和方法。第三，严格控制混料加油、水量的均匀度。

（2）常见的质量问题及其成因

1）回潮率偏低或偏高。由于油水率控制不当造成。

2）混合不匀。成分混合以及色泽的不匀，可能由于原料之间的松散程度相差太大、交叉铺层不当或者截取不当造成。

3）加油不匀。因喷油装置不良导致喷油量时多时少；或喂毛不均匀。

4）纤维缠结成束状。可能由于经和毛机次数太多而使原料经管道输送次数增加，导致风机叶片绕毛；或叶片与机壳的间隙不当。

阅读材料

在配毛之前，应当掌握各种原料的细度、长度等试验资料，对于化纤还需加入抗静电剂。化纤所需的抗静电剂多为表面活性剂，均具有吸湿、导电及柔软、润滑等作用。不同的化学纤维应选用不同的抗静电剂以提高抗静电效果。如涤纶可以采用平平加或脂肪醇磷酸酯二乙醇胺 PA；锦纶可以采用高度磺化油 AH 或乳化剂 EL；腈纶可以采用抗静电剂 SN 或抗静电剂 TM；维纶可以采用磷酸化平平加或磺化平平加（乳化剂 FES）；粘胶可以采用平平加或柔软剂 SCM。

为均匀加油，一般加油装置均采用喷雾式。喷嘴在和毛系统中的安装位置可以有多种选择，有的在和毛机喂毛帘上配置一排喷嘴；有的将喷嘴装在和毛机出口处；有的在“S”头上部装有喷嘴；有的将喷嘴装在和毛仓的顶部；也有的在输料管道内安装喷嘴进行加油。

采取在和毛机喂毛帘上加油水，则经过开毛后油水分布较均匀；缺点是进机混料过于潮湿，羊毛易缠在锡林角钉上，清洁工作繁重，且油污毛较多。在和毛机出口处加油水，油水不易分布均匀。采取在“S”头上端加油水，会将一部分油水甩在四周墙壁上，油水量消耗大。实践证明，管道加油水的效果较好。

思考练习

1. 配毛的任务是什么？何谓“混料”？
2. 确定粗梳混料成分的一般原则是什么？
3. 粗、精纺配毛时，分别可选择哪些原料？
4. 掺用化纤时，为保证纱线的毛型感，应注意哪些问题？

5. 常用和毛油有哪几种？调制和毛油应注意什么？

6. 和毛要注意哪些问题才能保证质量？

7. 和毛油乳化液包括哪些具体的成分？各成分分别起何作用？

8. 确定加油量的一般原则是什么？

第三节 粗梳毛纱的生产

学习目标

1. 掌握粗梳毛纱的原料特点和毛纱特性。
2. 掌握粗纺梳毛机的组成及工作特点。
3. 了解粗纺梳毛机与棉纺梳棉机工作的异同点。
4. 掌握自动喂毛机定时定量喂毛的周期性及对毛纱均匀度的影响。
5. 掌握罗拉梳理机的工作原理及对粗纺毛纱生产的重要性。
6. 掌握成条机的张力控制对产品质量的影响。
7. 掌握粗纺细纱机的工作与棉纺细纱机工作的异同。

粗梳毛纺织物厚实，多数产品不显纹路，呢面手感丰满。粗梳毛纱一般较粗，多在 50 tex 以上（20 支以下）。毛纱中含有大量短纤维，捻度较低，通常为 280 ~ 500 捻/m。粗梳毛纱的加工过程比较简单，其工艺流程为：粗梳毛纺原料→和毛加油→梳毛→细纱→粗梳毛纱。

一、粗纺梳毛机

1. 粗纺梳毛机的组成

梳毛工序能够将混料直接加工成粗纱（也称为小毛条）供细纱机使用。粗梳毛纺的任务是彻底梳松混料；使混料中的各种纤维进一步混合起来；尽可能除去羊毛中的草杂、死毛及粗硬纤维；使纤维逐步伸直平行；将毛网制成粗纱。

国产粗纺梳毛机从大类上主要分为二联式和三联式。二联式梳毛机主要有 BC272B 型、BC272E 型、BC272G 型、BC274 型。三联式梳毛机有 BC272 型、BC272D 型、BC272F

BC272B 型二联式梳毛机组成：自动喂毛机→第一预梳机→第一梳理机→过桥机→第二预梳机→第二梳理机→成条机。

BC272 型三联式梳毛机组成：自动喂毛机→预梳机→第一梳理机→第一过桥机→第二梳理机→第二过桥机→第三梳理机→成条机。

2. 自动喂毛机

（1）自动喂毛机的作用和组成

1）自动喂毛机的作用。称毛斗定时定量喂毛：保持每次喂毛量相等，使粗细一致，条干均匀；斜帘从毛箱里抓取混料：经匀毛耙控制后做到均匀喂毛，使各个辊上毛层厚薄均匀，以利于均匀梳理；进一步混合原料合除去杂质：尤其是金属杂质（有吸铁装置），以防轧坏梳理机件。

2）自动喂毛机的组成和工作过程。如图 3—5 所示，当底帘 2 从毛箱 1 中带着混料向升毛帘 3 方向紧靠。升毛帘角钉从毛箱中抓取混料，经匀毛耙 4 剥下部分较厚的混料。剥毛耙 5 将混料剥下，落入称毛斗 7 内。当称毛斗内的混料达到规定重量时，称毛斗下降，升毛帘停止转动，挡毛板 6 关闭，阻止混料落入毛斗内，称毛斗 7 按规定周期打开底门，混料落在喂毛帘 8 上。此时，推毛板 9 从后边位置推着混料向前移动，毛层由拍毛板 10 拍匀，经喂毛罗拉进入开毛机构。

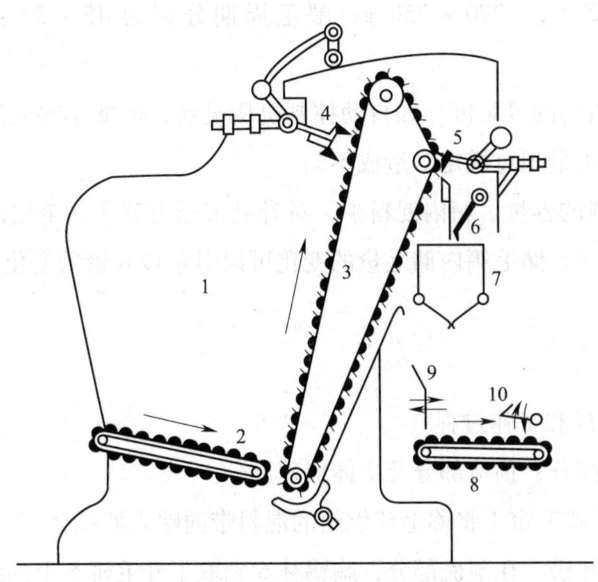

图 3—5　称重式自动喂毛机

1—毛箱　2—底帘　3—升毛帘　4—匀毛耙　5—剥毛耙
6—挡毛板　7—称毛斗　8—喂毛帘　9—推毛板　10—拍毛板

(2) 自动喂毛工作的周期性

自动喂毛工作的周期性是指喂毛工作是定时、定量地进行。它由一个喂毛凸轮控制。一个喂毛周期可分为五个阶段：升毛帘喂毛阶段、等候落毛阶段、开盒落毛阶段、关闭称毛斗阶段、准备喂毛阶段。

(3) 喂毛不匀率试验与不匀率计算

自动喂毛机的喂毛不匀率对粗纱条干有一定影响，不匀率试验方法一般是对连续喂毛20次的喂入量称重，并计算出其极差、极差不匀率及重量不匀率3个数据。其指标分别不超过15 g、7%、1.5%。

(4) 影响喂毛不匀率的因素

1）升毛帘速度。升毛帘速度快，则称毛时间短，每次差异就大，但升毛帘速度也不宜过慢，否则候落毛时间太短，甚至没有候落毛时间，使喂毛极差更大。

2）均匀耙和剥毛耙与升毛帘之间的隔距。均毛耙与升毛帘间的隔距越大，则毛层越厚，喂毛时间越短，极差不匀率越大；反之，隔距越小，极差不匀率越小。但这个时间也不宜太长，否则会造成喂毛不足就开盒落毛，使极差不匀率更大。剥毛耙与升毛帘之间的隔距一般为6～10 mm。当升毛帘速度快时，隔距应小些。

3）喂毛量与喂毛周期的关系。称毛斗的每次喂入量与梳毛机的生产率和喂毛周期成正比。纺纱特数为83、83～125、140～200、200～400时，每斗喂毛量分别为200～230 g、230～250 g、250～270 g、270～350 g，喂毛周期分别为45～55 s、40 s、35～38 s、30～35 s。

4）称重及自控机构的灵敏度。如自动控制机构灵活，可减小喂入不匀率，如挡毛板闭合不及时，使毛斗落毛量超过规定，造成不匀。

5）储毛箱内混料的容量。箱内混料少，对升毛帘压力就小，毛层的密度变小。喂毛时间加长，喂入量就偏轻。储毛箱内储毛量的变化可以引起喂入量的变化。

3. 梳理机

(1) 梳理机的组成和工作过程

梳理机包括开毛部分、预梳部分及主体梳理部分。

如图3—6所示，喂毛帘1将称毛斗供给的混料带向喂入罗拉2、3间，零件4为清洁罗拉，混料被开毛辊5开松。在预梳部分，胸锡林6剥取了开毛辊5上的纤维。胸锡林6上有两个工作辊7、8，两个剥毛辊9、10，工作辊和胸锡林间构成分梳作用。剥毛辊可以把工作辊的毛层剥取并交给胸锡林。

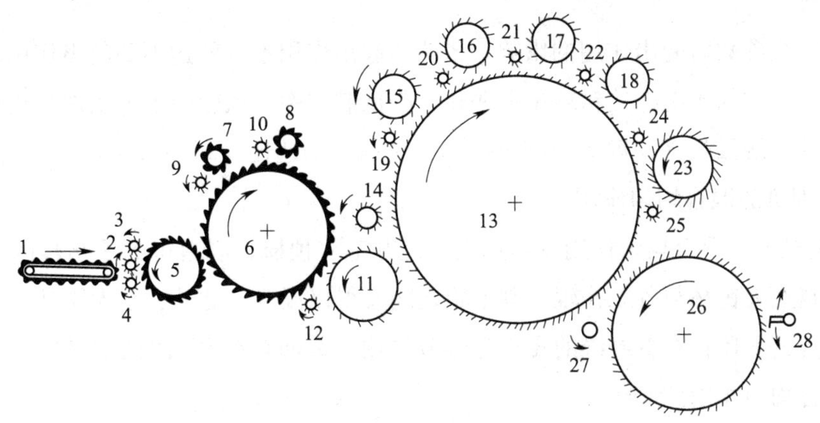

图 3—6 梳理机

1—喂毛帘 2、3—喂入罗拉 4—清洁罗拉 5—开毛辊 6—胸锡林 7、8、14、15、16、17、18—工作辊
9、10、19、20、21、22—剥毛辊 11—运输辊 12、27—托毛辊 13—大锡林
23—风轮 24、25—挡风辊 26—锡林 28—斩刀

在主体梳理部分，在胸锡林 6 与大锡林 13 间有运输辊 11，它与胸锡林和大锡林之间都有剥取作用，运输辊 11 的速度大于胸锡林 6 而小于大锡林 13，可把胸锡林 6 上的纤维转移到大锡林 13 上。大锡林与各工作辊间有分梳作用，大锡林上有 5 对工作辊 14、15、16、17、18，4 对剥毛辊 19、20、21、22，运输辊 11 相当于长一个剥毛辊。

大锡林上还装有风轮 23 及挡风辊 24、25。在风轮和大锡林之间存在起出作用，挡风辊与风轮和大锡林之间存在剥取作用。

大锡林把部分梳好的纤维交给道夫。道夫带着纤维层转移到斩刀 28 处，斩刀把道夫上的纤维层剥下来形成毛网。托毛辊 12、27 的作用是减少落毛。

(2) 分梳、起出、剥取作用分析

在梳理机各针面作用区的性质只有三种，即分梳、剥取及起出作用。

1) 分梳作用分析。锡林与工作辊或道夫间发生分梳，影响分梳作用的工艺因素很多，主要有隔距、速比、大锡林速度、毛层负荷、针布状态、滚筒直径、风轮工艺等。

2) 剥取作用分析。在梳理机上绝大部分工艺部件都与剥取作用有关。方向上有同向剥取、反向剥取；形式上有斩刀对道夫的剥取、罗拉剥取。

3) 风轮的起出作用

①风轮作用的意义。风轮和大锡林间有起出作用，风轮的作用是：把锡林针面上的纤维层提出一些，使锡林上的纤维比较容易而且均匀地转移到道夫上；风轮可减少锡林的载荷，使锡林针隙保持清晰；加强风轮的作用，可以提高工作辊和道夫的分配系数，有利于提高梳

理效能。

②风轮工艺参数对起出作用的影响。风轮的起出作用不足就达不到起出作用，但过强会破坏毛层结构，增加飞毛，使粗纱条干恶化，降低制成率。风轮的工艺条件是指风轮钢针在锡林表面上的接触弧长（一般为 20 ~ 40 mm）和风轮的速比（1.2 ~ 1.4）。

（3）梳理机的混合均匀作用

1）梳理机上的混合均匀作用及其意义。经开毛、预梳，混料得到了初步的开松、分梳与混合。混料在大锡林与各工作辊、剥毛辊之间又得以混合。此外，在大锡林、工作辊和剥毛辊的混合方式上还存在着纤维的凝集与分散作用。返回载荷和新的喂入载荷铺放在一起，产生新的混合均匀作用。

2）影响混合均匀作用的因素。主要是工作辊载荷与返回载荷的大小以及大锡林与工作辊的速比。工作辊载荷大，表明参加锡林、工作辊和剥毛辊梳理循环的纤维量越多，混合效果越明显；工作辊速比大，混合均匀作用就强。

（4）梳理机工艺参数的选择

1）隔距。隔距越小，分梳作用越强烈，但梳理力也越大，纤维长度越容易损伤，钢针也易损坏。在确定梳理机的各项隔距时，首先要考虑所加工的原料种类和性质。其次要考虑喂入载荷的大小。载荷量大，隔距也应大一些。

2）锡林转速。锡林转速大，工作辊及道夫上的纤维被分梳的次数越多，产量也越高。但太高容易拉断纤维，增加落毛，机器振动、磨损大。一般情况下，三联式机子上三个大锡林的转速，由后向前分别约为 125 r/min、135 r/min、145 r/min，二联式为 135 r/min、145 r/min。

3）主要工艺部件的速比。在梳理机上，经常要调节的速比有工作辊速比及道夫速比，它们分别调节工作辊和道夫的速度。以二联式粗纺梳毛机为例，后道夫的速比为 23 ~ 62，前道夫的速比为 17 ~ 78，一般为 20 ~ 40。工作辊速比范围较大，达 30 ~ 400。同台联合梳毛机上，工作辊的速比后车比中车小，中车又比前车小。

4. 过桥机

（1）过桥机的任务

梳理机的混合均匀作用，只是在机内前进方向（即纵向）的混合均匀；过桥机主要是解决毛网的横向不匀问题，同时也改进毛网的纵向不匀。

（2）过桥机工作过程

如图 3—7 所示，斩刀从道夫 1 上剥下毛网送给毛帘 2，经滚筒 3 和 4 间下落。滚筒 3 和 4、5 和 6 既转动又前后摆动，使毛层在下斜帘 7 上前后铺层。

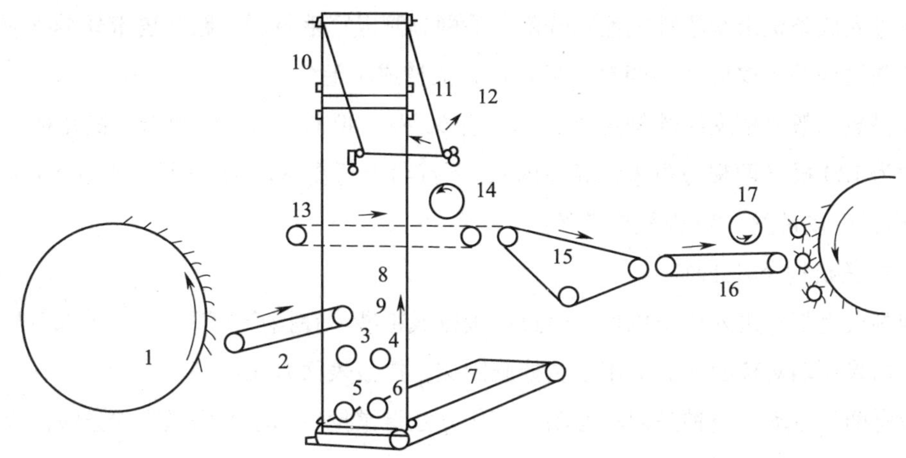

图3—7　过桥机工作过程示意图

1—道夫　2—出毛帘　3、4、5、6—滚筒　7—下斜帘　8、9—立帘　10—横帘
11、12—铺毛帘　13—水平帘　14、17—木滚筒　15—三角过桥帘　16—喂毛帘

下斜帘7上的毛层经铺叠后形成宽毛帘，被带到机侧的立帘8与9处，再到上横帘10，接着向下进入铺毛帘11与12间，滑车带着11和12在毛帘13上左右摆动，并将带来的宽毛带在13上进行横向铺层。毛帘13将铺好的毛层带向前，经过木滚筒14时被压实，然后带到三角过桥帘15上，送到下一节梳理机的喂毛帘16，经木滚筒17的压实，进入喂入罗拉。

（3）过桥机的工作原理

由道夫输出的毛网，经纵向折叠，第一次铺在下斜帘上形成一个宽毛带，毛带的方向变成横向，纵向折叠的运动使毛网折叠的松紧均匀。折叠过松，毛网不平整，铺层不匀。折叠过紧，毛网张力大，轻者造成毛网的意外牵伸，重者造成毛网破裂。一般出毛帘与道夫间的速比为0.65～0.75。

毛网经第一次铺层，将宽毛带送至横帘上，再交给做横向摆动的往复帘子，将宽毛带横向铺在水平帘上，实现横向铺，达到横向均匀。

5．成条机

成条机有三个组成部分：割条机构、搓条机构和卷条机构。割条机构的任务是将道夫所出毛网分割成一定数量的、宽度一样的毛带；搓条机构的任务是将小毛带搓成光、圆、紧，并具有一定强度的小毛条；卷条机构的任务则是把这些小毛条分别卷绕成厚度适当、大小一样、松紧一致的毛条饼。

（1）割条机构及其工作

毛网进入成条机由割条轴把毛网分割。毛网分割成窄毛带后，跟随皮带丝继续前进，并分别被搓条机构的搓皮板（共四对）所剥取，搓捻成小毛条。

出条根数一般要根据纺纱细度来选择，有 60 根、80 根、120 根和 160 根几种。假使皮带丝总数为 120 根（两根边条未计算在内），下行与上行皮带丝为 60 根。在这 60 根皮带丝中有 30 根长度皮带丝、30 根短皮带丝。

（2）搓条机构及其工作

毛网割成毛带后进入搓条机构，经过搓板捻成粗纱。在国产 BC272 型、BC272B 型粗纺梳毛机上均采用四对搓板。搓板用丁腈橡胶制成，搓板表面有浅沟槽。

搓板有两种运动：一种是回转运动，其任务是将搓捻后的小毛条送到卷条滚筒上；另一种是往复运动，其作用是对小毛带的搓捻作用。

如图 3—8 所示是搓板传动示意图。在立轴上有 8 个偏心盘。每个偏心盘带动一块搓板。由于搓板是紧套在搓板轴上的，所以它随着搓板轴做往复运动。立轴每转一周，搓板往复一次。往复的单向动程为偏心距的两倍。搓板轴除了进行往复运动外，还进行转动。

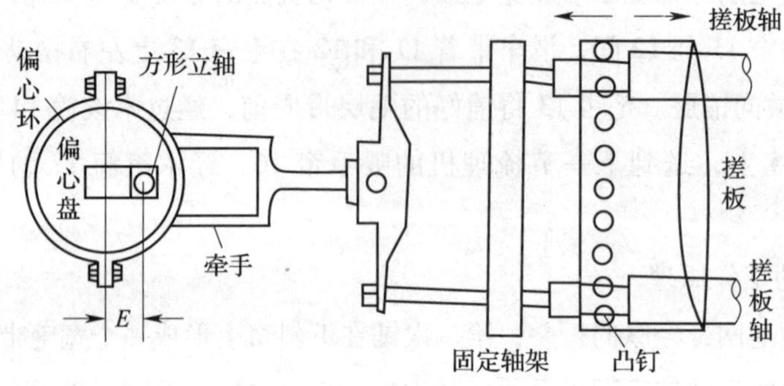

图 3—8 搓板传动示意图

国产 BC272 型、BC272B 型粗纺梳毛机的上下搓板内周长分别是 665 mm、710 mm，宽度为 1 635 mm，厚度为 4 mm。对搓板的质量要求如下：搓板各部分尺寸要符合要求；新皮板加油后应空转一定时间再过毛，可使皮板柔软，以保证搓捻效率；当皮板老化和磨光时，要把表面打毛并重刻沟槽，以恢复搓捻效率。

（3）卷条机构

卷条机构如图 3—9 所示，1 为由搓板间出来的毛条。穿过导纱架 2 到卷条滚筒 3 上。3 上有卷条木轴 4，它的轴芯铁钉 6 靠在支架 7 的斜坡上，毛条 1 卷绕在木轴 4 上成空心毛条饼 5。毛条在横向有相对位移（一般为 50 ~ 80 mm），毛条饼的外径可达 250 ~ 300 mm。成条机的卷绕速度为 16 ~ 20 m/min。

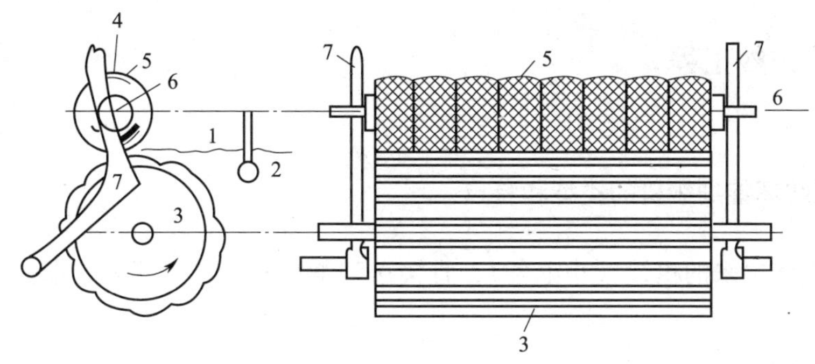

图3—9　卷条机构

1—毛条　2—导纱架　3—卷条滚筒　4—卷条木轴　5—空心毛条饼　6—轴芯铁钉　7—支架

（4）成条机的工艺调节

1）速比。成条部分的速比或张力调节是否适当，对粗纱的短片段不匀和横向不匀有很大影响，会影响细纱机的断头率及粗纱支数和条干的不匀。

①进网轴（导进轴）与道夫之间的速比 r_1。r_1 为0.8～1.1，如原料为具有较大卷曲和抱合力的羊毛、纺高支时，速比采用0.85～0.90。对卷曲小的原料，可在0.95～1调节。速比小，毛网松，另起波浪皱纹，造成分割的小毛带有厚有薄，纱条条干不匀。速比大，毛网太紧，易受到意外牵伸，会破坏毛网的均匀度，多产生细节纱。

②搓板与割条皮带丝之间的速比 r_2。r_2 一般为1.02～1.06，这部分速比的调节必须严格控制。速比太大时，易出现粗细节；速比太小时，易出现环头纱。

③卷条滚筒与搓板之间的速比 r_3。r_3 一般为1～1.1，对毛卷饼的卷绕松紧有影响。张力太小时，毛卷饼松软，不利于退绕；张力大时，伸长大，容易断头，并产生粗细节。

2）张力。各组皮带丝、同组各根皮带丝间张力要调节均匀。皮带丝张力大，分割输出的粗纱较重。调整好皮带丝的长度、宽度、厚度、张力，使其和皮带丝新旧程度一致。

前后两搓板轴平行，搓板左右张力才能一致。搓板速度的差异可造成搓板与皮带丝之间及搓板与卷条滚筒间速比的分配不当，影响粗纱质量。

3）搓板作用及隔距。经搓捻的毛条，要求达到光、圆、紧，如搓捻程度不足可通过加大偏心距。但过分加大偏心距，有可能产生并头，一般可调到20 mm以上。

搓板隔距对搓捻作用很有关系，而且进口处大、出口处小，一般为0.63～1.09 mm。搓板左右两侧的隔距要求一致，粗支纱采用较大些的隔距。

4）导纱杆动程。在导条架宽度一定的情况下，导条架的动程小，毛条饼之间的空隙大，易造成毛条饼两边塌陷，影响退卷，且细纱机断头率大，回条多。但动程过大，易造成毛条饼挤得过紧，也不利于退卷。

二、粗梳毛纺纺纱工程

1. 国产粗纺环锭细纱机的类型和特点

由梳毛机生产出来的粗纱（小毛条），直接送到细纱机上经过喂入、牵伸、加捻、卷绕纺成粗梳毛纱。

国产定型的粗纺环锭细纱机有两种形式，一种是 BC582 型和 BC583 型（两者基本相同），另一种是 BC584 型。经改进和发展，重新定型了 BC585 型和 BC586 型两种机台。目前国内使用较多的仍是 BC584 型。

BC584 型适合于加工中等粗细或较细（如 125 ~ 50 tex）的毛纱。适纺原料为：48 ~ 70 支毛、1 ~ 4 级国毛、长度为 13 ~ 100 mm，以及细度为 3 ~ 5 旦、长度为 50 ~ 80 mm 的化纤，喂入粗纱的细度为 200 ~ 83. 3 tex（5 ~ 12 支）。

BC583 型细纱机适纺较粗的毛纱（1 000 ~ 125 tex）。适纺原料为：36 ~ 64 支毛、1 ~ 5 级国毛、长度为 13 ~ 120 mm，以及细度为 5 ~ 10 旦、长度为 50 ~ 100 mm 的化纤。喂入的粗纱细度为 1 176. 5 ~ 125 tex（0. 85 ~ 8 支）。

2. BC584 型环锭细纱机组成

如图 3—10 所示，粗纱卷 1 放置在一对退卷滚筒 2 上，粗纱以单、双数相间引向机器两侧，经导纱器 3，进入自重加压的后罗拉 4 和 5，粗纱经针圈 6，使纤维须条嵌入针圈的针隙间受到控制，并被送入前罗拉 7、8、9 组成的前钳口之间。前罗拉 9 上加一定压力，由前罗拉输出的须条，经导纱钩 10 及钢丝圈 11 而卷绕到纱管 12 上，钢丝圈 11 套在钢领 13 上，纱管插在高速回转的锭子 14 上。

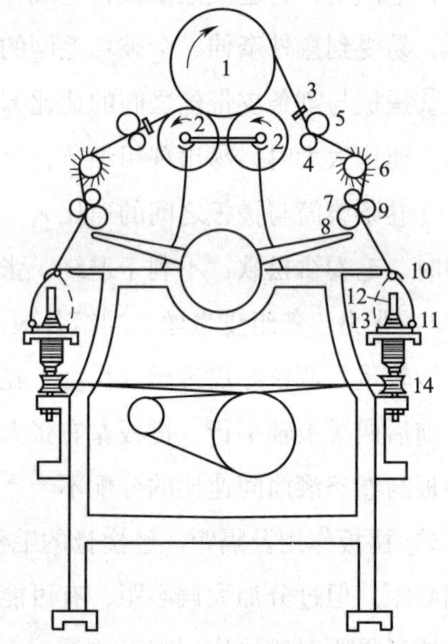

图 3—10　BC584 型细纱机工艺过程

1—粗纱卷　2—退卷滚筒　3—导纱器　4、5—后罗拉　6—针圈　7、8、9—前罗拉　10—导纱钩　11—钢丝圈　12—纱管　13—钢领　14—锭子

（1）退卷喂入机构

喂入机构的作用是将粗纱顺利地倒退出来并喂入牵伸机构。该喂入机构能使用较大直径的粗纱卷轴，使换轴时间减少，同时粗纱卷轴放置平稳。缺点是粗纱分别向机器两侧退出，致使两侧张力不能完全一致。

（2）牵伸机构

1）粗纺牵伸过程的特点。粗纺细纱机牵伸形式有两种：一种是有捻牵伸，借助假捻装置使纱条产生捻度并用捻度控制纤维；另一种是针圈式牵伸装置，由针圈的钢针控制牵伸运动。

在粗梳毛纺中，由于梳毛机下机的粗纱结构差，纤维的平行程度较差，原料的纤维长度和细度差异大，短纤维多，混料的性能不同。因此牵伸倍数一般均较低。为了控制短纤维，在前、后罗拉之间加有一个中间控制机构。

2）针圈牵伸机构及其工作分析。针圈牵伸机构中，粗纱由粗纱卷轴退出后，经过导条器喂入牵伸区，牵伸区由后罗拉、针圈及前罗拉组成。前钳口的加压方式为杠杆重锤式，加在两根纱条上的总压力为 6 ~ 10 kg。前、后罗拉的中心距可在 130 ~ 170 mm 范围内调节。

粗纱进入牵伸机构后，就以后罗拉的速度前进，直至被针圈的钢针握持后，即随着针圈转动，纤维逐渐沉入针隙间。由于纤维互相挤紧，增大了纤维间的摩擦力，这样快速纤维就不易拖动浮游纤维提前变速。一直到快速纤维接近前罗拉钳口时才变速，从而保证了牵伸的顺利进行和条干均匀。

纤维从针圈中拉出时，针圈对纤维有一定的伸直和梳理作用，从而使纤维在毛纱内的排列比较平直。在针圈牵伸机构中，牵伸主要发生在针圈与前罗拉钳口之间。常用牵伸值为 1. 2 ~ 1. 8。在针圈和后罗拉之间，由于粗纱结构不良和纤维受到的控制作用极弱，仅有 0. 95 ~ 1. 05 的张力，故不发生牵伸作用。

针圈由针圈片、定位圈和钢针组成，BC584 型细纱机采用的是 23 号小针圈，总针数为 650 枚。

阅读材料

采用走锭细纱机时，产品制成率较高且成纱丰满、均匀，尤其在加工一些特种纤维（如纺制高支单股羊绒、兔毛及其混纺纱等）时，更有其独到的功效。

一、走锭细纱机的机构组成与工艺过程

锭车移动式走锭细纱机由移动的锭车和固定的粗纱架两大部分组成。粗纱架部分包括粗纱卷、粗纱机架、退条滚筒、给条罗拉等部件。锭车部分包括锭子、锭子滚筒、锭绳、车轮、铁轨、导纱杆及张力杆等部件，如图 3—11 所示。

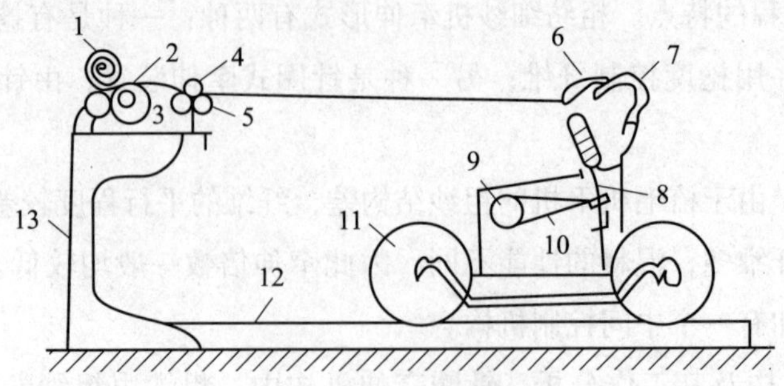

图 3—11　走锭细纱机的结构

1—粗纱卷　2—退条滚筒　3、4、5—给条罗拉　6—张力杆　7—导纱杆

8—锭子　9—锭子滚筒　10—锭绳　11—车轮　12—铁轨　13—粗纱机架

二、走锭细纱机工作

粗纱从退条滚筒上退条，经给条罗拉送出。再借助张力杆和导纱杆的作用绕在和锭子一起回转的筒管上。

走锭细纱机的运动属间歇式运动，即细纱是被分段纺成的，每段纱长度为 1.65 ~ 3.5 m。纺每一段纱所需要的时间称为纺纱周期，一般为 13 ~ 20 s，每一纺纱周期的基本动作可分为以下 6 个时期：给条时期、牵伸时期、加捻时期、反转时期、卷取与进车时期、存转时期。

思考练习

1. BC272B 型二联式梳毛机依次由哪些机台组成?
2. 何为喂毛的周期性？一个喂毛周期分哪几个阶段？各阶段的作用是什么?
3. 升毛帘速度与喂毛不匀有何关系?
4. 均毛耙、剥毛耙与升毛帘之间的隔距与喂毛不匀有何关系?
5. 试述风轮的作用。
6. 在加工机件方面，粗梳毛纺细纱机与棉纺细纱机之间有何异同之处?
7. 画出 BC584 型细纱机牵伸机构图并说明其工作原理。
8. 走锭细纱机的工作分为哪几个时期?

第四节　精梳毛纱的生产

学习目标

1. 掌握精纺梳毛机的组成及工作特点。
2. 了解精纺梳毛机、粗纺梳毛机、棉纺梳棉机工作的异同点。
3. 了解毛纺生产去除草杂的方法和特点。
4. 掌握制条针梳机、前纺针梳机的工作特性。
5. 了解毛纺精梳、混条、细纱与棉纺精梳、并条、细纱的工作异同点。
6. 了解条染复精梳工序的应用及对产品质量的影响。
7. 掌握无捻粗纱机在精纺毛纱生产中的重要性。

洗净毛或化纤制成精梳毛条的过程称为毛条制造。把毛条制成精纺纱线称为精纺（分为前纺和后纺），广义地讲，从制条到成纱就是精梳毛纺。

前纺工程包括混条、针梳、粗纱等工序。通过混条将不同颜色、不同性质的毛条按比例混合。再经针梳、对毛条进行并合、牵伸、梳理，使条干均匀、纤维平直、成分均匀、单重合乎要求。最后把单重为17～20 g/m的成品毛条加工成单重0.25～1.2 g/m的粗纱。

有些精梳毛条还要染色，这类工序统称为条染复精梳，也称为前纺准备。

后纺工程包括细纱、并线、捻线、蒸纱、络筒等工序。细纱是纺纱工程中最重要的工序。细纱后的加工也叫纱线后加工。后加工过程随产品的不同而异。

一、梳毛工程（制条梳毛）

1. 精纺梳毛机的工作

（1）精纺梳毛的任务和特点

精纺梳毛与粗纺梳毛在梳理方面有许多共同点，但它们属于两个完全不同的毛纺加工系统。因在原料选用和加工方式等方面的特点有很大的差异。

精纺毛纱较细，成纱光洁，纱条均匀，强力高，所选原料品质应较好。精纺梳毛机在加工中应注意两个问题：减少纤维长度损伤，增强除草杂效果。

（2）B272A 型精纺梳毛机的工作过程

B272A 型精纺梳毛机由喂入部分 1 ~ 5、预梳部分 6 ~ 29、梳理部分 30 ~ 41，及输出部分 42 ~ 44 共四大部分组成，如图 3—12 所示。

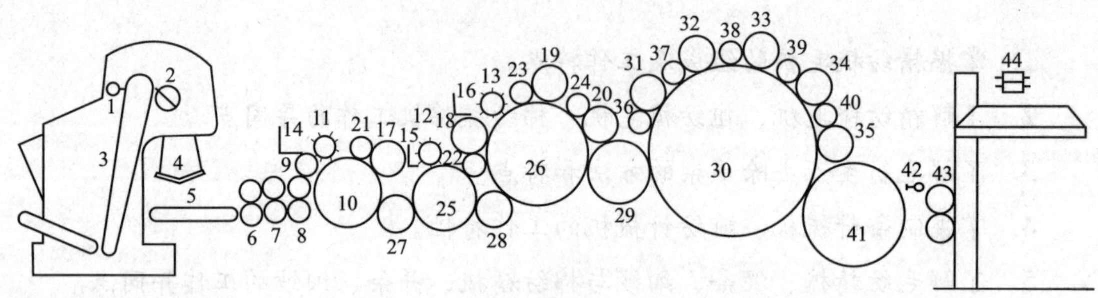

图 3—12　B272A 型精纺梳毛机的工艺简图

1—均毛辊　2—剥毛辊　3—带毛斜帘　4—称毛斗　5—喂毛帘　6—后喂入罗拉　7—沟槽罗拉
8—前喂毛罗拉　9—毛刷辊　10—第一胸锡林　11 ~ 13—打草辊　14 ~ 16—接杂盘
17 ~ 20—胸锡林工作辊　21 ~ 24—胸锡林剥毛辊　25—除草辊（莫雷尔辊）　26—第二胸锡林
27 ~ 29—转移辊　30—大锡林　31 ~ 35—大锡林工作辊　36 ~ 40—大锡林剥毛辊　41—道夫
42—斩刀　43—出条罗拉　44—圈条压辊

混料由喂毛帘送入喂毛辊内，第一胸锡林对混料有强烈的开松作用，第一胸锡林上的一对工作辊和剥毛辊对混料进行初步梳理，打草辊对混料进行除杂后由转移辊交给除草辊进行较彻底的除杂，然后由转移辊移交给第二胸锡林，进行进一步分梳除杂，再经过转移辊交给大锡林。大锡林上有五对工作辊和剥毛辊，混料在此处经受充分的梳理，然后被道夫接取，再由斩刀斩下并凝聚成条，最后由圈条器放在条筒内。

2. 除草

国产毛洗净毛中含有 2% ~6% 不等的草杂。精纺用羊毛约 90% 的草杂是由梳毛机除去的，其次是由精梳机去除。梳毛机上有除草装置，能除去大部分草杂。

（1）梳毛机除草方式及其作用分析

1）漏底的除杂作用。梳毛机的胸锡林、大锡林及各转移辊下方均配置漏底，经漏底排出草杂外毛为 3% ~4%，而大部分国毛车肚落杂一般为 8% ~10%。

2）打草辊。在梳毛机的开毛辊、胸锡林和除草辊表面配置打草辊。梳毛机原料中约 50% 的草杂是由打草辊除去的。

3）落杂盘。一般在梳毛机大锡林第一对工作辊、剥毛辊下方设一落杂盘。羊毛中约5%的草杂质可以通过这种方式排除，且落杂大部分是小草屑。

4）刮草刀。在梳毛机胸锡林或大锡林最末一对工作辊和剥毛辊至锡林、道夫梳理作用区之间一段弧面上装刮草刀，可去除部分细小草屑。

5）其他部位的落杂。斩刀剥取毛网过程中，因高速振动会使部分草屑从毛网脱落，在托毛漏斗上可开孔或开槽，以便使杂质下落。

（2）莫雷尔除草装置工作分析

如图3—13所示是莫雷尔除草装置，除草辊上包有特制的除草辊齿条，此种齿条可使草质浮于除草表面，由打草刀辊打出机外，落入接草盘。在B272A型精纺梳毛机中，打草刀辊直径为120 mm，刀片数为30。影响莫雷尔除草装置的主要工艺参数有以下几个：

1）速度。随着除草辊或胸锡林速度的增大，打草辊的转速也应相应提高。当除草辊速度一定时，打草辊的刀片数越多，转速越高，除草效率越高。

2）打草辊与除草辊之间的隔距。隔距减小，落杂量增加，但毛条的纤维平均长度有减小趋势，而且精梳落毛有所增加。

3）打草辊罩壳开口高度。开口高度过大或过小都不好，一般为28～40 mm。

4）接草盘的外形与刀辊的相对位置。

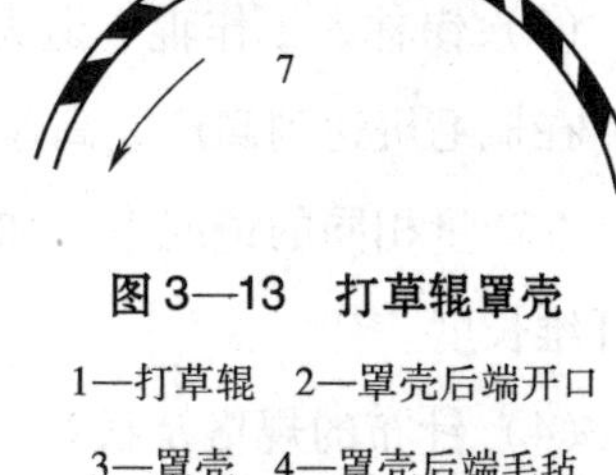

图3—13　打草辊罩壳

1—打草辊　2—罩壳后端开口
3—罩壳　4—罩壳后端毛毡
5—毛毡处开口　6—接草盘
7—莫雷尔除草辊

3. 梳理过程中纤维的损伤

（1）原料

原料质量不良会造成纤维损伤。如洗净毛质量、原料的细度及长度、弱节毛、混料成分、上机混料的含油率与回潮率、长期受潮发霉、烘毛温度过高、洗毛碱性过大、炭化含酸过多、染色程控制不当等均会对纤维损伤造成影响。

（2）梳毛工艺

预梳部分毛块大，采用较大隔距、小速比；喂入负荷大，则有必要适当放大隔距并减少速比。在梳毛机产量较高时，采用大隔距、小速比。

（3）机械状态

机械状态不良会造成纤维损伤。梳毛机的安装和保全保养，要有严格的要求，否则毛网质量不能保证，纤维长度也会受到严重损伤。

4. 降低梳毛中产生毛粒的问题

毛粒会使纱条的牵伸条件恶化，给纺纱造成困难，破坏织物的呢面。在梳毛机的开毛、梳理中会产生毛粒。产生毛粒的原因及减少毛粒的措施有以下方面：

（1）原料情况

羊毛未充分洗净，含杂和残脂率高，松散度差，毡缩、结并、毛辫等疵点多时，梳毛就很困难，油泥、杂质会堵塞齿隙，降低梳理能力。草杂挂毛，皮屑与短毛黏合，均易形成毛粒。和毛油加得少而匀，对减少毛粒有利。细而短、卷曲多的纤维，毛粒多。

（2）锡林与道夫及工作辊之间的隔距

锡林与道夫及工作辊保持较小的隔距，对降低毛粒含量很有帮助。但小隔距时易损伤纤维或针布，也值得注意。

（3）锡林、工作辊、道夫等的速度

在梳毛机达到高产、高速的情况下，锡林表面更为清晰，纤维被揉搓形成毛粒的机会减少。在产量相同的情况下，加快锡林速度，可以降低锡林载荷，有利于减少毛粒，但可能损伤纤维长度。

（4）针布的规格及状态

针布的针齿斜角度、表面状态、针尖密度等，要与混料的松解状态相适应。

（5）出条重量

增加出条重量，即增加喂入载荷，可使毛粒含量增多。

5. B272A 型精纺梳毛机的工艺参数的选择

（1）隔距

从喂入到出机隔距逐渐缩小，纤维细长或缠结较紧时，宜采用较小隔距；纤维粗长、松散时，可采用大隔距。

（2）速比

速比应根据原料长度、毛块松紧程度等因素决定。加工松散、较长的纤维时，速比宜小，加工细、短的纤维时速比可适当增大。

（3）单位出条重量

B272A 型精纺梳毛机的出条重量一般为 15 ~ 20 g/m。一般细羊毛的出条可轻一些，粗羊毛宜重一些；化纤条易梳的可重一些，难梳的则轻一些。

二、针梳

1. 针梳机的作用和分类

针梳的作用是将毛条内的纤维理直，使之排列紧密，改善与提高毛条的均匀度，制成合乎要求的成品毛条。

根据针排结构可分为开式、交叉式和半交叉式几种。开式针梳机只有一副下针排区，用于加工粗长羊毛或条子较细时使用；交叉式针梳机由上、下两组针排交叉组成，多用在加工卷曲多的细羊毛和杂交种毛或较粗的条子；半交叉式只有在下针排接近前罗拉附近的一段长度上配置有上针排。根据其速度又可分为普通针梳机、高速梳机、高速链条针梳机。

2. 交叉式针梳机

（1）国产交叉式针梳机的配套工艺流程

68 型高速针梳机的工艺流程如下：B302 型头道针梳机→B303 型二道针梳机→B304 型三道针梳机→（精梳）→B305 型条筒针梳机→B306 型末道针梳机。

典型国产和进口交叉式螺杆针梳机主要工艺技术特征见表 3—3。

表 3—3　　典型国产和进口交叉式螺杆针梳机主要工艺技术特征

技术特征项目	68 型国产针梳机	法国 NSC. GN6
牵伸形式	单区针板牵伸	单区针板牵伸
工作螺杆尺寸（mm）	ϕ50	ϕ35
针板击落次数（次/min）	800 ~ 1 000	2 000
每头针板数（块）	88（18 - 26 - 26 - 18）	72（17 - 19 - 19 - 17）
牵伸倍数	5 ~ 12	4.5 ~ 13.0
前罗拉出条速度（m/min）	40 ~ 80	80 ~ 120
最大喂入重量（g/m）	240 ~ 300	240 ~ 300
出条形式	条筒或成球	条筒或成球

（2）国产 68 型针梳机的构造和作用

图 3—14 所示是 B306 型针梳机工艺结构简图。

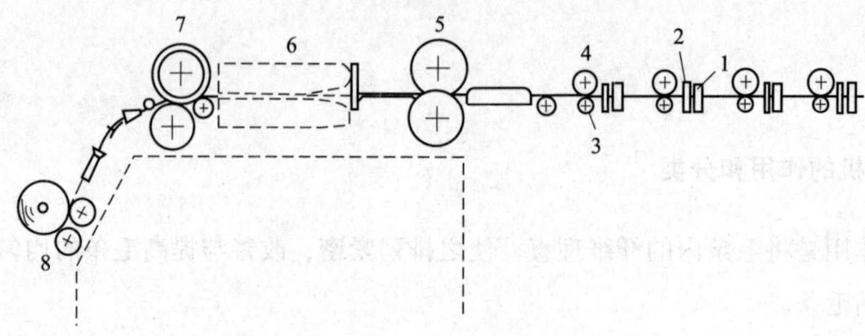

图 3—14　B306 型针梳机工艺结构

1—导条棒　2—导条叉　3—导条辊　4—导条压辊　5—测量罗拉　6—梳箱　7—前罗拉　8—卷绕滚筒

1）喂入部分。68 型针梳机的喂入形式，一种是毛球喂入，另一种是条筒喂入。B306 型针梳机为毛球喂入，B302 型、B303 型、B304 型、B305 型针梳机均为条筒喂入。

纵列式喂入架的八对导条压辊安放在喂入端的两侧，喂入毛条经导条辊、导条棒有序地排成均匀的毛层。在喂入架的下方装有双层卧式纵列退卷滚筒。退卷滚筒为硬塑料制成，直径 200 mm，退卷滚筒由链条积极传动。

2）交叉式梳箱部分。由梳箱与针板前后罗拉等组成。当毛条由后罗拉送向梳箱时，上、下两层针板刺入毛层，以接近后罗拉的速度，将毛层送向前罗拉组成的钳口。被前钳口握持的纤维尾部被拉直，毛条被抽长拉细，完成牵伸与梳理作用。

①梳箱与针板。如图 3—15 所示，针板的运动循环包括四个阶段：工作阶段（针板接触毛条）、工作阶段至回程的过渡阶段（三叶凸轮打手打击针板使其脱离毛层）、回程阶段（针板不接触毛条）、回程至工作的过渡阶段（三叶凸轮打手使其刺入毛层）。

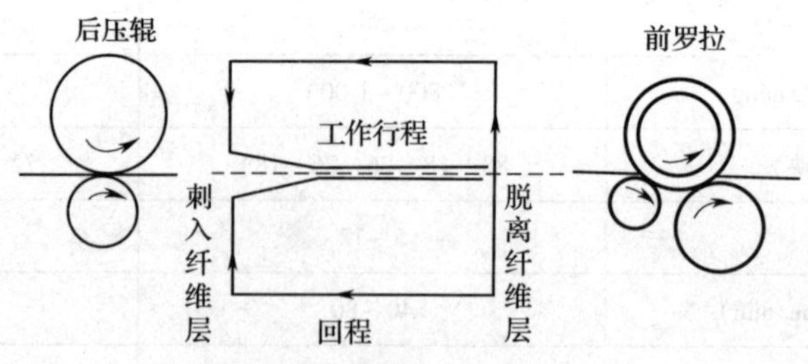

图 3—15　针板运动循环

当针板由螺杆推进到工作螺杆的前端时，使针板脱离毛层。当针板由螺杆推进到工作螺杆的后端时针板自下向上抬起，钢针刺入毛层，再次携带毛条向前罗拉方向滑移。

②前罗拉。前罗拉采用品字形排列，前上罗拉为直径 78 mm 的皮辊，前下罗拉由直径

67 mm、24 mm 的两根罗拉所组成。前罗拉压力按以下公式计算：

$$P = 2pd^2\pi \times 10^6 \times 1/4 = 2p \times 0.045^2 \times \pi \times 10^6 \times 1/4 = 3\ 180p$$

式中　P——前罗拉加压，N；

p——表压，MPa；

d——活塞直径，m，为 0.045 m。

③静电消除器。在制条过程中要考虑减少或消除静电，方法之一就是在针梳机上配置静电消除器。静电消除器的基本原理是使带电体周围的空气电离，产生正、负离子，以中和积聚在被加工纤维上的正负电荷，从而达到消除或减少静电的目的。

3）卷绕成形部分。68 型针梳机的卷绕成形部分有两种：一种是球形卷绕成形，如 B305 型、B305A 型、B306 型、B306A 型，通过毛球与卷绕滚筒接触摩擦产生的回转运动和假捻器的往复运动，形成交叉卷绕的毛球；另一种是圈条成形，如 B302 型、B303 型、B304 型，毛条通过圈条器和毛条筒的回转运动，铺叠到毛条筒内。B304 型是两根条子圈入一个条筒，为使两根条子能在倒条时能顺利分开，条筒交替回转。

（3）针梳机针板

针板规格主要指针板所用的钢针号数（每 25.4 mm 针板上的针数）及其植针密度。针号大，钢针直径小。以细支毛在高速针梳机上加工为例，B302 型、B303 型、B304 型、B305 型、B306 型各机的植针密度可分别选为 5 根/25.4/mm、7 根/25.4/mm、10 根/25.4/mm、13 根/25.4/mm、19 根/25.4/mm。

3. 针梳机的工艺参数选择

（1）牵伸倍数

针梳机的牵伸主要是前罗拉与针板间的牵伸。因梳毛机下机的毛条结构差，故头针用较小的牵伸倍数，一般为 5 ~ 6 倍。二针毛条结构和纤维状态已得到改善，牵伸倍数为 6 ~ 7 倍。三针下机毛条要求纤维有较好的平行顺直程度，牵伸倍数一般为 7.5 ~ 8.5 倍。因为精梳机毛网搭接形成新的不匀，故四针牵伸倍数适当减小，取 7 倍左右；五针和末针的牵伸倍数可逐步提高，一般在 8 倍左右。

（2）隔距

针梳机前后罗拉中心线间的距离为总隔距。前罗拉中心线到最前一块针板钢针之间的距离称为前隔距。总隔距应大于毛条中最长纤维的长度，一般不变动。

加工长纤维时，前隔距可大些。如前隔距太大，纤维易扩散，影响条干，且毛条发毛；如前隔距太小，易损伤纤维。68 型针梳机的前隔距可参考表 3—4。

表 3—4　　68 型针梳机前隔距配置　　mm

原料种类	B302 型	B303 型	B304 型	B305 型	B306 型
60 支以上细羊毛	35	35	35	40	40
一级至四级改良毛	40	40	40	45	45
西宁毛	45	45	45	50	50
新西兰毛	50	50	50	55	55
腈纶	45	45	45	35	—

（3）喂入重量和出条重量

针梳机的喂入重量要适当，否则会造成牵伸不良或出机条干恶化，使毛粒增加。加工化纤条或混梳条时，喂入重量应比羊毛轻。

针梳机的出条重量主要是控制三针和末针的出条重量。三针的出条重量应满足精梳机喂入的要求，一般不宜过重，如支数毛为 8 ~ 9 g/m，半细毛或级数毛为 9 ~ 12 g/m。末针的下机毛条是成品毛条，其重量应符合标准规定。

（4）并合根数

增大并合根数有助于改善毛均匀度。但并合根数受针箱及机器限制，过高的并合根数又会增加牵伸负担，牵伸倍数过大反过来又会影响毛条条干。

（5）前罗拉压力

针梳机牵伸要顺利进行，前罗拉应有适当的压力，以握持和引导纤维。前罗拉压力的大小与纤维的性质、纤维长度、牵伸倍数、前隔距大小和出条重量等有关。加工羊毛时，前罗拉压力为 0.8 ~ 1.0 MPa；加工化纤时前罗拉压力为 1.0 ~ 1.2 MPa。

4. 纤维的弯钩与毛粒问题

（1）纤维的弯钩问题

梳毛机下机毛条中的纤维大部分呈各种弯钩甚至扭曲状。一般毛条中纤维的形态有头端弯钩纤维、尾端弯钩纤维、两端弯钩纤维、无弯钩纤维和其他纤维等几种。梳毛机下机毛条中大部分是尾端弯钩纤维。

如图 3—16 所示是某根后弯钩纤维在针梳机牵伸区中伸直的原理，较长部分为主体，短的为弯钩，纤维的主体和弯钩间有相对运动，使这根弯钩纤维伸直。

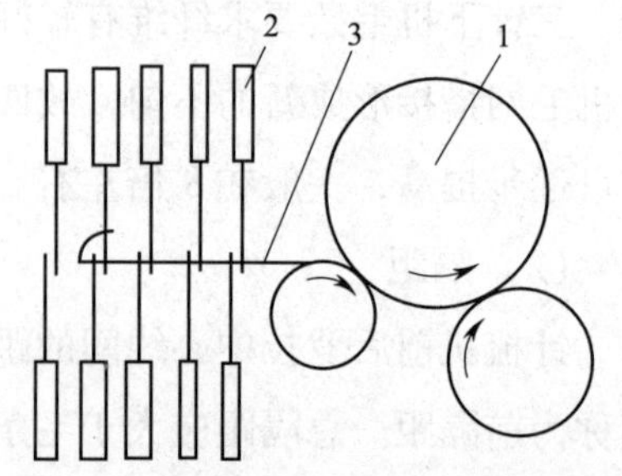

图 3—16　针梳机对弯钩纤维的作用

1—前罗拉　2—针板　3—纤维

针梳机消除后弯钩十分有效。若只经过一道针梳机，就不能将毛条中所有的弯钩纤维都消除。毛条每经过一道针梳机，其方向就要换一次。

（2）毛粒问题

1）针梳过程中毛粒的增加。随着针梳道数的增加，毛粒也增加，三道针梳以后，毛粒增加得就很少了。如果工艺上合理，梳箱状态良好，经三道针梳后，毛粒的增加可控制在一倍。

针梳过程毛粒增加与以下因素有关：

①与梳毛毛粒含量和毛网状态有关系。

②梳箱状态，尤其是针板的规格一定要符合工艺规定，针板状态要经常保持良好，对断针、缺针、弯针、斜针，必须及时检修更换。

③合理的工艺是降低毛粒的保证。过大的喂入负荷与过高的牵伸会使毛粒显著增加。操作、清洁工作和温湿度控制，对毛粒含量的变化也有影响。

2）降低毛粒的主要措施。毛粒形成之后，只有通过精梳机或摘修才能基本去除，在生产中应尽量减少梳毛机毛粒的产生，尽量减少针梳机增加毛粒的幅度。

在工艺方面，头、二道针梳采用较低的牵伸倍数和较小的前隔距，有利于减少毛粒；另一方面，应加强机械的维修保养、严格执行针板的揩清检修调换制度。毛条通道如导条架、导条板、喇叭口等一定要保持光滑、清洁，不挂毛；还要做好清洁工作，不断提高操作水平，保证接头质量良好。喂入毛条要避免扭结和抽心，经常保持梳箱各机件清洁及正常运转。

（3）针梳机毛条的质量

1）条干均匀，无明显的粗细节。

2）出条重量符合要求，不能有过大的差异。精梳前公差控制在 ±1 g/m，精梳后控制在 ±0. 5 g/m。级数毛条重量公差为 ±1. 5 g/m。

3）重量不匀率，支数毛条不大于3%，级数毛条不大于4%。

4）复洗毛条要掌握好回潮，一般掌握在16% ~20%，否则末针条重较难掌握。

5）毛条表面光洁。

6）毛粒、毛片、草屑含量要少，符合国家标准规定。

三、精梳工程

1. 精梳机的作用和分类

毛纺精梳机的作用就是去除短纤维（国毛15% ~20%，外毛6% ~8%，化纤5%）；完善地清除毛粒和细小草屑；使纤维进一步顺直平行、混合。对条干均匀度和光洁度要求特别高的产品，以及混色混纺的条染产品，还要经过复精梳。

精梳机有圆型精梳机和直型精梳机两种。现在使用的精梳机大多是直型精梳机。它适于加工细而较短和多卷曲的羊毛，纤维长度多为 50～100 mm。

2. B311C 型精梳机的组成及工作

(1) B311C 型精梳机的组成

机构组成：喂入机构、钳板机构、梳理机构、拔取分离机构、清洁机构、出条机构组成。

(2) B311C 型精梳机的工作过程

如图 3—17 所示，毛条自条筒引出，经导条辊，穿过导条板 1 和 2，移至托毛板 3 上，排成毛片喂给喂毛罗拉 4。毛片沿第二托毛板 5 进入给进盒 6 中，受给进梳 7 的控制，向上、下钳板 8 移动。进入钳板后，上、下钳板闭合，把悬垂在圆梳 14 上的毛片握持，接受圆梳的梳理，分离出短纤维及杂质。

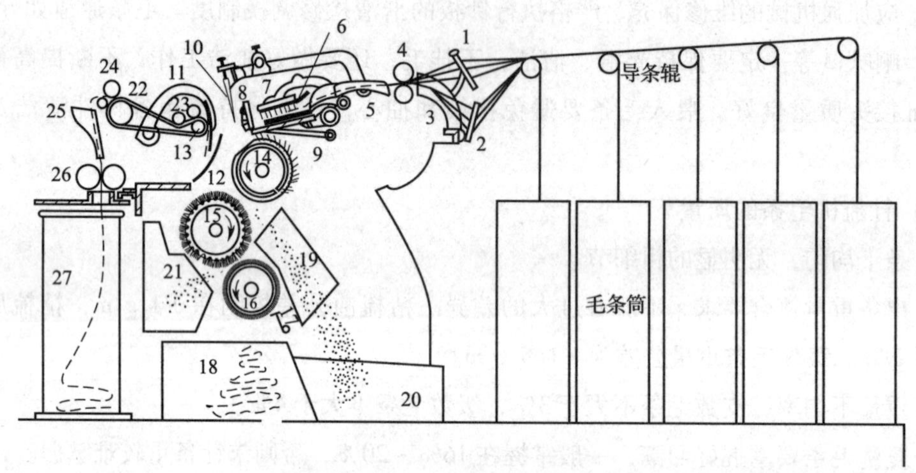

图 3—17　B311C 型精梳机的工作过程

1、2—导条板　3、5—托毛板　4—喂毛罗拉　6—给进盒　7—给进梳　8—钳板　9—铲板　10—顶梳　11—上打断刀　12—下打断刀　13—拔取罗拉　14—圆梳　15—圆毛刷　16—道夫　17—斩刀　18—短毛箱　19—尘道　20、21—尘杂箱　22—拔取皮板　23—拔取导辊　24—光罗拉　25—集毛斗　26—出条罗拉　27—条筒

圆梳梳理后，短纤维及杂质由圆毛刷 15 从圆梳上刷下，被道夫 16 聚集，经斩刀 17 剥下，储放在短毛箱 18 中；而草杂等经尘道 19 被抛入尘杂箱 20 中，或由圆毛刷、道夫之间抛入尘杂箱 21 中。

当圆梳梳理须从纤维头端时，拔取车向钳板方向摆动。此时，拔取罗拉 13 反方向转动，退出一个长度，准备与新梳理的纤维头端搭接。下打断刀 12 起挡护须丛的作用。当圆梳梳理须丛纤维头端完毕，由铲板 9 托持须丛头端送给拔取罗拉拔取，并与拔取罗拉退出的须丛叠合而搭接。此时，顶梳 10 下降，梳理须丛尾端。此时，上打断刀 11 下降，下打断刀 12 上升成交叉状，压断须丛，分离出长纤维。须丛被拔取后铺放在拔取皮板 22 上，由拔取导辊 23 使其紧密，经卷取光罗拉 24、集毛斗 25 和出条罗拉 26 聚集成条后，送入条筒 27 中。

（3）B311C 型精梳机的工作周期

精梳机的一个工作周期分为四个时期：圆梳梳理、拔取前准备、拔取叠合与顶梳梳理、梳理前准备。

3. 精梳梳落毛分析

（1）精梳工艺中的几个参数

1）梳理死区。当钳板握持毛片须头由圆梳进行梳理时，未能被圆梳钢针梳理的一段长度称为梳理死区（B311C 型精梳机上约为 12. 4 mm）。为避免毛片漏梳现象，顶梳插入须头的位置，不应落在梳理死区内。在生产中顶梳与皮板的隔距靠前不靠后。

2）拔取隔距。理论拔取隔距为钳板对毛片须头的钳制线到拔取罗拉中心线之间的距离。隔距板不包括拔取罗拉的半径和皮板厚度，称为名义隔距。名义隔距在生产中使用较方便，理论隔距在理论分析上较方便。拔取隔距的大小应与纤维长度相配合，过大会增加落毛量；过小会使较多的短纤维进入毛网中。

如图 3—18 所示，生产中专用的隔距板测得的隔距是名义隔距。隔距板有 18 mm、20 mm、22 mm、24 mm、26 mm、28 mm、30 mm 七种规格。常用隔距一般为 24 ~ 30 mm，细支短毛为 24 ~ 26 mm，国毛和半细毛为 26 ~ 30 mm。

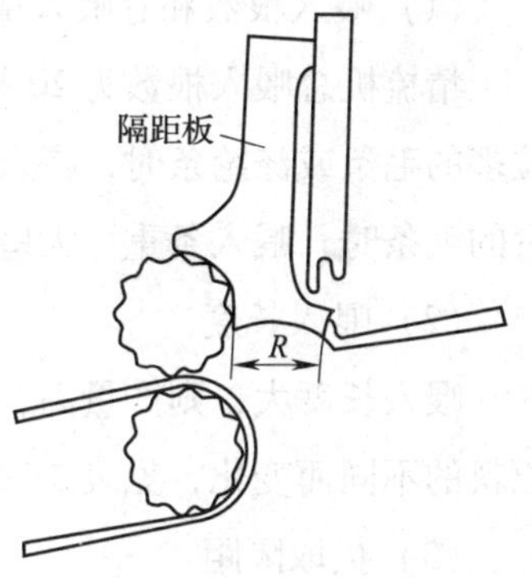

图 3—18　拔取隔距

3）喂入长度。喂入长度与喂毛棘轮的齿数成反比，原料、喂入长度与棘轮齿数的关系见表 3—5。根据不同原料及梳前毛条的品质状况确定喂入长度后，可以从表中选取对应的棘轮齿数。

表 3—5　原料、喂入长度与棘轮齿数的关系

原料	粗长毛	半细毛	细毛	杂质多或较短的细毛	细短毛	细短毛羔羊毛
每次喂入长度（mm）	10	8. 9	7. 8	7	6. 4	5. 8
喂毛棘轮齿数	13	15	17	19	21	23

4）喂给系数。直型精梳机在拔取过程中，顶梳前进的距离 S 与喂入长度 F 的比值称为喂给系数 α，即 $\alpha = S/F$。喂给系数的大小，直接关系到精梳机的落毛率。毛纺用精梳机一般 $S = F$，故 $\alpha = 1$。

（2）精梳机落毛率的分析

1）拔取隔距 R。当喂入长度不变时，拔取隔距增大，$\bar{l}$ 增大，落毛率增加。拔取隔距对落毛率的影响较为直接，调整也较方便。

2）喂入长度 F。在拔取隔距不变时，喂入长度越大，$\bar{l}$ 越小，精梳落毛就越少，精梳毛条的制成率就越高。喂入长度的调节范围为 5.8～10 mm。

3）毛条回潮率和含油率。回潮率和含油率与落毛率有关。当上机毛条回潮率控制在 18%～20%，含油率在 0.6%～1%时，纤维损伤最小，精梳落毛率最低。

4）喂入纤维的伸直状态。喂入精梳机的毛条中纤维的弯钩多，精梳落毛率高。为了减少精梳落毛，必须增强精梳前各道针梳机对纤维的理顺。

5）喂入条的重量不匀和喂入量。当毛条不匀和喂入量过大时，落毛率增加。

6）机械状态和工艺技术条件。当机械状态不正常、工艺参数不当，会使落毛率增大。毛条内的毛粒、草屑含量和纤维的损伤、车间温湿度都影响落毛率。

4. 精梳机的工艺参数选择

（1）喂入根数和总喂入量

精梳机总喂入根数为 20 根左右，总喂入量不超过 200 g/m。当加工细羊毛和草杂、毛粒多的毛条或涤纶条时，喂入条重可小些，一般为 7～8 g/m；当梳理粗羊毛和草杂、毛粒少的毛条时，喂入条重可大些，一般为 9～10 g/m。

（2）喂入长度

喂入长度大，则产量高，但梳理负担重，易产生拉毛现象，降低制成率。喂入长度应随原料的不同而变化，见表 3—5。

（3）拔取隔距

常用的隔距板有 26 mm、28 mm、30 mm 三种。加工粗长羊毛和黏纤时，拔取隔距多用 28 mm、30 mm；加工细羊毛时多用 26 mm。

（4）出条重量

精梳机的出条重量一般为 17～20 g/m。加工细羊毛时为 17～18 g/m，加工一、二级国毛时为 18 g/m，加工粗长羊毛和黏纤时为 19～20 g/m。

（5）针号及针密

圆梳第 1～9 排梳针格一般不随原料变化，但可分为粗毛和细毛两类。圆梳第 10～19 排梳针根据原料而变化。顶梳梳针应根据原料的品种和细度选用。

四、前纺工程

1. 前纺准备工程

（1）前纺准备工程的作用和工艺流程

1）前纺准备的作用。前纺准备包括条染、复洗、混条、加油和复精梳等过程，统称条染复精梳。

条染复精梳首先是将毛条染成各种颜色，经过复洗去除浮色、加油，然后将各种颜色的毛条充分混合，再经过一次精梳，得到混色毛条。

条染方法适用于加工混色产品或混纺产品，产品具有混合均匀、纱疵少，强力较高、身骨挺实，呢面光洁、织纹清晰、染色牢度高等优点。但流程长，原料损耗大，色条储备量大，如染色复洗处理不好，会增加纺纱断头和纱疵。

2）条染复精梳工艺流程。条染复精梳工艺流程如下：松团→毛球装筒→染色→脱水→复洗→（罗拉牵伸）→混条→头针→三针→精梳→四针→末针。

（2）前纺准备设备与工艺

1）条染设备。包括松球机和染色机。

①松球机：毛球在染色以前要先绕成松毛团，增加匀染程度。一般用闲置针梳机代替，成球重量控制在2.5～4.0 kg。加工化纤条时，球重应偏轻掌握。

②染色机：常温常压毛球染色机适宜加工染毛条、黏纤条、锦纶条、腈纶条。高温高压毛球染色机适宜加工涤纶条的染色。

2）复洗设备与工艺

①复洗目的与机器种类。湿毛条在张力作用下纤维受到热湿定型，以消除卷曲、固定伸直度，复洗还可消除纤维的内应力，消除静电；洗去制条过程中的油污杂质；控制精梳毛条的含油率。如毛条含油达不到要求，可在最后洗槽中加入油剂，也可加入抗静电剂；洗去染色毛条浮色，并烘干至出机回潮率18%±2%。

②LB334型热风式复洗机。LB334型热风式复洗联合机适用于羊毛条及化纤条。它由喂入机构、洗槽、烘房、成球机构及主传动部分组成，如图3—19所示。

喂入机构：LB334型复洗机适用于染色毛条复洗，采用托盘式双层双排平板喂入架，全机共有24只托盘，喂入品为染色湿条。LB334A型复洗机适用于本白色毛条，进条为毛球架退卷滚筒，喂入24根，每根条重12～25 g/m。

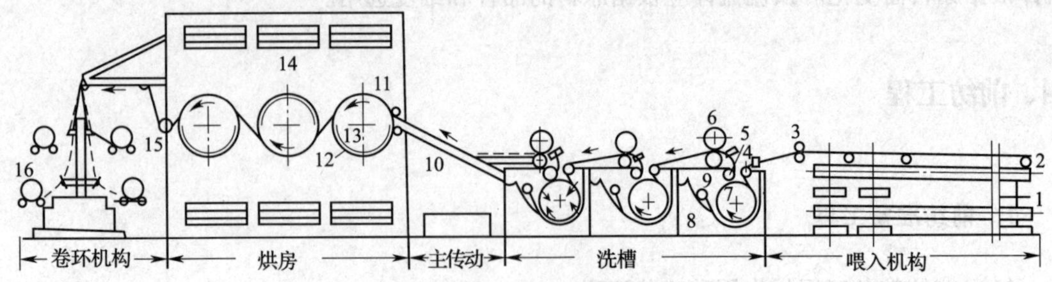

图 3—19 LB334 型热风式复洗联合机

1—托盘 2—导条滚筒 3—进条压辊 4—导条辊 5—压条辊 6—上下轧辊 7—网眼锡林 8—洗槽 9—夹层板 10—导条托板 11—烘房进条辊 12—圆网锡林 13—圆网密封板 14—加热器 15—烘房出条辊 16—卷条滚筒

洗槽：由导条辊、压条辊、上下轧辊、网眼锡林、洗槽和夹层板以及辅槽等组成。全机共有三个洗槽，第一、第二洗槽加洗剂，第三洗槽为清水漂洗。

烘房：采用 R456Q 型圆网烘燥机，属热风式烘干。毛条在圆网表面拖过，也有一定的烫直作用。

卷绕成球：LB334 型复洗机的输出采用卷绕成球架。喂入的 24 根毛条分别卷绕成 24 只毛球，卷绕辊速度为 2.5 ~ 15 m/min，往复动程为 400 mm。

主传动：主传动电动机和无级变速器装在洗槽与烘房之间的底座上。主传动无级变速器的出轴转速范围为 295 ~ 1 770 r/min。

③复洗工艺。一般纯羊毛需要复洗，特别是细支羊毛条。混梳条和纯化纤条则可不经复洗。工艺参数主要有洗槽中洗液的浓度和温度、烘房的烘燥温度的蒸汽压力等。

洗剂用量：洗剂浓度主要根据被洗毛条的油污程度确定，表 3—6 为使用不同洗剂时洗剂用量。对于油污较重的羊毛，还可在第一槽中加入纯碱 0.1% ~ 0.5%，但不应使槽液的 pH 值超过 9，以免羊毛纤维受损伤。

表 3—6 复洗机使用不同洗剂时的洗剂用量

项目		工业粉	601
第一槽	洗剂总用量占羊毛总量（%）	0.3 ~ 0.4	1.33
	洗剂初加量占洗剂总用量（%）	20 ~ 40	20
	洗剂追加量占洗剂总用量（%）	30 ~ 60	30
第二槽	洗剂初加量占洗剂总用量（%）	20	20
	洗剂追加量占洗剂总用量（%）	30	30

温度：各洗槽及烘房温度如下：第一槽 40 ~ 45℃，第二槽 45 ~ 50℃，第三槽 50 ~ 55℃，烘房 70 ~ 80℃。

回潮率与油率：羊毛的出机回潮率分别控制在 17% ~ 22%，含油率控制在 0.8% ~ 1.2%。

3）复精梳设备。由 68 型针梳机与精梳机组成。通常配置有 1 ~ 2 道混条机。

（3）条染复精梳质量指标

条染复精梳产品的质量控制以毛粒、毛片、重量不匀率、浮色洗净程度、色差程度、含油率和化纤条染后的抗静电处理效果等为主要内容，条染复精梳质量指标见表 3—7。

表 3—7　　条染复精梳质量指标

项目		一等	二等	等外
毛粒（只/g）	纯毛、毛混纺	3.0	4.0	>4.0
	纯化纤、化纤混纺	4.0	4.5	>4.5
质量不匀率（%）		<3.5	3.5 ~ 4.5	>4.5
毛片（只/g）		不允许	不允许	不允许

2. 混条

（1）混条设备及其工作

1）混条机的任务。混条机安排在前纺第一道针梳机前或作为条染复洗后的第一、第二道工序。

混条机的任务是将不同颜色、不同性质的毛条，按照一定的牵伸倍数及并合根数，制造出下道工序所需要的毛条。经混条机均匀混合后，重量不匀率低，而且因梳理而使纤维伸直平行，条干均匀，从而提高纺纱性能。

2）混条机的种类。国产混条机有 B412 型和 B413 型两种，二者的实际使用各有特点，其技术特征见表 3—8。

表 3—8　　国产混条机技术特征

项目	B412 型	B413 型
喂入方式	双排双层卧式纵列退卷	双排双层卧式纵列退卷
并合根数	10 × 2	10 × 2
每头最大喂入重量（g/m）	300	300
针板传动方式	三线螺杆、三头打手	后区：三线螺杆，三头打手 前区：特殊链条传动针棒
工作螺杆导程（mm）	27	后区螺杆：27；前区链条节距：9.525

续表

项目	B412 型	B413 型
针板数	88（扁针）	后区：88；前区：上下各 62 根针棒
针板最高击落次数（次/min）	1 000	后区：1 000；前区：2 000 ~ 4 000
牵伸形式	单区交叉针板牵伸	后区：交叉针板牵伸 前区：交叉链条针棒牵伸
牵伸倍数	5 ~ 11	后区：3.5 ~ 7.5；前区：3.0 ~ 6.0
前罗拉出条速度（m/min）	50 ~ 80	80 ~ 120
出条形式	双头双球，双头单球	双头单球
最大出条重量（g/m）	30（双头双球）、50（双头单球）	15 ~ 30
加油方式	喷雾式	喷雾式

3）B412 型混条机的组成。如图 3—20 所示，B412 型混条机的结构与毛条针梳机相似，由喂入部分、牵伸部分和卷绕部分组成。

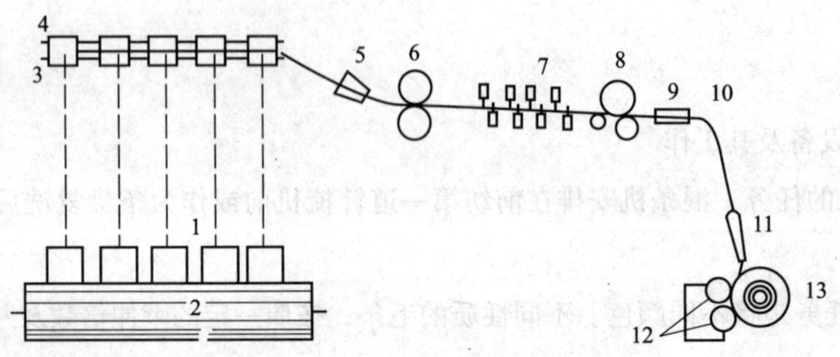

图 3—20　B412 型混条机的工艺过程

1—喂入毛球　2—退绕滚筒　3—导条轴　4—导条压辊　5—喂入喇叭口　6—后罗拉　7—交叉针板　8—前罗拉　9—导条板　10—导条器　11—假捻器　12—卷绕滚筒　13—出机毛球

（2）混条设计

1）纯毛产品的混条设计

原料细度：要求毛纱截面内有 40 根纤维，纺纱条件好时，可不少于 35 根。

原料长度：要求平均长度在 70 mm 以上，各批长度差异不超过 10 mm，以减少成纱条干不匀率。

控制草屑、麻丝、粗腔毛、黑花毛含量：草屑、麻丝、粗腔毛、黑花毛等。

化纤含量：内销纯毛产品一般允许加入 5% ~7% 锦纶或涤纶，以提高强力和减少断头。但对有些不允许含化纤的产品和外销产品，则应严格按合同生产。

2）混纺产品的混条设计

混纺比的选择：合理选择混纺织物的纤维种类和混纺比例，可以克服单一纤维的缺点与不足，发挥各种纤维的特长，满足不同产品和不同风格的要求。

化纤细度的选择：羊毛与化纤混纺时，化纤的细度应比羊毛的平均细度细一些。但化纤也不宜过细，否则易产生纱疵，影响产品风格。精梳毛纺厂常用的化纤细度见表3—9。

表3—9　　精梳毛纺厂常用化纤细度

羊毛条平均细度		化纤细度	
品质支数	直径（μm）	tex	旦
70~80支	18.0~19.0	0.22~0.28	2.0~2.5
60~70支	19.0~24.0	0.28~0.33	2.5~3.0
50~60支	24.0~30.0	0.33~0.55	3.0~5.0
1~3级	24.0~26.0	0.39~0.55	3.5~5.0

（3）毛条加油

1）毛条加油方式。前纺加毛油一般都采用机械方式，分为滴入式、刷子式、喷雾式，其中喷雾式又分为压缩喷雾式和离心喷雾式。毛条加油最常用的是离心喷雾式。

2）加油量及其计算方法。前纺或前纺准备所使用的成品毛条含油率为0.6%~1.0%。在混条时还须加入适量的和毛油和水分。一般加油后使白毛条含油率为1.0%~1.5%，油水比一般为1∶5~1∶6，可根据气候、季节不同而调节。

纯毛产品加油水量计算式：

$$Q = (C - C_0) \times V_1 G f$$

混纺产品加油水量计算式如下：

$$Q = (C - \sum C_i P_i) \times V_1 G f$$

式中　Q——混条时加和毛油量，g/min；

C_0、C——加油前、后毛条的含油率，%；

V_1——混条机出条线速度，m/min；

G——混条机出条单重，g/min；

f——和毛油油水比之和；

C_i——各种纤维条原有含油率，%；

P_i——各种纤维条混合百分率，%。

例：投料1 000 kg 66支毛条，其含油率为0.5%，要求混条后含油率达到1.2%。混条机出条速度80 m/min，出条重20 g/m，油水比1∶5。求补加量与每分钟加入量。

补加量 = 1 000 ×（1.2% − 0.5%）×（1 + 5）= 42 kg

每分钟加入量 Q =（1.2% − 0.5%）× 80 × 20 ×（1 + 5）= 67.2 g/min

在实际加油时，应将溅出或飞散损耗估算在内，适当加大和毛油水加入量。如果一次加油不足，可分多次加入。下机毛条最好能存放两个班以上。

3. 前纺针梳

(1) 前纺针梳机的任务与种类

前纺中广泛使用针梳机，其主要任务是把毛条在混合的基础上，通过多次并合、牵伸、梳理，使条纤维平顺、条平均匀、混合充分。

国产 68 型前纺针梳流程为：B423 型头道针梳机→B432 型二道针梳机→B442 型三道针梳机→B452A 型四道针梳机（开式）。68 型前纺针梳机的技术特征见表 3—10。

表 3—10　68 型前纺针梳机技术特征

项目＼机台	B423	B432	B442	B452A
最大出条重量（g/m）	30	13	6	0.5 ~ 2
最大喂入重量（g/m）	240	240	156	12
针板打击次数（次/min）	800、1 000、1 200	800、1 000、1 200	800、1 000、1 200	400 ~ 1 000
最大并合根数	8	4 × 2 头 = 8	3 × 4 头 = 12	2
牵伸倍数	5 ~ 11	6 ~ 11	6 ~ 11	4.16 ~ 12.5
前罗拉出条速度（m/min）	60 ~ 100	60 ~ 100	60 ~ 100	50 ~ 100

国产高速链条针梳机有 B424 型、B433 型和 B443 型共三道。

(2) B452A 型开式针梳机

1) B452A 型开式针梳机的组成与工作过程。如图 3—21 所示，B452 A 型开式针梳机由喂入部分、牵伸部分及搓捻卷绕部分组成。毛条从喂入条筒 1 中抽出，经分条叉 3、导条罗拉 2、导条钩 4 进入牵伸区。牵伸区由后罗拉 7、9（中间有导条槽 8），张力轮 6 和喂入皮板 5，针板 10 及前罗拉等组成。须条经搓皮板 12 搓捻成光圆紧的小毛条，再经导条器 13、圈条器 14 盘入毛条筒 15 中，供下道工序使用。

2) B452A 型针梳机的特性。B452A 型针梳机区别于其他针梳机的主要部位是牵伸机构，它采用了开式针板结构。另外，由于其出条重量范围仅 0.5 ~ 2 g/m，纤维抱合力较差，为增加须条的强力，故采用了搓捻机构。

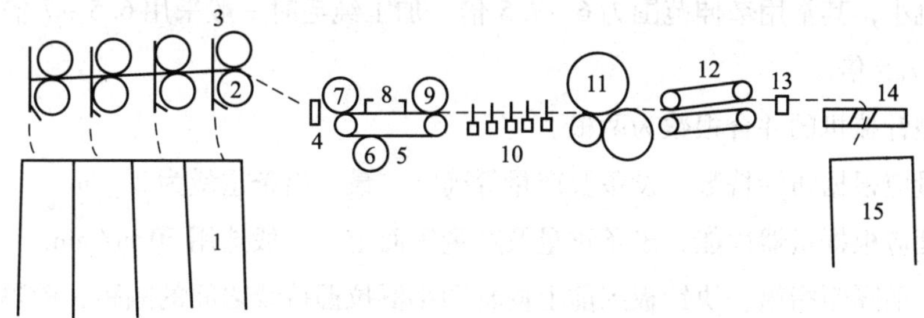

图 3—21　B452A 型针梳机的工艺流程

1—喂入条筒　2—导条罗拉　3—分条叉　4—导条钩　5—喂入皮板　6—张力轮　7、9—后罗拉　8—导条槽　10—针板　11—前罗拉　12—搓皮板　13—导条器　14—圈条器　15—毛条筒

采用三头螺杆，导程为 18 mm，针板打击速度最高可达 1 000 次/min；针板区长度为 150 mm，对纤维的控制良好；采用扁针，可增加梳理强度。

前罗拉采用品字形结构，上皮辊包覆丁腈橡胶，直径 65 mm。下罗拉直径为 50 mm、25 mm，两罗拉均为齿形罗拉，采用弹簧加压。作用灵敏，操作方便，但各头加压很难均匀，且每头需一套，调节比较麻烦。

针梳机的牵伸范围很广，牵伸倍数变换频繁，故 B452A 型针梳机采用牵伸齿轮箱来改变牵伸倍数。如图 3—22 所示，宝塔齿轮共由 10 只齿轮组成。可变换 91 挡牵伸，牵伸范围为 4.16 ~ 12.5 倍。

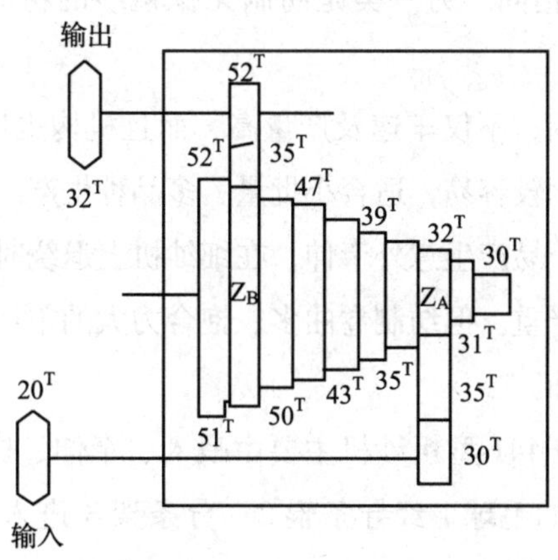

图 3—22　牵伸齿轮箱

前罗拉与针板的牵伸：

$$E = 7.21 Z_B / Z_A。$$

3）B452A 型针梳机工艺。主要工艺参数如下：

①牵伸倍数、并合根数、出条质量及出条速度。B452A 型针梳机的牵伸倍数一般较前

道交叉针梳机小，其常用牵伸范围为 6 ~7.5 倍，加工纯毛时一般采用 6.5 ~7 倍；加工化纤时采用 6.5 ~7.5 倍。

B452A 型针梳机的并合根数为两根。

出条重量应根据纺纱特数、设备及产量等确定。最大出条重量为 2 g/m。

出条速度应根据机器性能、出条重量及产量等而定，一般选用 50 m/min。

②隔距。前隔距指第一块针板到前上皮辊和小罗拉握持线之间的隔距，前隔距过大会引起牵伸不匀。一般纺纯毛和混纺纱时前隔距为 23 ~27 mm，纺化纤纱时为 25 ~30 mm。总隔距为纤维交叉长度的 1.8 ~2 倍，一般常用 280 ~300 mm。

③针板号数或密度。针板号数或密度的选择应根据原料和梳箱载荷来确定。一般加工羊毛的针板号数或密度比加工化纤的大；加工细短毛时比加工粗长毛大。加工羊毛时针板密度为 12 根/cm 左右，加工毛混纺时为 10 根/cm，加工化纤时为 8 根/cm。

④前罗拉加压。前罗拉加压一般变化较小，但在加工化纤和化纤混纺纱时，条子中纤维的强力大，纤维整齐，纤维间摩擦系数大，所以前罗拉加压也应适当增大。

4. 粗纱工程

(1) 粗纱机的任务与种类

粗纱机按粗纱结构可分为两大类：一类是纺制有捻粗纱的粗纱机，如 B465A 型粗纱机，它与棉纺粗纱机的原理基本相同。另一类是纺制无捻粗纱的粗纱机，称为无捻（搓捻）粗纱机，如 FB441 型。

无捻粗纱机由于没有翼锭，不仅车速及产量高，而且机构也比较简单，挡车操作和保全、保养均较方便，改换纱批也比较容易，适合小批量、多品种生产。由于粗纱无捻度，故强度较差，在搬运、放置时易起毛、易产生意外牵伸，在细纱机上退绕时易断头，在纺制抱合力较小的化纤时，起毛和断头更加严重。但纺制卷曲多、抱合力大的羊毛纱时，效果较好。

(2) FB441 型无捻粗纱机

1）组成及工作过程。FB441 型粗纱机主要由喂入、牵伸、搓捻和卷绕成形四部分组成，如图 3—23 所示。喂入架上的毛球 1 经导条辊 2、分条架 3 进入后罗拉 4。进入后罗拉的毛条先受到两对轻质辊 5 和 6 的控制，进行预牵伸。然后在针圈 7 和前罗拉 8 之间受到针圈钢针的梳理和牵伸成为粗纱，从前罗拉送出。粗纱在搓捻皮板 9 中受到搓捻，变得光、圆、紧，在卷绕滚筒 10 上卷成粗纱毛球 11。

2）牵伸装置的结构及特点。FB441 型粗纱机牵伸装置由针圈、两个轻质辊及多个罗拉组成。前罗拉为直径 23 mm 的沟槽罗拉，前压辊为直径 70 mm 的丁腈橡胶皮辊。前罗拉采用重锤杠杆式集体加工，压力为 196 ~392 N，大小可以调节。

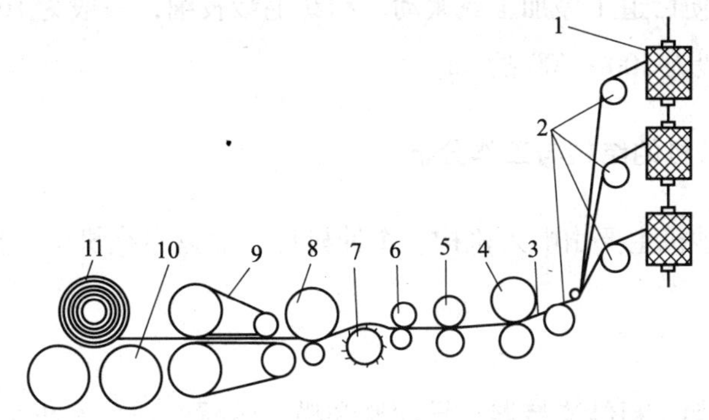

图 3—23　FB441 型粗纱机

1—喂入毛条　2—导条辊　3—分条架　4—后罗拉　5—后轻质辊　6—前轻质辊
7—针圈　8—前罗拉　9—搓捻皮板　10—卷绕滚筒　11—粗纱毛球

针圈由多个圆锯片组合而成，针圈有四种规格：25#、26#、27#、28#。常用 26#、27#两种。针圈控制纤维的能力优于皮圈牵伸并具有梳理作用，成纱条干好，更适于加工高档精纺毛织物用纱和线密度较小的粗纱。

由于针筒转动时，针尖和针根的线速度不同，从而增加了纤维间运动的不规律性。因此，要求喂入条子的条干均匀度好，纱条结构也要好。高档产品要经过两道粗纱机加工。

3）影响搓捻程度的因素。主要有以下因素：

①上下搓板间隔距。隔距小，搓捻程度就大，但应与出条粗细相适应。隔距过小，易使纱条纤维扭结。但隔距过大，又不能将粗纱搓紧。

②T 形杆的臂长 X。往复动程与 X 值成反比。X 值有两挡可供选择。往复动程大，易使粗纱光洁、紧密，但在细纱机上易出细节纱，增加细纱断头。

③曲轴转速 n_k。搓捻程度与 n_k 成正比。适当提高 n_k，可增加搓板的往复次数，改善粗纱的均匀度。但过大会引起机器的振动。n_k 最大达 369.6 r/min。

④粗纱出条速度 V：搓捻程度与 V 成反比，V 大，搓捻程度将下降，但 V 过小将影响产量，因此应选择适当的出条速度。

⑤搓条板的质量与张力：搓板的表面状态、伸长率与弹性等均与搓捻效果关系密切。搓板张力对精纱质量也有影响。

五、精纺细纱工程

1. 精纺细纱工程的任务

精纺细纱的任务是将粗纱（0.25～1.2 g/m）牵伸，并加捻，以增加纱线强力，并将纱线卷绕在纱管上，以便后道工序加工或搬动。精纺毛纱较细，一般为 16.7 ~ 25 tex（40 ~ 60 公支），捻度范围一般为 500 ~ 700 捻/m。

2. EJ519 型细纱机的结构与工作分析

EJ519 型环锭细纱机主要由喂入机构、牵伸机构、加捻卷绕机构、自动化装置及主轴制动机构等组成。

（1）喂入机构

喂入机构由粗纱架、粗纱支持器、导纱器和横动装置组成。本机采用吊锭式，共四排，每边两排，横动装置动程约为 15 mm。

（2）牵伸机构

EJ519 型的牵伸机构为三罗拉双皮圈单区滑溜式牵伸，采用大摇架弹簧加压，牵伸倍数为 12 ~ 40 倍。牵伸机构由牵伸罗拉、上下长短皮圈套、摇架加压装置、集合器、弹性摆动销、防倒装置及牵伸变速箱等构成。

1）罗拉和皮辊。本机由三列罗拉和一对皮圈构成单区滑溜牵伸装置。前、后罗拉为沟槽罗拉，表面有梯形沟槽的齿形。中罗拉为滚花罗拉。

新皮辊外径为（52 ± 0.5）mm，使用 3 ~ 6 个月后，需进行磨砺，每次磨砺量 0.2 ~ 0.3 mm，平时要定期保养。中皮辊上有使皮圈产生滑溜牵伸的凹槽，凹槽深为 0.5 ~ 2.5 mm，分成五挡，每 0.5 mm 为一挡。

2）加压机构。EJ519 型采用弹簧摇架加压。前皮辊加压分三挡，分别为 225.4 N/双锭、259.7 N/双锭、294 N/双锭。

3）集合器。集合器装在摇杆体上，位于牵伸区近前罗拉处，用来防止纤维在牵伸过程中横向扩散，有利于纱线光洁，减少绕毛现象。中、后集合器开口是固定的，前集合器是活动的，一般采用两瓣式下开口的前集合器。

4）排挡式牵伸变速箱。细纱机通过改变中、后罗拉的速度来改变牵伸倍数。本机采用排挡式牵伸变速箱。传动机构由牵伸变换齿轮（宝塔轮）、过桥齿轮、进出轴等组成。

5）防倒装置。为了防止中、后罗拉在变换牵伸排挡时倒转而引起开车断头，在后罗拉处装有防倒装置，阻止齿轮倒转。

（3）加捻卷绕机构

1）加捻卷绕主要元件。环锭细纱机的主要加捻卷绕元件是锭子、钢领和钢丝圈。

①锭子。锭子的速度应随纺纱线密度的不同而改变，一般纺粗特纱用较低的锭速，纺中特纱时锭速较高，纺细特纱时锭速稍低。细纱机采用 D1301A—230 型锭子，其一般速度为 4 200 ~ 16 000 r/min。

②钢领。采用ZGH5—51型锥面钢领，其截面是锥面。这种钢领为多孔铁基粉末烧结体，经热处理表面硬化，又称含油钢领。

③钢丝圈。钢丝有11.1型和16.7型两种，ZGH5—51型锥面钢领配用的钢丝圈为11.1型钢丝钩。

普遍钢丝圈与钢丝钩均以每100只钢丝圈的重量克数为标准，取一定重量为1号，钢丝圈的号数越大则重量越重，而钢丝钩则相反，号数越大则重量越轻。所用11.1型钢丝钩的号数有12～32号。

2）卷绕成形机构。EJ519型细纱机采用牵吊式成形机构，与棉纺细纱机类似。

3）捻向变换机构。精梳毛纱品种繁多，有时要求改变纱线捻向，为此细纱机上加装有捻向变换机构。要改变捻向，就要改变锭子转向，改变钢丝圈旋转方向。捻向变换机构的作用是在改变锭子转向时，保持前罗拉的转向不变。

（4）主轴制动机构

主轴制机构作用是关机时克服机器的惯性转动，立即刹住主轴，并使全机锭子迅速停转，防止在罗拉已停转的情况下继续加捻而产生小辫子纱。

（5）自动落纱机构

自动落纱机构的作用包括钢领板自动复位、满管自动发信号、自动落钢领板、钢领板到落纱位置时自动关车、自动适位刹车停主轴、中途停车时钢领板自动升到较高位置并适位停车。落纱自动化程度的提高减少了落纱时间。

阅读材料

一般认为半精纺是介于精纺和粗纺之间的一种纺纱工程。使用的原料长度比精纺短而比粗纺长，早期的半精纺实际上就是精纺，只是一种简化的、不彻底的精纺工程而已。

1. 早期的半精纺

毛纺和毛→毛纺梳毛机梳理制条→三、四道针梳→毛纺粗纱→毛纺细纱。

很明显这个纺纱工程实际上是毛精纺过程的简化，省去了精纺中的毛条制造部分。有资料显示这种纺纱是针对部分草杂含量较少的羊毛而提出的，主要是绒线生产。

还有一种形式的半精纺流程更为简短：毛纺和毛→毛纺梳理成条→气流纺。

2. 目前国内常用的流程

目前国内常用的半精纺流程，大都是自行配置的，通常有三种流程，实际使用中第三种流程使用较多。

（1）毛纺和毛→毛纺梳理成条→棉纺并条→棉纺粗纱→棉纺细纱。

（2）棉纺清花→棉纺梳理成条→棉纺并条→棉纺粗纱→棉纺细纱。

（3）毛纺和毛→棉纺梳理成条→棉纺并条→棉纺粗纱→棉纺细纱。

思考练习

1. 与粗纺梳毛机相比，精纺梳毛机有哪些特点？

2. 精梳毛纺加工时，羊毛中的草杂是如何去除的？

3. 制条中，梳毛机的原料与纤维损伤有什么关系？

4. 制条中，梳毛机产生毛粒的主要原因是什么？

5. 针梳中如何降低毛粒？

6. 影响精梳落毛率的因素是什么？

7. 在制条生产中，要想提高毛条制成率，精梳拔取隔距应如何变化？若要提高精梳毛条中纤维平均长度以提高纺纱质量，精梳拔取隔距应如何变化？

8. 在毛条制造与前纺工艺中，针梳机的主要任务分别是什么？为什么？

9. 条染复精梳的任务是什么？条染复精梳产品有什么特点？条染复精梳毛条的质量控制指标有哪些？

10. 无捻粗纱机的优势是什么？棉纺系统为何不采用？影响FB441型粗纱机粗纱搓捻程度的因素有哪些？

第四章

纱线后加工

用原棉和各种化纤作原料经多道工序纺成的细纱，还需要经过后加工工序，以满足对成纱各品种不同的要求。纤维纺成细纱后，纺部生产工序并未结束，除了本企业织部自用的纬纱可以直接用来织布外，其他各种纱还要根据需要，将单纱进一步加工成筒子纱、绞纱、股线、花式纱等。若采用羊毛及化纤等纺成的纱线，为了稳定捻度，消除静电现象，需经过蒸纱。此外，有些高档或特殊产品还需进行烧毛工序。上述加工方法统称为后加工。

纱线后加工主要包括络筒、并纱、捻线、摇纱、成包等工序，根据需要可选用部分或全部加工工序。

第一节　筒子纱的制成——络筒技术

学习目标

1. 掌握络筒工艺的目的与要求。
2. 理解络筒机工作原理，能进行简单的工艺参数设计。
3. 了解筒子卷绕成形技术，了解如何实现重叠和防叠。
4. 了解清纱装置的工作原理及调节方法。

一、络筒工艺及参数设计

1. 络筒机工作原理

(1) 络筒的目的和要求

络筒是将管纱或绞纱卷绕成筒子的工艺过程。其主要目的是：接长纱线，加工成合理的卷装形式，提高后道工序的生产效率；清除纱线上的疵点和杂质，提高纱线的均匀度和光洁度，以利于提高织物的质量；对纱线进行必要的辅助处理（如上蜡等），以改善纱线的织造性能。

在络筒过程中，应尽量保持纱线原有的物理和力学性能，如弹性、延伸性、强力等。络筒时张力要求均匀、适度，以保证恒定的卷绕条件和良好的筒子结构。络成的筒子纱应坚固、稳定、成形良好，便于存储和运输。同时在满足定长要求下尽可能增加筒子卷装容量，这样既能减轻操作者的劳动强度，又能提高生产效率。

（2）络筒工艺流程

络筒机的种类较多，分为普通络筒机和自动络筒机两种类型：前者以国产1332MD型槽筒式络筒机较为典型；后者如德国锡来福公司的Autoconer338型、日本村田公司No. 21cprocess coner型和意大利萨维奥公司的Orion型等第四代产品，自动化程度较高。

1332MD型槽筒式络筒机的工艺流程如图4—1所示。纱线自插在纱管座上的管纱1上退绕下来，通过导纱板2后，穿过圆盘式张力装置3和清纱器4的隙缝，再经导纱杆5，越过断纱自停杆6，通向槽筒7。槽筒7转动时，摩擦传动使筒子8做卷绕运动，同时由槽筒沟槽引导纱线做轴向往复运动，络成圆锥形筒子。

自动络筒机的工艺流程如图4—2所示：管纱1→气圈破裂器2→下剪刀3→下导纱器4→预清纱器5→探纱杆6→张力装置7→电子清纱器8→上导纱器9→防绕杆10→槽筒11→

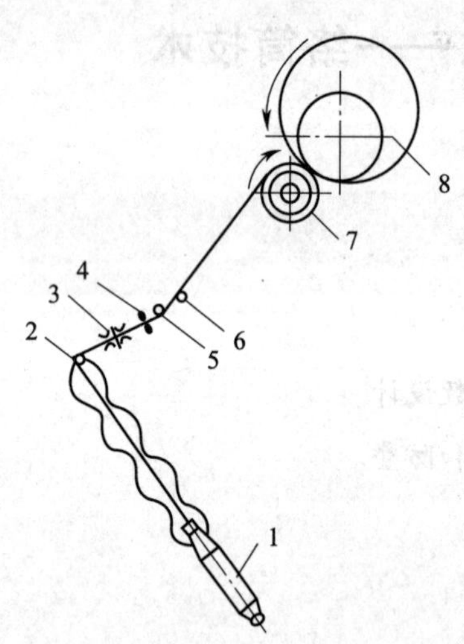

图4—1　槽筒式络筒机的工艺流程

1—管纱　2—导纱板　3—圆盘式张力装置

4—清纱器　5—导纱杆　6—断纱自停杆

7—槽筒　8—筒子

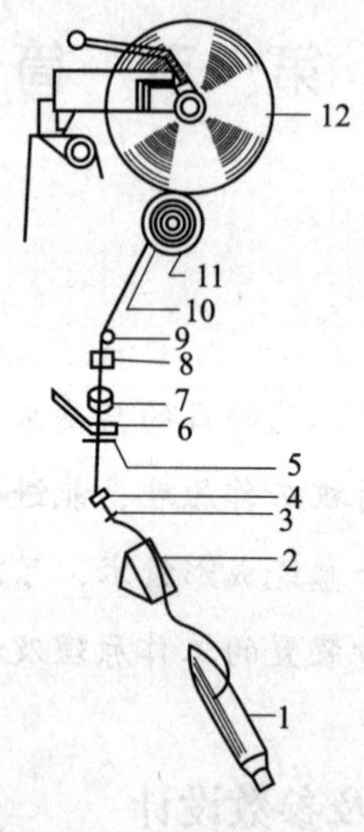

图4—2　自动络筒机的工艺流程

1—管纱　2—气圈破裂器　3—下剪刀

4—下导纱器　5—预清纱器　6—探纱杆

7—张力装置　8—电子清纱器　9—上导纱器

10—防绕杆　11—槽筒　12—筒子

筒子12。其中，下剪刀3和预清纱器5可防止脱圈纱进入张力装置7和电子清纱器8；探纱杆6用来探测和鉴别断纱的原因，判断是否换管；防绕杆10防止断头卷绕在槽筒11上。自动络筒机实现了换纱、接头、落筒、清洁直至装纱理管自动化，采用电子清纱器，提高了络筒质量。

2. 络筒工艺参数设计

络筒工艺的主要参数有络筒线速度、导纱距离、络筒张力、清纱器形式、接头形式、筒子的卷绕密度等。其选择和调节应依据品种的不同而改变。

（1）络筒线速度

取决于纱线线密度的大小、原纱的质量、挡车工的看台能力和络筒机械的性能等因素。以保证良好的纱线、卷装质量和最高的劳动生产率为选择原则。如细特纱或断头较多的纱线，则选择较低的络纱速度。若为棉纱，则1332MD型络筒机一般选用的络筒线速度为500～800 m/min，而质量较高的络筒机可达到1 000 m/min以上。

（2）导纱距离

根据络筒速度的大小，选择脱蹦和断头最少的导纱距离。如普通络筒机在不妨碍换管操作的条件下，尽量采用短导纱距离，一般为60～100 mm。当络筒线速度超过600 m/min时，应使用气圈破裂器。而自动络筒机多采用500 mm的长导纱距离。

（3）络筒张力

根据原纱质量、络筒线速度、纱线线密度和织物的性质，来选择张力垫圈的调节张力。在不影响筒子成形的条件下，尽量采用较小的张力，络筒张力不应超过原纱断裂强度的15%～20%。

（4）清纱器形式

清纱器有机械式清纱器和电子式清纱器两种。高档织物一般使用电子式清纱器，其检测配置由织物质量的要求而定。中、低档织物用机械式清纱器，所选的隔距大小依据纱线原料及纱线的粗细而定，一般为纱线直径的1.5～2.5倍。

（5）结头形式

一般采用结头小而紧的织布结，外表光洁、易于脱结的纱线尽量采用坚牢可靠的自紧结，对布面质量要求高的织物最好采用捻结器进行无结接头。

（6）筒子的卷绕密度

筒子卷绕密度受到络纱张力及筒子用途的影响，其大小以络筒紧密且具有一定的弹性为原则。用于高速退绕的筒子，宜采用较大的密度，以防退绕时脱圈。染色用的筒子应采用较小的卷绕密度，以利于染色均匀。

二、筒子卷绕成形技术

1. 两个基本运动

筒子的卷绕成形由两个基本运动来实现。一是筒子做旋转运动；二是使纱线沿筒子母线（或轴线）做往复运动，即导纱运动，以分布纱线。筒子旋转运动的圆周速度为 v_1，导纱运动的速度为 v_2，这两个速度的方向相互垂直，如图 4—3 所示。

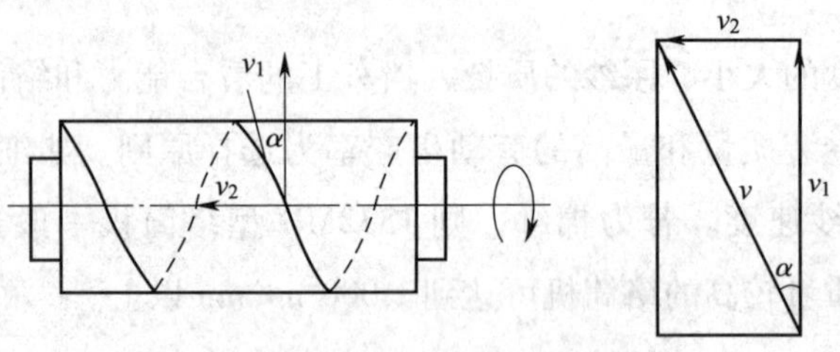

图 4—3 筒子的卷绕成形运动

2. 导纱运动的方法

络筒机的导纱运动，一般用凸轮控制，具体可分为两类。一类是用转动的凸轮使导纱器做往复运动而使纱线往复，另一类是用转动的凸轮直接使纱线做往复运动。由于第二类没有做往复运动的导纱器，因而交叉卷绕络筒时的噪声、振动冲击都很小，络纱速度也比第一类高得多。

3. 卷绕机构

络筒机卷绕机构的种类很多，目前，除长丝不宜用摩擦传动外，最广泛使用的是槽筒式，其卷绕部件就是槽筒。

槽筒的外形如图 4—4 所示，由胶木或金属制成。它既是摩擦滚筒，又是导纱凸轮，同时担负两个运动的任务。机构既简单，又能高速络纱，而噪声和振动都很小。但是摩擦传动除了有损纱线外，还存在重叠严重的缺点。

4. 重叠和防叠

纱线在筒子上按螺旋线状的纱圈分布，若导纱一个（或少数几个）往复，筒子正好转了整数转，新纱圈就会按上一次的螺旋线而绕上筒子，如图 4—5a 所示，这种现象称为重叠。若重叠连续发生，则各层纱圈不是在筒子上均匀分布，将聚集成条带，如图 4—5b 所示。

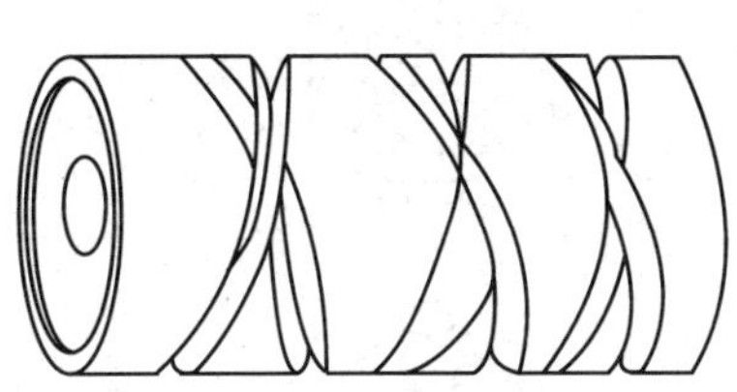

图 4—4 槽筒

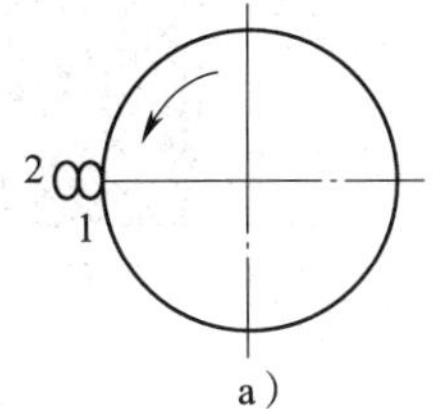

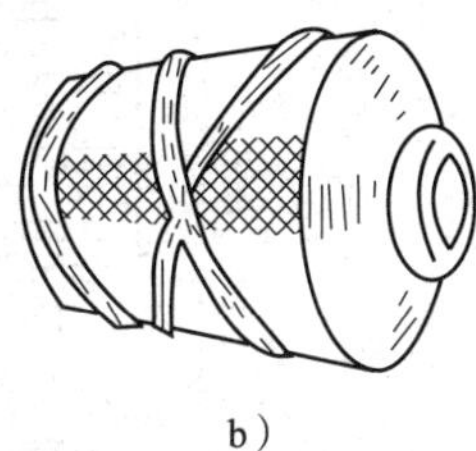

图 4—5 纱圈的重叠

上述筒子成形不符合要求，表面不平整，纱线易磨损，退绕时易断头，用来染色时则会出现色泽不匀等问题。

槽筒采用摩擦传动方式，槽筒上有沟槽，当发生重叠后，条带可与沟槽呈啮合状态，继续卷绕的纱线并不能使筒子卷绕直径增加而降低转速，从而使重叠现象继续发展、恶化，直至装满沟槽。因此，摩擦传动的络筒机，必须有防重叠措施，而槽筒式更为必要。

最常用的防重叠措施是使槽筒的转速实时变化，筒子因惯性与槽筒有较大的滑移，使新旧纱因错位而防止了重叠。生产中常对槽筒的电动机做周期性断电，或用变频器周期性地改变槽筒电动机的电源频率等。

5. 筒子的形式

由于纱线的种类和筒子最终使用的目的不同，筒子的卷绕形式也不一样。一般分为有边筒子和无边筒子，如图 4—6 所示。图 4—6a 为圆柱形有边筒子，纱圈间距很小，近似于平行卷绕，其容量较大，但需切向退绕，退绕速度低，张力波动大，丝、黄麻生产中尚有使用。图 4—6b、c 为圆柱形无边筒子，用于低速整经生产中。图 4—6d、e 为圆锥形无边筒子，绕纱各层纱圈倾斜地交叉卷绕，其容量比平行筒子小，但因其轴向退绕利于高速退绕，且张力均匀，使用广泛。图 4—6f 为三圆锥形即菠萝形无边筒子，它具有一般圆锥形无边筒子的优点，且结构稳定，不易塌，容量很大，多用于化纤长丝的卷装生产中。

三、清纱装置

为提高纺织品的质量和后道工序的生产效率，在络筒工序中应有效去除部分有害纱疵，即清纱，生产中一般有机械式清纱和电子清纱两种方式。

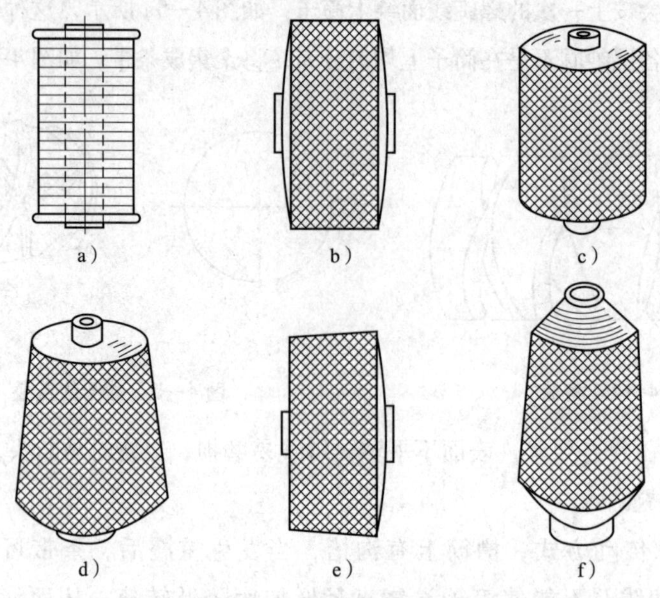

图 4—6　筒子的形式

1．清纱原理

常用的机械式清纱装置主要有缝隙式清纱器、梳针式清纱器、板式清纱器，如图 4—7 所示。原理为纱线从薄钢片 1 和 2、上板 5 和下板 6 或针齿 3 与固定刀片 4 之间的缝隙中通过，纱线的疵点在通过缝隙时受阻，发生断头，进而由人工清除纱疵。虽然结构简单、价格低廉，但清除效率低，对纱疵长度不能鉴别，并且接触纱线容易把纱线刮毛、产生静电，当前很少使用。

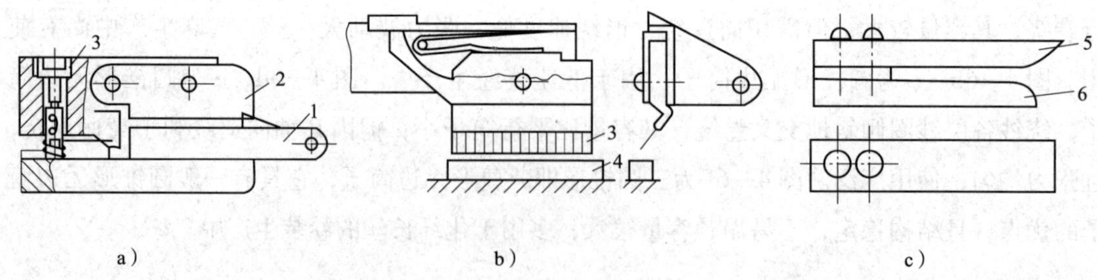

图 4—7　机械式清纱器

a）缝隙式　b）梳针式　c）板式

1、2—薄钢片　3—针齿　4—固定刀片　5—上板　6—下板

电子清纱器按检测方式不同可分为光电式和电容式两种。光电式清纱器检测纱疵侧面的投影，较接近视觉，检测信号与纤维种类的回潮率无关。纱线通过时，若直径变化，则光敏接收器输出的信号也相应起变化，此信号经放大输送给纱疵识别电路，如果纱疵大小达到清除要求，则驱动电路推动剪刀切断纱线，但对扁平状纱疵可能漏切。电容式检测单位长度纱线的质量，检测信号与纤维种类和回潮率变化有关。纱线通过时若质量变化，则振荡器的振幅发生变化，该信号经放大输送给纱疵识别电路，如果纱疵达到切除程度，则纱线被剪刀切断，对扁平状纱疵漏切的可能性较少。前者在纱线通过时产生的电信号与纱线直径成比例，后者在纱线通过时产生的电信号与纱线短片段的质量成正比。

2. 清纱装置工艺参数调节

机械式清纱器的工艺参数为清纱隔距。缝隙式清纱器的清纱隔距一般取纱线直径的1.5～2.5倍（丝织取2.0～2.5倍）；梳针式清纱器的清纱隔距一般取纱线直径的4～6倍；平板式清纱器的清纱隔距为纱线直径的1.5～1.75倍。

电子式清纱器的工艺参数是指不同检测通道（如短粗节通道、长粗节通道、细节通道）的清纱设定值。每个通道的清纱设定值都有纱疵截面变化率（%）和纱疵参考长度（mm）两项。生产中根据后工序生产的需要、布面外观质量的要求以及布面上显现的不同纱疵对布面质量的影响程度，结合被加工纱线的纱疵分布情况，制定最佳的清纱范围（即各通道的清纱设定值）。

阅读材料

自动络筒机的出现始于20世纪20年代，经历过大批锭、小批锭、单锭时期。在单锭进入市场后，自动络筒机的发展也进入了一个快速发展时期。目前新一代自动络筒的技术特征如下：

1. 采用了新技术

如直流无刷电动机同轴传动槽筒；张力控制装置控制张力；新的防叠方式使防叠效果更好；接头循环电气控制，实现接头循环智能化；降低回丝率，降低能源消耗；纱路卷绕角大幅度减小，有利于高速；采用9孔纱库，以提高挡车工的工作效率，可提高看台数等。

2. 机电一体化

自动络筒机摆脱了以机械为主的结构，已经过渡到以电气控制为主，如防叠装置由机械改为电子、张力加压由机械式改为电磁式、接头循环由机械传动改为电动机驱动。同时，监控内容在数量上不断扩大。最初自动络筒机主要集中在整机运行上，如清洁装置、自动落筒、自动喂管等，在锭节上只有对槽筒变频电动机进行控制，目前筒子防叠、纱线张力、接头循环程序、吸头回丝控制等都由计算机集中处理和调控。此外，自动络筒机机电一体化已经从以数据统计、程序控制为主转向以质量控制为主。电子清纱器普遍采用数字化，具有多功能化的特点，由正常卷绕控制发展到全程控制。

3. 功能模块化

由于电子控制技术的发展，使各动作的控制及执行趋向独立，由此可根据整机的功能将各动作独立设计、控制、调整，用户可根据需求选择适合自己的产品组合。

思考练习

1. 为什么纱线在织造前要经过络筒工序？
2. 槽筒式络筒机的工艺流程如何？
3. 络筒机上的槽筒、张力装置、清纱装置的作用是什么？
4. 络筒速度、张力的大小如何确定？
5. 筒子是怎样卷绕成形的？什么是重叠现象，如何避免？
6. 机械清纱和电子清纱的特征是什么？电子清纱的基本原理如何？

第二节　并纱、捻纱、摇纱、成包技术

学习目标

1. 理解并纱的主要任务及工艺过程，掌握捻纱技术。
2. 了解摇纱和成包技术。

一、并纱、捻技术

1. 并纱技术

（1）并纱的主要任务

将两根或两根以上的单纱并合成一根张力均匀的多股纱的筒子，供捻线机使用，以提高

捻线机效率。

（2）并纱机的工艺过程

FA702 型并纱机的工艺过程如图 4—8 所示，纱自单纱筒子 2 上退绕出来，经过导纱钩 3、张力装置 4、断头自停装置 5、导纱罗拉 6、导纱辊 7 后，由槽筒 8 的沟槽引导卷绕到筒子 9 的表面上。

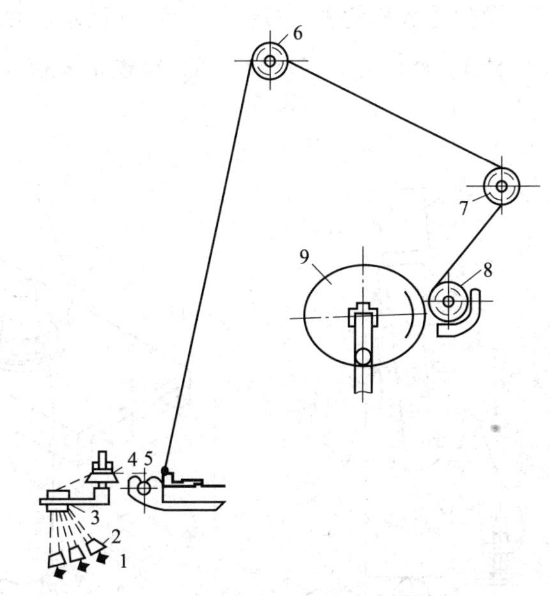

图 4—8　FA702 型并纱机的工艺过程

1—插杆　2—单纱筒子　3—导纱钩　4—张力装置

5—断头自停装置　6—导纱罗拉　7—导纱辊　8—槽筒　9—筒子

（3）并纱机的主要机构及作用

1）张力装置。纱线通过两个转动的张力盘靠重力加压使纱线获得张力，有利于卷绕和加大容量。

2）断头自停装置。为保证卷绕到并纱筒子上的纱能符合规定的并合根数，不致有漏头而产生并合根数不足的筒子，并纱机上的断头自停装置必须使任何一根纱断头后，筒子都能离开槽筒而停止转动。要求作用灵敏、停动迅速，以减少回丝和接头操作时间。

2. 捻线技术

（1）捻线的主要任务

将两根或两根以上单纱并合在一起，加上一定捻度，加工成股线。普通单纱因加捻时内、外层纤维的应力不平衡而不能充分满足某些工业用品和高级织物的要求，需要捻线技术进行合股，从而使纱线强力高、条干均匀、耐磨、表面光滑美观、弹性及手感好。

(2) 捻线机

捻线机的种类按加捻方法不同可分为单捻捻线机（普通捻线机）和倍捻捻线机两种。

1）单捻捻线机。单捻捻线机的工艺过程如图4—9所示。并纱筒子2引出的纱线，先绕过水槽16中的玻璃导杆4，然后穿过横动导杆5，绕过下罗拉6和上罗拉7，再经导纱钩8进入加捻和卷绕。

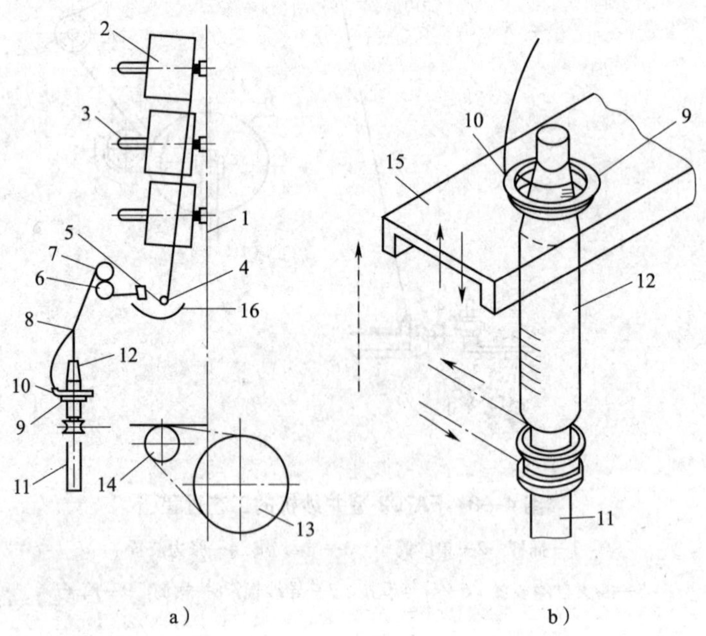

图4—9　单捻捻线机的工艺流程

1—纱架　2—并纱筒子　3—筒管锭子　4—玻璃导杆　5—横动导杆
6—下罗拉　7—上罗拉　8—导纱钩　9—钢领　10—钢丝圈　11—锭子
12—纱管　13—滚筒　14—导轮　15—钢领板　16—水槽

单捻捻线机的加捻和卷绕区同细纱机一样，两根并列的单纱自导纱钩8引入加捻区后，穿过钢丝圈10卷绕在纱管12上，锭子转一转，会在两根单纱上加一个捻回。

2）倍捻捻线机。倍捻捻线机不仅对纱线进行加捻，还具有并纱作用。

倍捻捻线机简称倍捻机，倍捻机的锭子转一转可在纱线上施加两个捻回。加捻后的纱线可直接络成股线筒子。与单捻捻线机相比，可省去一道股线络筒工序。

倍捻机的加捻原理如图4—10所示。筒子纱从并纱筒子1引出，自筒子顶端进入空心管 2，这区段的两根纱尚未加捻，如纱段 *ab* 所示。纱线进入空心管后，先随锭子和储纱盘 3 的每一回转加上一个捻回，如纱段 *bc* 所示。该区段的加捻作用与环锭捻线机相同。当加了捻回的线从下面储纱盘 3 的横向孔眼中穿过并引向上方时，随锭子和储纱盘的每一回转又加上一个捻回，纱线在锭子和储纱盘一转间共获得两个捻回，如纱段 *cd* 所示。

倍捻机按锭子安装方式不同分为竖锭式、卧锭式、斜锭式三种。图 4—11 所示为一种竖锭式倍捻机。纱线从筒子 1 退解下来，先穿过锭翼 2。锭翼为活套在空心管 3 上的一根钢丝，锭翼上有导纱眼，随退绕张力慢速转动。纱线自锭翼导纱眼引出后进入静止的空心管 3，再穿入高速旋转的中央孔眼，并从储纱盘 4 的横向穿纱眼 5 中穿出。纱线在储纱盘的外圆绕行 90°～360°后进入空间，形成气圈 6。经导纱钩 7、超喂罗拉 8、往复导纱器 9 卷绕到股线筒子 11 上。筒子由滚筒 10 摩擦传动。倍捻机的锭子则由传动龙带 12 集体摩擦传动。纱线在盛纱罐 13 和气圈罩 14 间旋转加捻。

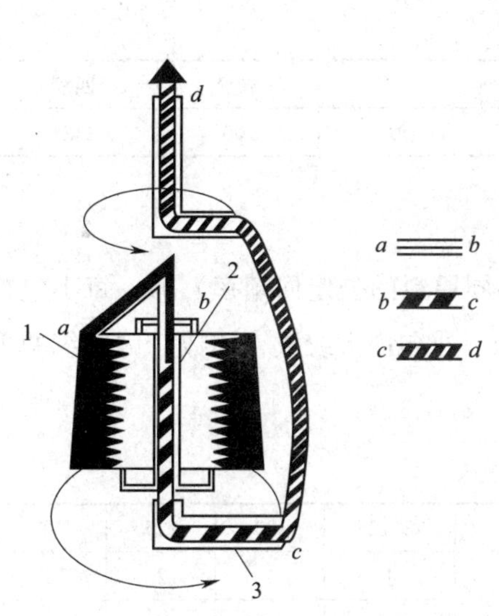

图 4—10　倍捻机的加捻原理

1—并纱筒子　2—空心管　3—储纱管

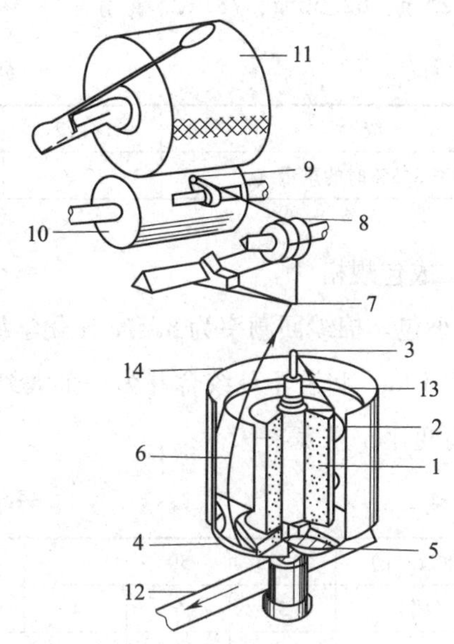

图 4—11　竖锭式倍捻机

1—并纱筒子　2—锭翼　3—空心管　4—储纱盘

5—横向穿纱眼　6—气圈　7—导纱钩　8—超喂罗拉

9—往复导纱器　10—滚筒　11—股线筒子

12—传动龙带　13—盛纱罐　14—气圈罩

倍捻机在棉纱、化纤混纺纱、毛纱加捻方面的应用日益增多，但也存在一定的缺点，如锭子结构较复杂、接续断头比较麻烦（需用引纱钩）、耗电量大等。

二、摇纱和成包技术

1. 摇纱与成包的主要任务

将细纱或股线已络好的筒子按规定的重量或长度摇成绞纱，以便成包。供给准备进行漂白、染色、丝光等加工的纱线，也需摇成绞纱。

成包的主要任务是压缩纱线的体积，防止棉纱线受到损伤，便于计量发货、搬运和存放。

2. 绞纱与成包规格

（1）绞纱规格

棉纱在回潮率为8.5%时，绞纱规格见表4—1。根据使用企业的需要，绞纱每绞重量可以为31.25 g、62.50 g、78.125 g等。

表4—1　　绞纱规格

绞纱	1/4绞	1/2绞	单绞	双绞	四绞
回潮率8.5%时的重量（g）	12.5	25	50	100	200

（2）成包规格

1）小包。棉纱回潮率为8.5%（化学纤维纱按不同原料的公定回潮率）时，每小包纱的重量为5 kg。将若干单绞合并为一个大绞（又称团），小包内大绞数（团数）因每绞的重量不同而变化，见表4—2。

表4—2　　每绞重量规格

每小绞重量（g）	31.25	50	—	62.5	—	78.125	100	125	200
小绞（团）	5	5	4	4	5	4	2	2	1
团（小包）	32	20	25	20	16	16	25	20	—

2）中包、大包。每20个小包为一中包，中包重量为100 kg，每40个小包为一大包，大包重量为200 kg。

阅读材料

无捻纱是20世纪末出现的一种新型纱线，其特点是构成纱线的纤维平行排列，纱线的截面呈带状。在国外，无捻纱织物已有较丰富的针织与机织产品。国内对于无捻纱的研究起步较晚，直到20世纪90年代末才向市场推出黏合式无捻纱，并在针织物上开始应用。

无捻纱的生产方法主要有粘合法、包缠法和退捻无捻线法。

1. 黏合法

利用黏合剂，借助黏合作用将纤维紧密地结合在一起。纤维的黏合可以是散纤维混合，也可以在并条时混合。纤维在并条机上进行黏合后形成的纱线，省略了环锭纺纱工艺中的并条、粗纱和细纱道工序。该方式可使纱线产量较环锭纺增加10倍。不仅可以用条子直接纺纱，而且可以直接从梳理机形成的纤维网纺无捻纱，产量很高，纺速可达400 r/min。

2. 包缠法

该方法是采用平行纺纱法纺出包缠纱。纱由可溶性的长丝和无捻平行短纤组成，可溶性的长丝呈螺旋状缠绕在无捻平行排列的短纤维外面，后整理过程中溶掉长丝，只留下芯部无捻的短纱线。在这一过程中，长丝所起的作用只是提供织造过程中所需的张力。

3. 退捻无捻线

退捻无捻线是指正常纱线与水溶维纶长丝或者与水溶维纶短纤纱经并线、反向加捻，使棉纱充分解捻后形成的纱线。织造后利用水溶维纶可溶的特点，在整理过程中把其去除，剩下部分即为无捻纱织物。根据反向加捻捻系数的选择，有时纱线仍有少许捻度，因此，也有文献称其为弱捻纱。

无捻纱织物由于形成织物的纱线中的纤维是平行排列的，纤维的自由度大，因此纤维受按压后呈带状或扁平状，从而使得它与传统纺纱方法所形成的织物具有不同的特点，如织物看起来厚实紧密，蓬松感好，而织物质量比较轻；覆盖系数大、织缩率小；光泽及染色性能好等优良特性。

思考练习

1. 简述并纱和捻线工序的任务。
2. 简述并纱机和捻线机的工艺过程。
3. 什么是倍捻原理？
4. 摇纱与成包的任务是什么？绞纱的规格如何确定？

第三节　花式纱线生产技术

学习目标

1. 掌握花式纱线的结构组成。
2. 理解超喂型花式线的生产方法。
3. 理解控制型花式线的生产方法。

花式纱线（简称花式线）的品种较多，应用广泛。机织物生产中，常采用两根或两根以上的本色或各色纱经并合、加捻制成的股线或以特殊工艺加工而成的花式捻线进行织造，其产品绚丽多彩、风格独特。

用股线织成的织物称线织物。因股线在条干、强度、弹性、耐磨、光泽和手感等方面比同线密度单纱要好，因此股线织物在高档织物中应用较为广泛。

一、花式线的结构组成

花式线由芯纱、饰纱和加固纱组成，常见花式线的结构如图 4—12 所示。

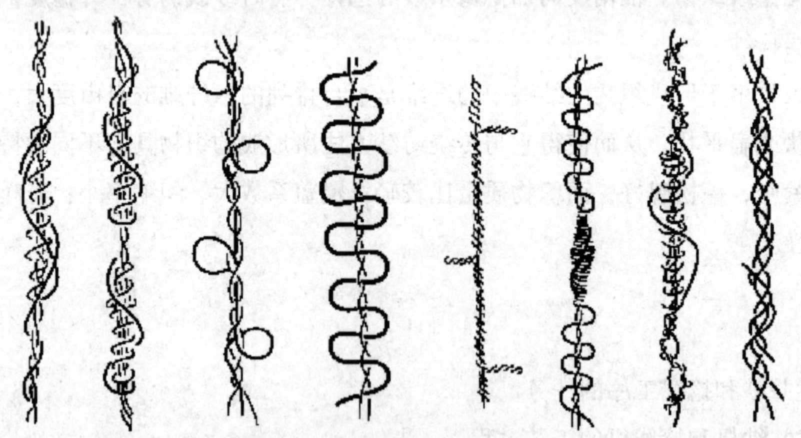

图 4—12　常见花式线的结构

1. 芯纱

也称基纱，是构成花式线的主干，被包在花式线的中间，属饰纱的依附件，它与加固纱一起形成花式线的强力。在捻制和织造过程中，芯纱承受着较大的张力，因此一般应选择强力较好的材料。芯线一般用1～2根纱或长丝组成。

2. 饰纱

也称效应纱或花纱，它以各种花式形态包缠在芯纱外面而构成起装饰作用的各种花型，是构成花式线外形的主要成分，一般占花式线重量的50%以上。各类花式线均以饰纱在芯纱表面上的装饰形态命名，例如圈圈花式线即饰纱以圈圈的形态包缠在芯纱的表面。

3. 加固纱

也称缠绕纱或包纱、压线等，它包缠在饰纱外面，主要用来固定饰纱的花型，以防止花型的变形或移位，固纱一般采用强力较好的细特涤纶、锦纶、腈纶纱或长丝作原料，也可按照产品的要求选用毛纱或绢丝为原料。为了增加花式线的彩色效应，也可用段染纱作为加固纱，在这种情况下，加固纱也可选用细度较粗的原料。

二、常用花式线的纺制

花式线纺制过程中，根据喂纱速度的变化分为超喂型花式线和控制型花式线两大类。超喂型花式线是以一根或两根芯纱为主体，以固定的速度送出，而饰纱（也可两根或两根以上）以超过芯纱1.1～3.5倍的速度送出，通过加捻形成花式线。控制型花式线的送纱速度不同于超喂型花式线，而是可以变换罗拉随时改变，一般有间隙停顿、慢速送纱、快速送纱三种情况。

1. 超喂型花式线的生产方法

由于饰纱的速度大于芯纱的速度，因而形成圈圈线、波形线、辫子线、毛巾线等各种花式线。超喂的多少决定花型的变化。一般超喂1.2～1.5倍时，称为波形线；超喂1.5～2.0倍时，称为小圈圈线；超喂2.5倍以上时，称为大圈圈线；超喂2.0～3.0倍时，称为辫子线。这类花式线在环锭和空心锭花式执线机上均能生产。几种常见超喂型花式线的生产方法如下。

（1）圈圈线

在二罗拉花式捻线机上利用退捻方法形成圈圈。圈圈的大小及其在纱线上的排列取决于芯纱和饰纱的长度及各道工序的捻度比。生产中主要有藤捻形成、翻出圈圈和固定圈圈三个工艺过程。

（2）辫子线

辫子线又称卷曲线、扭结线等，如图 4—13 所示。辫子线有常规辫子线和花式辫子线两种。辫子线的芯纱采用普通棉纱或涤棉纱，可用一根，也可用两根，饰纱采用一根强捻纱或强捻长丝（每米捻度要求超过 1 000，否则在辫子的头端会形成小圈）。

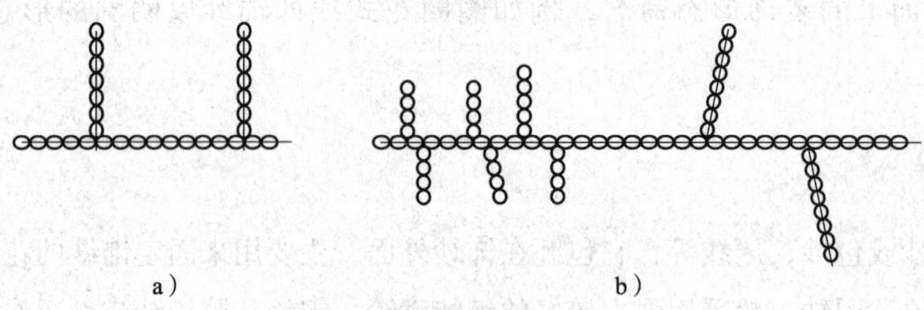

图 4—13 辫子线

a）常规辫子线 b）花式辫子线

常规辫子线的生产原理一般为前罗拉送纱速度较后罗拉快，因此饰纱喂送长度较芯纱长且松弛，而且由于其捻度大，一旦松弛马上产生结辫而形成小辫子。花式辫子线的生产原理一般为前罗拉送出一根强捻饰纱，后罗拉送出两根芯线，通过前罗拉起槽压辊的两道沟槽后至加捻处形成一个三角形，前罗拉送出的饰纱先处于倒三角形的中央位置，然后缠绕到两根芯纱上，形成辫子，如图 4—14 所示。

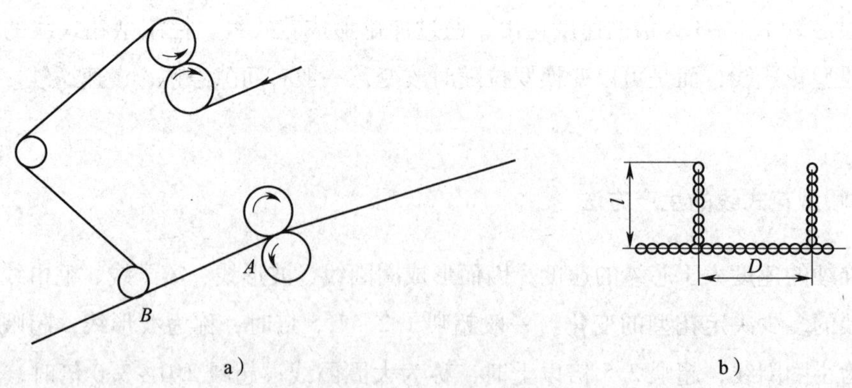

图 4—14 辫子线的生产原理

a）常规辫子线 b）花式辫子线

2. 控制型花式线的生产方法

控制型花式线生产时随时可以变换罗拉送纱速度，一般有间隙停顿、慢速送纱、快速送纱三种情况。送纱时间也可按照工艺要求进行变换，从而能生产各种比较复杂的花式线。

（1）结子线

这类花式线上有许多结子作为点缀，结子是由饰纱紧密集聚并包缠在芯纱表面而形成的纱线结节。结子的颜色、大小、形状、节距可以相同，也可以不同，有大小结子、长短结子、双色结子、长短交替结子等多种形式。环锭花式捻线机只能加工纱线型结子花式线，而空心锭花式捻线机不仅可以生产纱线型的结子线，还可生产纤维型的结子花式线。

（2）断丝线

断丝线是花式线中的一个重要品种，是在两根芯纱和一根固纱中夹入一小段断丝而构成。断丝可以是纤维型，也可以是长丝型。断丝线常用于全棉、涤棉或中长女线呢中，断丝线的加入可使织物色彩柔和、新颖大方。断丝线常见的品种有人造断丝线、粗纱断丝线、断丝复合线等，如图 4—15 所示。

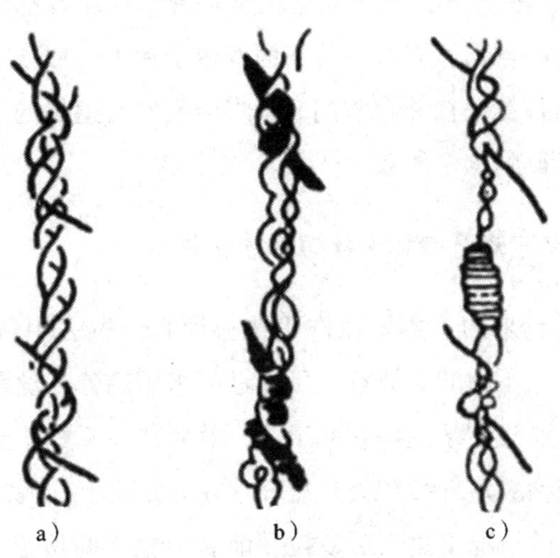

图 4—15　断丝线

a）人造断丝线　b）粗纱断丝线　c）断丝复合线

阅读材料

以两根不同细度、不同原料、不同颜色的单纱并合加捻而成的花式线称为花式平线，它是一种常见的花式线。当两根不同粗细的纱并合时，由于罗拉只能握持住较粗的一根，而较细的一根无法握持，所以两根纱的张力无法做到相等，也就无法并合出强力好、外表均匀的合股线。所以必须采用双罗拉花式捻线机把两根平纱分别由两根罗拉以不同速比送出，然后加捻并合，才能得到理想的效果。

1. 粗细合股花式线

由于粗纱刚度大、细纱刚度小，在两根纱用单罗拉捻线机并合时往往是细纱盘绕在粗纱上。如两根纱分别由两根罗拉选出并配以不同的喂送比，就可以得到不同的效果。如果细纱喂送比大，细纱就盘绕在粗的纱上成藤捻状，和螺旋线相仿。如果细纱喂送比小，细纱就紧紧地勒住粗纱，使股线外表呈竹节状，用这种线织成的平纹织物有特殊的外观，俗称“巴拿马”织物。

2. 金银丝与中长纱合并花式线

由于金银丝是扁的，所以喂纱必须用双罗拉。前罗拉送出一根金银丝，后罗拉送出一根中长纱，前后罗拉速度比为 1.07∶1 左右。如果是两面异色的金银丝，最好先将金银丝加 Z 捻（捻回与合股捻向相反）；然后与一根 18.5 tex 中长纱并合加 S 捻。如果金银丝不事先加 Z 捻，由于双面双色金银丝在加 S 捻时，对金银丝本身也在加 S 捻，和小长纱并合后不但表面粗糙，而且双色反光也不均匀。如系红蓝双面双色金银丝，股线上就会出现一段红、一段蓝。如果把金银丝事先加 Z 捻，在并合时用 S 捻将金银丝头道加的 Z 捻退尽，使金银丝保持原状和中长纱并合，就能得到均匀的双色效果。

3. 高弹锦纶长丝与粘胶短纤纱和天丝短纤纱交并线

这类纱是近年来发展起来的，主要用作 T 恤衫原料。过去用氨纶丝做这类包覆线，因氨纶丝伸长太长而强力低、不耐酸等缺点，所以近年来用高弹长丝来代替氨纶丝。但是由于这是一个新产品，很多企业没有掌握好它的工艺，效果往往不好。要做好这个产品必须用双罗拉环锭花式捻线机，把粘胶短纤纱和天丝短纤纱在并纱机上并成筒子，在双罗拉的前罗拉喂入，高弹长丝在有张力的情况下进入后罗拉，前后罗拉之间按工艺要求保持一定的速比，使前罗拉送出的两根短纤纱能包覆在拉伸后的锦纶高弹丝上，用这种纱织成衣服后不但有一定的弹性，而且经久耐穿。

思考练习

1. 什么叫花式线？花式线的结构组成及各自的作用是什么？

2. 花式线各组成部分的原料选择有哪些要求？
3. 什么是圈圈纱和结子线？
4. 什么是断丝线？断丝线的结构怎样？
5. 试述辫子线的生产原理。

第五章

机 织 技 术

第一节　白坯布概述

学习目标

1. 理解机织物和白坯织物的概念。
2. 学会测试坯布的幅宽、厚度、长度等几何尺寸。
3. 理解织物组织的定义。会判断三原组织。
4. 掌握织物经纬密度、织物紧度的概念。会测试织物的经纬密度。
5. 了解白坯布织物的种类及其风格。

一、机织物的概念

织物按加工方法可分为机织物、针织物和非织造织物三大类。由相互垂直的两组纱线，按一定的规律交织而成的织物称为机织物。其中与布边平行的纱是经纱，垂直布边的纱是纬纱。白坯布指以未经练漂、染色的纱线为原料，经过织造加工的不经整理的织物，也称本白布、白布或坯布，此品种大多数用于印染加工。

机织物结构指的是织物中经纱与纬纱相互配置的情况。经纬纱在织物中的空间形态称为织物的几何结构。

织物结构的三大要素是经纬纱线密度、织物经纬密度、织物组织。

二、坯布的结构

1. 织物的几何尺寸

（1）匹长

一匹织物两端最外边纬纱之间的距离称为匹长，用 L 表示，单位为米（m）。棉织物的匹长，一般为 27 ~ 40 m；毛织物的匹长，一般大匹为 60 ~ 70 m，小匹为 30 ~ 40 m。

（2）幅宽

织物的宽度是指织物横向的最大尺寸。棉织物的幅宽分别为中幅及宽幅两类。中幅为 127 ~ 167. 5 cm；宽幅为 170 cm 以上。粗梳毛织物的幅宽一般有 143 cm、145 cm、150 cm 三种。精梳毛织物的幅宽一般有 144 cm、149 cm。新型织机的发展使幅宽也随之改变，宽幅织物越来越多。

（3）厚度

织物按厚度的不同可分为薄型、中厚型和厚型三类。各类棉、毛织物的厚度见表 5—1。

表 5—1　　各类棉、毛织物的厚度

织物类别	棉织物（mm）	毛织物（mm）		丝织物（mm）
		精梳毛织物	粗梳毛织物	
薄型	0. 25 以下	0. 40 以下	1. 10 以下	0. 28 以下
中厚型	0. 25 ~ 0. 40	0. 40 ~ 0. 60	1. 10 ~ 1. 60	0. 8 ~ 0. 28
厚型	0. 40 以上	0. 60 以上	1. 60 以上	0. 8 以上

影响织物厚度的主要因素为经纬纱密度、织物组织和纱线在织物中的弯曲程度等。纱线在织物中的弯曲程度越大，织物就越厚。

2. 织物组织

机织物中经纬纱相互交织的规律称为织物组织。机织物中经纱和纬纱相互沉浮的交叉处为组织点。经纱浮于纬纱之上的交叉处称为经组织点；纬纱浮于经纱之上的交叉处为纬组织点。在一根经（纬）纱上，连续两个或两个以上的经（纬）组织点，称为经（纬）浮长。

当经组织点和纬组织点的浮沉规律达到循环时的组织称为组织循环或完全组织。织物中其余经纬纱的交织均与此完全组织相重复，整个织物就是由无数个完全组织所组成的。完全组织中，若一系统的每根纱线只与另一个系统交织一次，则该组织被称为基本组织或原组织。它是最简单的织物组织，机织物中的基本组织有平纹、斜纹和缎纹三种。

同一个系统中相邻的两根纱线上相对应的组织点之间相间隔的组织点数称为飞数，用 S 表示。飞数常用来表示同一系统相邻纱线上相应组织点的相对位置。下面简单介绍机织物中的三原组织，即平纹组织、斜纹组织和缎纹组织。

（1）平纹组织

每根经（纬）纱在一根纬（经）纱上按一上一下的规律来回交替，如图 5—1 所示，构成完全组织循环至少需要两根经纱和两根纬纱。图中纵行表示经纱，横行表示纬纱。☒表示经组织点，□表示纬组织点。主要品种中棉型织物有平布、府绸、帆布等，毛型织物有凡立丁、塔夫绸、派力司、法兰绒等。

（2）斜纹组织

构成斜纹组织完全组织至少需要三根经纱和三根纬纱，如图 5—2 所示。每根经（纬）纱上只能有一个纬（经）组织点，在织物表面由连续的组织点构成斜向纹路。斜纹方向指向右上方的为右斜纹，指向左上方的为左斜纹。斜纹组织交织点较平纹少，织物正反面不同，浮长较长而具有较好的光泽。主要品种中棉型织物有卡其、华达呢等，毛型织物有哔叽、华达呢等。

（3）缎纹组织

构成缎纹组织完全组织至少需要五根经纱和五根纬纱，如图 5—3 所示。与平纹、斜纹组织一样，缎纹组织的每根经（纬）纱上只能有一个单独的组织点，且飞数大于 1。在一个完全组织中，完全组织数和飞数不能有 1 以外的公约数。缎纹组织有经面缎纹和纬纱面缎纹之分。缎纹组织是三原组织中浮长较长的一种组织，织物较为松软，织物正反面有明显差异，正面特别光滑且富有光泽。典型品种中棉型织物有直贡、横贡，毛型织物有贡呢。

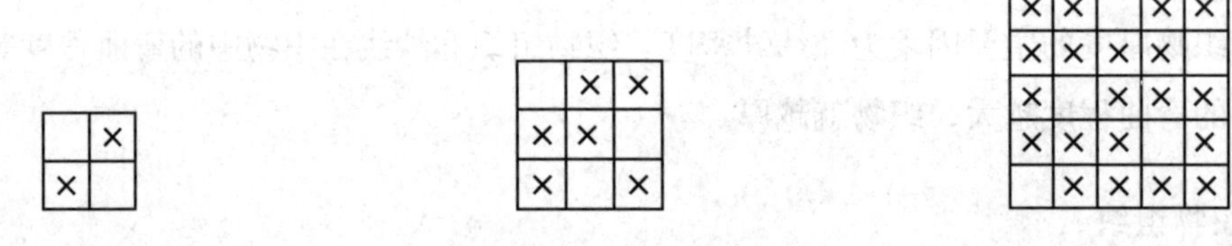

图 5—1 平纹组织　　图 5—2 斜纹组织　　图 5—3 缎纹组织

3. 经纬纱线密度

织物中经纬纱线密度一般用特数来表示。其表示方法：将经、纬纱特数 T_{tT}、T_{tW} 自左向右联写成 $T_{tT} \times T_{tW}$，如 14.5×14.5 表示经纱和纬纱都是 14.5 tex 的单纱；14×2×28 表示经纱是 2 根 14 tex 的单纱并捻成的双股线，纬纱是 28 tex 的单纱；14×2×14×2 表示经纱和纬纱都是 2 根 14 tex 的单纱并捻成的双股线。

织物中经纬纱线密度的选用取决于织物的用途与要求，应做到合理配置。经纬纱线密度差异不宜过大，常采用经纱的线密度等于或小于纬纱的线密度的配置，这样可以提高织物产量。

4. 密度与紧度

织物密度是指织物中经向或纬向单位长度内的纱线根数，单位为根/10 cm。其表示方法为将经纱密度 M_T 和纬纱密度 M_W 自左向右联写成 $M_T \times M_W$，如 236×220 表示该织物经纱密度是236 根/10 cm、纬纱密度是 220 根/10 cm。同时表示织物经纬纱线密度和经纬密度的方法为自左向右联写成 $T_{tT} \times T_{tW} \times M_T \times M_W$。织物的经纬纱密度要根据织物的性能进行设计，大多数织物采用经纱密度大于或等于纬纱密度的配置方法。

织物紧度又称覆盖系数，是指织物中纱线排列的挤紧程度，包括总紧度、经向紧度和纬向紧度。总紧度是指在织物的规定面积内，经纬纱所覆盖的面积（扣除经、纬纱交织点的重复量）占织物规定面积的百分率。经向紧度和纬向紧度分别是经纱线和纬纱线所覆盖面积占织物规定面积的百分率。

5. 单位面积重量

织物的重量通常以每平方米织物所具有的克数来表示，称为平方米重（g/m^2）。它与纱线的线密度和织物密度等因素有关，是织物的一项重要的规格指标，也是织物计算成本的重要依据。棉织物的平方米重常以每平方米织物的退浆干重来表示，一般为 70～250 g/m^2。毛织物的单位面积重量则采用每平方米的公定重量来表示。精梳毛织物的平方米公定重量一般为 130～350 g/m^2，轻薄面料的开发和流行使精梳毛织物的平方米公定重量大多在 100 g/m^2 左右；粗梳毛织物的平方米公定重量一般为 300～600 g/m^2。

三、坯布的分类及其风格

1. 平布类

平布经纬纱的线密度较接近。通常平布经纬紧度均为50%左右，经纬紧度比约为 1∶1，质地坚牢。平布类包括粗平布、中平布、细平布。细平布布身薄，平滑细洁，手感柔韧，线密度在 20 tex 以下；粗平布质地粗糙，布身厚实、紧密，线密度在 32 tex 以上；中平布则介于两者之间。

2. 府绸

府绸织物线密度较小，经纱线密度等于或低于纬纱线密度，颗粒纹清晰，结构紧密，布面匀净，手感滑爽、柔软，有丝绸感。为保证菱形颗粒清晰丰满，通常把织物设计成经紧度大（65%～80%），经纬紧度比约为5∶3。府绸包括纱府绸、半线府绸、全线府绸三类。

3. 斜纹布

斜纹布质地松软，纹路较细，正面斜纹明显，组织为2/1斜纹。

4. 哔叽

哔叽经纬紧度比较接近，质地柔软，斜纹纹路接近45°，组织为2/2斜纹。包括纱哔叽、半线哔叽。

5. 华达呢

华达呢质地厚实，斜纹纹路接近63°。华达呢经纬紧度及经纬紧度比均比哔叽大，且经紧度比纬紧度大一倍左右，布身较挺括，斜纹线凸出、饱满。组织为2/2斜纹。包括纱华达呢、半线华达呢。

6. 卡其

卡其高经密、低纬密，布身硬挺厚实，斜纹纹路明显。卡其经纬紧度及经、纬紧度比最大，布身厚实，紧密而硬挺，纹路细密，斜纹线较华达呢更为明显。组织为3/1、2/2斜纹。包括纱卡其、半线卡其、全线卡其三种。

7. 贡类

贡缎织物的经纬纱线密度一般相同。直贡织物经密较纬密高，经缎效应好，手感厚实。横贡织物纬密较经密高，柔软、光洁，纬面效应突出。

8. 麻纱

麻纱为低线密度纱织物，布身轻薄，布面呈挺直条纹路，布身爽挺似麻。有丝绸风格的变化麻纱和高级柳条麻纱织物，可用更细的纱线。组织为2/1纬重平。

9. 绒布

绒布主要是纬纱拉绒，布身柔软，质地松软，经纬纱线线密度差异大，纬纱捻度小。组织为平纹、2/2 斜纹及其他斜纹。通常单面哔叽绒经纬纱线密度比值为 1.5∶1～2∶1；双面平纹绒布约 2∶1。厚绒纬纱选用 58.3 tex 以上，薄绒纬纱选用 58.3 tex 以下。绒布纬紧度大于经紧度。通常双面绒的经纬紧度比约为 1∶1.7，单面哔叽绒的经纬紧度比为 1∶1.2～1∶1.7。

10. 灯芯绒

灯芯绒织物是纬浮长被割开后织物表面为一条条纵向绒条的织物。灯芯绒织物具有手感柔软、绒条圆润清晰、绒毛丰满、光泽柔和、厚实、耐磨等特点。灯芯绒常采用中等线密度的纱线，纬密比经密高很多，纬纱线密度与织物密度有关。纬纱线密度低，纬密相应增加，织物毛绒稠密，固结也较牢固。灯芯绒织物因纬密较高，经纱捻度可适当增加，降低纬纱捻度，便于割绒，并可保持绒条的圆润而使织物柔软。

11. 麦尔纱

麦尔纱均为轻薄织物，选用低线密度纱。常用普梳纱，纱线线密度为 10～15 tex；麦尔纱紧度不宜过高，比一般细平布小，使织物具有较好的透气性。

12. 巴里纱

巴里纱均为轻薄织物，选用低线密度纱。巴里纱采用精梳纱、线，单纱通常为 9～15 tex，股线为 J6.5 tex×2 以下。巴里纱紧度不宜过高，比一般细平布小，使织物具有较好的透气性。

13. 羽绒织物

羽绒织物经纬紧度大，经纬纱为精梳纱，捻度较府绸织物略低。羽绒织物的捻向一般均为 Z 捻。当经纬分别选用 Z、S 捻时，则织物柔软，光泽更好。羽绒布透气量小，撕破强度高，织物的紧度必须较一般平纹织物高。

阅读材料

随着科学技术的发展，人们需要更舒适、更美观、更多有实用性的产品。纺织新产品的发展总趋势是舒适化、高档化、美观化、功能化，但不同类型的纺织新产品都有各自的发展特色。由于纺织技术的进步，白坯织物出现了很多新的特征。

在织物规格上，向宽幅和特宽幅织物方向发展，织物幅宽在 320 cm 及以上。这类织物减少了服装裁剪时拼幅、拼花的损耗，非常经济实用。

在织物结构基本参数上，纱线比传统产品更细，但其经、纬纱密度很高，此类品种用传统织机是根本不可能生产，新型织造技术为开发高密、薄爽织物提供了条件。低线密度的高经、纬密织物外观光泽靓丽，手感柔滑，表面平整光洁、舒适，印花花纹细腻、比较逼真，广泛用于高档服装、高档家纺装饰织物等。

在原料的应用上，除传统的棉纤维外，化学纤维也得到迅猛的发展。再生纤维已从应用最早的粘胶纤维，发展到包括 Tencel 纤维、莫代尔纤维、大豆蛋白纤维、牛奶蛋白纤维、玉米纤维等多种再生纤维，这些纤维具有良好的使用性能，并且生产过程环保。在合成纤维方面，除传统的七大纶以外，现已开发出异形纤维、超细纤维、抗静电纤维、多组分皮芯结构纤维、并列结构纤维、多层结构纤维、海岛结构纤维、仿真类纤维，这些纤维在白坯织物上也得到了广泛的应用。

思考练习

1. 什么是机织物?

2. 什么是织物组织和原组织?

3. 去当地棉织厂，尽可能多地搜集各类坯布布样，区分它们的不同特点，并按照不同的分类方法对它们进行归类。

第二节　白坯布的整经与浆纱

学习目标

1. 掌握整经的目的和要求。

2. 熟悉分批整经的工艺流程及主要机构。

3. 了解分批整经工艺的设计原则。

4. 了解分批整经常见疵点产生原因及预防方法。

5. 掌握浆纱的目的和要求。

6. 熟悉常见浆料的性能、浆液配方制定及浆液调制方法。

7. 熟悉经纱上浆工艺流程及浆纱机各组成部分的作用。

8. 学会浆液的温度、浆液的黏度、浆液的 pH 值、浆液的总固体量、上浆率、回潮率、伸长率的测试。

一、整经

1. 整经的作用与要求

整经的主要任务是根据工艺要求，将一定根数的经纱从筒子上退绕下来，按规定的长度、幅宽、排列顺序均匀平行地卷绕在经轴或织轴上。整经质量对保证浆纱工序的顺利进行，保证良好的织物质量具有重要意义。

整经是十分重要的织前准备工序，它的加工质量直接影响后道工序的生产效率和织物质量。所以，对整经工序提出以下要求：

（1）全片经纱张力均匀一致。

（2）全片经纱排列均匀；经轴表面平整。

（3）经轴卷绕圆整，卷绕密度适当而均匀，边纱卷绕结构正常。

（4）整经根数、整经长度、色纱排列符合工艺要求。

（5）接结质量符合要求。

2. 分批整经及其主要机构

在织造生产中，整经工序因纱线的种类和工艺特点不同而不同，广泛采用的整经方式有分批整经和分条整经。白坯织物一般采用分批整经方式。

分批整经也称轴经整经，它是将全幅织物所需的经纱总根数分成几批，每批经纱根数尽可能相等，分别卷绕到几只整经轴上，然后将这几只整经轴上的纱线在浆纱机或并轴机上合并，并按工艺规定长度卷绕到织轴上。

分批整经的优点是整经速度快、生产率高，适合大批量生产，其整经轴质量好，片纱张力比较均匀。分批整经的缺点是容易生产短码，回纱较多，对于多色或不同捻向经纱的整经，色经排列较为困难。因此，分批整经主要用于本色或单色织物的整经加工。

（1）分批整经工艺流程

图 5—4 为分批整经的工艺流程。在筒子架 1 上安插圆锥形筒子 2，纱线自筒子上引出后经张力装置 3、断纱自停装置 4、导纱瓷板 5，再通过导棒 6 汇成经纱片进入整经机机头。在机头部分，经纱片穿过伸缩辊 7，绕过导纱辊 8 而卷绕在经轴上。对于普通分批整经机，经轴 9 装在经轴臂 10 的轴承内。在经轴臂的头端挂有加压重锤 11，使经轴紧压在大滚筒 12 上，滚筒为积极传动，通过两者的表面摩擦带动经轴完成卷曲运动。

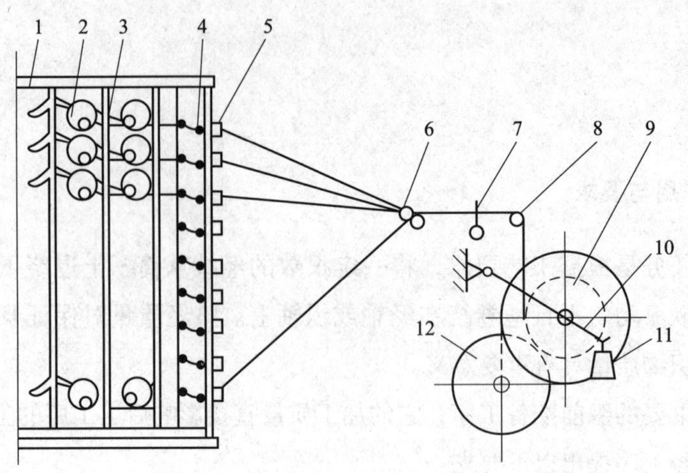

图5—4　分批整经机的工艺流程

1—筒子架　2—筒子　3—张力装置　4—断纱自停装置　5—导纱瓷板　6—导棒
7—伸缩筘　8—导纱筘　9—经轴　10—经轴臂　11—加压重锤　12—大滚筒

（2）分批整经机的主要机构

1）筒子架。整经工序所用的纱线卷装形式一般为络筒工序提供的筒子，整经筒子架的基本功能就是放置这些整经用的筒子，筒子架一般还有纱线张力控制、断纱自停与信号指示等功能，这些功能对提高整经速度、质量、生产效率有着重要影响。筒子架有多种类型，常用的有循环链式筒子架、分段旋转式筒子架、组合车式筒子架。

2）张力装置。整经时为了使经轴获得良好成形和较大的卷绕密度，在整经筒子架上设有张力装置，给纱线以附加张力。设置经纱张力装置的另一目的是调节片纱张力，即根据筒子在筒子架上的不同位置，分别给以不同的附加张力，使全片经纱张力均匀。

整经张力装置的工作原理一般为累加和倍积两种方法，常用的有垫圈式张力装置、双柱压力盘式张力装置、双张力盘式张力装置。有些新型整经机上配置了电磁张力装置，此外，还有导纱棒式张力装置。

3）断头自停装置。一般筒子架上每锭都配有断头自停装置，整经断头自停装置的作用是当经纱断头时，立即向整经机车头控制部分发出信号，由车头控制部分发动停车。整经断头自停装置主要有电气接触式和电子式两种，如图5—5所示。

①电气接触式。电气接触式断头自停装置有两种常见的形式。

第一种自停装置，纱线断头后经停片因自重下落，接通电极棒1、2，使控制回路导通发动停车，如图5—5a所示。这种自停装置容易堆积纤维尘埃，引起自停动作失灵。

第二种自停装置的断头信号传感元件是自停钩6，纱线断头时自停钩下落，铜片7上

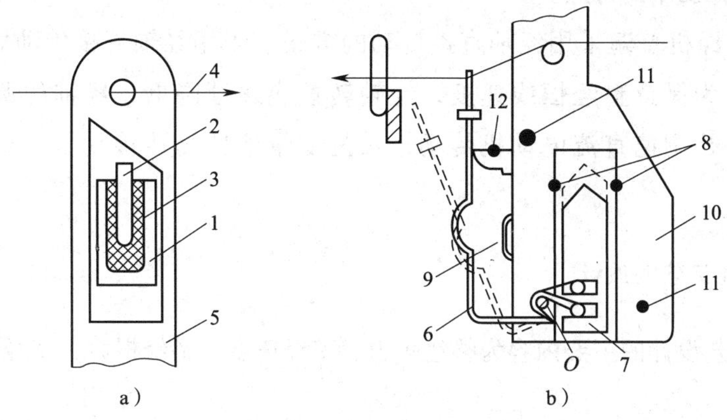

图 5—5　电气接触式断头自停装置

1、2—电极棒　3—绝缘体　4—经纱　5—经停片　6—自停钩

7—铜片　8—铜棒　9—指示灯　10—架座　11—支架　12—分离棒

升，使铜棒 8 接通发动停车，如图 5—5b 所示。这种装置带有胶木防尘盒，有一定的防飞花尘埃作用，但结构比较复杂。

②电子式断头自停装置。电子式整经断头自停装置又可分为光电式和电容式两种。

光电式电气自停装置具有比较高的断头自停灵敏度和准确率，该装置采用红外线发光二极管作为发光源，接收部分采用光敏晶体管。由成对的红外线发射器和接收器在每一层纱线下部形成一条光束通道。当纱线未断时，经停片由纱线支承于光路上方，光束直射在光敏晶体管上，光敏晶体管将光信号换成高电位输出信号。当纱线断头时，经停片下落挡住光路，光敏管输出低电平信号，发动停车并指示灯亮。

电容式整经断头自停装置的感测部分为 V 形槽电容器，整经机正常运行时，纱线紧贴 V 形槽底部运动，由于纱线运行及表面不平整的抖动，电容器产生的电信号类似“噪声信号”，一旦发生经纱断头，这种“噪声信号”消失，控制电路立即发动关车。

4）分批整经卷绕。分批整经时，片纱密度较稀，为了使经轴成形良好，分批整经按很小的卷绕角卷绕，接近于平行卷绕方式，对卷绕过程的要求是整经张力和卷绕密度均匀、适宜，卷绕成形良好。分批整经机上伸缩筘左右往复移动，使纱线平行地均布在整经轴表面，并且互不嵌入，以便于退绕。

为保持整经张力恒定不变，整经轴必须以恒定的表面线速度回转，于是随整经轴卷绕半径增加，其回转角速度逐渐减小，然而整经卷绕功率恒定不变。因此，整经卷绕过程具有恒线速、恒张力、恒功率的特点。

目前高速整经机普遍采用经轴直接传动的方式。采用经轴直接传动后，随经轴卷装直径逐渐增加，为保持整经恒线速度，经轴转速应逐渐降低。经轴的调速传动可以采用三种方式，一是调速直流电动机传动，二是变量液压马达传动，三是变频调速电动机传动。

3. 分批整经工艺的设计

分批整经工艺设计的主要内容为整经张力、整经速度、整经根数、整经长度、整经卷绕密度等。

（1）整经张力

整经张力与纤维材料、纱线线密度、整经速度、筒子尺寸、筒子架形式、筒子分布位置及伸缩筘穿法等因素有关。工艺设计应尽量保证单纱张力适度、片纱张力均匀。整经张力通过张力装置工艺参数（张力圈重量、弹簧加压压力、摩擦包围角等）以及伸缩筘穿法来调节。

（2）整经速度

新型高速整经机使用自动络筒机生产的筒子时，整经速度一般在 1 000 m/min 以上；滚筒摩擦传动的1452A 型整经机的整经速度为 200 ~ 300 m/min。整经轴幅宽大，纱线质量差，纱线强力低，筒子成形差时，速度可稍低一些。

（3）整经根数

整经轴上纱线排列过稀会使卷装表面不平整，从而使片纱张力不匀。因此，整经根数的确定以多头少轴为原则，根据织物总经根数和筒子架容量，计算出一批经轴的最少只数，再分配每只经轴的整经根数。为便于管理，各轴整经根数要尽量相等或接近相等。

一次并轴的轴数与整经根数的关系为

$$n = \frac{M}{Z}$$

式中 n——一次并轴的轴数；

M——织物总经根数；

Z——各轴整经根数的平均值。

（4）整经长度

整经长度的设定依据是经轴的最大容纱量，即经轴的最大绕纱长度。经轴最大绕纱长度可由经轴最大卷绕体积、卷绕密度、纱线线密度和整经根数求得。整经长度应略小于经轴的最大绕纱长度，并为织轴上经纱长度的整数倍，同时还要考虑浆纱的回丝长度及浆纱伸长率。

（5）卷绕密度

经轴卷绕密度的大小影响原纱的弹性、经轴的最大绕纱长度和后道工序的退绕。经轴卷绕密度可由压纱辊的加压大小来调节，同时还受到纱线线密度、纱线张力、卷绕速度的影响。卷绕密度的大小应根据纤维种类、纱线线密度等合理选择。表5—2为分批整经经轴卷绕密度的参考数值。

表5—2　　分批整经经轴卷绕密度

纱线种类	卷绕密度（g/cm^3）	纱线种类	卷绕密度（g/cm^3）
19 tex 棉纱	0.44～0.47	14 tex×2 棉线	0.50～0.55
14.5 tex 棉纱	0.45～0.49	19 tex 黏纤纱	0.52～0.56
10 tex 棉纱	0.46～0.50	13 tex 涤/棉纱	0.43～0.55

4. 分批整经质量控制

整经质量检验主要包括整经断头测定和整经轴质量检测两个方面。整经的质量对后道加工工序影响非常大，所以控制好整经质量是提高织物质量和织造生产效率的关键。

（1）整经断头

整经断头率用整经万米百根断头次数表示，即

整经万米百根断头次数＝5 000 m×100×2/整经根数

影响整经断头的因素有以下方面：络筒质量不良，如攀头、脱圈、生头不良、回丝等；细纱质量不好，如细节纱、弱捻纱等；整经机与工艺配置不当，如插纱锭子与张力座的导纱眼位置未对准，造成经纱退绕时气圈过大而引起断头；经纱通道部件不光洁等。

（2）整经轴好轴率

整经轴好轴率是整经工序半制品质量的一个重要指标，它直接影响经轴质量、布面质量和布机效率，并与经纱回丝的多少有直接关系，检验结果作为考核挡车工工作业绩的依据。每品种每周至少测一次，若翻改品种必须测试。

经轴好轴率标准及造成疵点的原因见表5—3。

经轴好轴率（%）＝（月生产总经轴数－疵轴数）×100%/月生产总经轴数

表5—3　　分批整经轴好轴率考核标准与疵点分析

疵点名称	考核标准	造成原因
浪纱	下垂3 cm、4根以上作一只疵轴；下垂5 cm、1根以上作一只疵轴；超过5 cm作经轴质量事故处理	(1) 操作不良，两边未校对整齐，造成经轴边纱部分不平、低于或高于其他部分 (2) 伸缩筘与经轴幅宽的位置不适当 (3) 经轴两端加压不一致，轴承磨损过大等机械原因造成经轴卷绕直径不一 (4) 经轴轴管变形及盘片歪斜或运转时左右横动造成经轴卷绕直径有差异
长短码	一组经轴的绕纱长度相差大于1/2匹纱长度作疵轴；大卷装大于50 m作疵轴；满100 m作质量事故处理	(1) 操作不良，测长表未调节好 (2) 整经机测长机构失灵 (3) 人为原因造成长短码
绞头	有2根以上作疵轴	(1) 断头后刹车过长，造成找头不准 (2) 落轴时，穿绞线放置不清
错支	经纱（轴）上发现错支作前工序质量事故；及时调整处理未造成经济损失和未影响后道坯布质量，不作疵轴；有经济损失，但未影响后道坯布质量作疵轴；经轴上未发现或发现后未认真处理好，作事故处理	(1) 换筒工操作不认真，筒子用错 (2) 筒子内有错支或错纤维纱，未能发现 (3) 前道工序出现错支纱线
错头份	经纱头份未按工艺规定，未影响后道质量，作疵轴；影响质量的作质量事故	翻改品种时，挡车工未检查头份或筒子数
油污渍	影响后道的深色油污疵点作疵轴	(1) 清洁工作不良，将油飞花掉落在经轴内 (2) 加油不当，油飞溅在经轴上
杂物卷入	有脱圈回丝、飞花或硬性杂物卷入作疵轴	(1) 做清洁工作时飞花等落入经纱 (2) 换筒子时回丝没有放到回丝袋而吹入纱面上，未及时清除 (3) 筒子结头回丝未及时摘掉 (4) 筒子堆放时间长，上面附有飞花
标记用错	封头布，轴票用错作疵轴	挡车工操作不良
嵌边、凸边	经轴边纱部分平面凹下或凸起，作疵轴处理	(1) 挡车工操作不当 (2) 经轴盘片严重歪斜

5. 提高分批整经的技术措施

(1) 高速、大卷装

新型高速整经机的最高整经速度达1 100 m/min。随着织机幅宽的增加，整经机的幅宽也相应增加，幅宽可达2.4 m，特殊规格可达2.8 m。整经轴边盘直径为800～1 200 mm。

(2) 完善的纱线质量维护

取消滚筒摩擦传动，采用直流变速电动机或变量液压马达直接拖动整经轴，保持纱线恒线速、恒张力卷绕，并以压辊加压控制整经轴的卷绕密度。

(3) 均匀的纱线整经张力

采用单式筒子架，实行筒子架集体换筒，提高片纱张力均匀程度。

(4) 均匀的纱线排列

伸缩筘作水平和垂直方向的往复移动，引导纱线均匀排列，保证整经轴表面圆整。

(5) 减少整经疵点

采用高效的整经轴、压辊、导纱轴同步制动，减少断头卷入整经轴所产生的倒断头疵点。

(6) 良好的劳动保护

整经机上装有光电式或其他形式的安全装置，当人体接近高速运行区域时，立刻启动关车，以免人身和机械事故发生。

(7) 集中方便的调节和显示

整经机主要工艺参数的调节、产量的显示、机械状态指示以及各操作按钮均集中安装在操作方便的位置，利于管理。

(8) 改善纱线质量，提高纱线的可织性

可织性是纱线能顺利通过织机加工而不致起毛、断头的性能。在分批整经和分条整经的新技术中，都反映出改善纱线原有质量、提高纱线可织性的发展趋势。

二、白坯布的浆纱

在织造过程中，经纱不仅受到开口、打纬的拉伸与冲击，而且还受到钢筘、停经片、综丝等机件的反复摩擦。未经上浆的单纱作为经纱，由于其表面毛羽较多，纤维间抱合力较差，在剧烈的织造过程中，纱线间相互缠绕，纤维游离，纱线的结构因遭到破坏而解体，导致纱线断头或起毛、起球而造成开口不清，使正常的织造无法进行。除 10 tex 以上的股线、加强捻长丝、变形丝、网络度较高的网络丝外，几乎所有短纤纱和长丝均需经上浆加工。但对不同的纤维，上浆的方法有所侧重，对一般短纤纱主要是通过伏贴毛羽达到耐磨，而对长丝纱主要是通过增加单纤维间集束性达到耐磨。

上浆的目的一是使浆液渗透到纱线内部，胶合部分纤维，以加大纱线的抱合性，提高纱线的强度，减少织造断头；二是在经纱表面被覆一层浆液，使松散突出于纱体表面的纤维毛羽伏贴，烘干后形成的浆膜使纱线表面光滑，提高耐磨性，防止起毛。此外，上浆在织物增重和获得部分后整理效果等方面具有积极的作用。

浆纱工程包括浆液调制和上浆两部分。为了实现优质、高产、低耗的目的，对浆纱工程提出如下要求：浆纱应具有良好的可织性；黏着剂、助剂来源充足，成本低；易退浆，不污染环境；上浆过程中应保证上浆率、回潮率、伸长率与工艺设计要求一致；经纱排列均匀，织轴卷绕质量良好，表面圆整；在保证浆纱质量前提下，不断提高浆纱生产率，并逐步提高浆纱操作的自动化程度。

1. 浆料

(1) 黏着剂

黏着剂是一种具有黏着力的高分子化合物，它是构成浆液的主体材料，浆液的上浆性能主要由它决定。浆纱用的黏着剂分为天然黏着剂、变性黏着剂及合成黏着剂三大类，见表5—4。

表5—4　常见黏着剂

<table>
<tr><td rowspan="10">浆纱用黏着剂</td><td rowspan="5">天然</td><td rowspan="3">植物性</td><td>各种淀粉</td><td>小麦淀粉、玉蜀黍淀粉、米淀粉、甘薯淀粉、马铃薯淀粉、橡子淀粉、木薯淀粉</td></tr>
<tr><td>海藻类</td><td>褐藻酸钠等</td></tr>
<tr><td>植物性胶</td><td>阿拉伯树胶、白芨粉、田仁粉、槐豆粉等</td></tr>
<tr><td rowspan="2">动物性</td><td>动物性胶</td><td>鱼胶、明胶、骨胶、皮胶等</td></tr>
<tr><td>甲壳质</td><td>蟹壳、虾壳等</td></tr>
<tr><td rowspan="3">变性</td><td>纤维素衍生物</td><td colspan="2">羟甲基纤维素（CMC）、甲基纤维素（MC）、乙基纤维素（EC）、羟乙基纤维素（HEC）等</td></tr>
<tr><td>变性淀粉（转化淀粉）</td><td colspan="2">酸化淀粉、氧化淀粉、可溶性淀粉、糊精等</td></tr>
<tr><td>淀粉衍生物</td><td colspan="2">交联淀粉、淀粉酯、淀粉醚、阳离子淀粉、接枝淀粉等</td></tr>
<tr><td rowspan="2">合成</td><td>乙烯类及其共聚物</td><td colspan="2">聚乙烯醇（PVA）、醋酸乙烯－丁烯酸共聚物、乙烯酸－马来酸共聚物等</td></tr>
<tr><td>丙烯酸类</td><td colspan="2">聚丙烯酸、聚丙烯酰酯、聚丙烯酰胺、丙烯酸酯类共聚物等</td></tr>
</table>

水溶性和黏着性是黏着剂的重要特性。除了新型合成浆料不再以水为溶剂外，一般都要求黏着剂能溶于水。黏着剂的水溶性直接关系到调浆及上浆工艺，是选择黏着剂的重要指标。黏着力能使浆液牢固地黏附于纤维间及经纱表面。因此，黏着力的大小与浆液的黏性和亲和力有关。

黏度表示浆液分子间的内摩擦阻力，直接反映黏性的大小。黏度适当的浆液能够顺利扩散到纱线的内外层。黏度是反映浆液质量的一项重要指标，若要上浆稳定，必须对影响浆液黏度的影响因素加以分析，掌握浓度、pH 值等对黏度影响的规律，合理选择黏着剂的黏度。

1）淀粉。浆纱使用的淀粉一般分为天然淀粉和变性淀粉。由于分子缩聚方式不同，按大分子形态，淀粉含有两种主要成分，即直链淀粉和支链淀粉。呈浆状的支链淀粉能使纱线吸附足够的浆液，使浆膜有一定的厚度和较高的黏附性，又可增强经纱的耐磨性；直链淀粉能使浆膜坚韧，富有弹性，在淀粉浆膜中起“增塑”作用。因此，两者对上浆工艺都有一定的效用。图 5—6 为几种淀粉浆液的温度—黏度变化曲线，不同的淀粉，由于支链含量不同，所以黏度也不相同，支链含量高，黏度也大。为稳定上浆质量，控制浆液对经纱的被覆和浸透程度，宜在黏度处于稳定阶段进行经纱上浆。

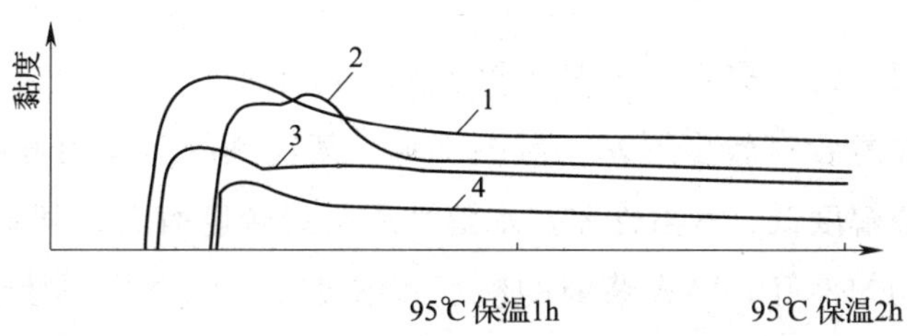

图 5—6　几种淀粉浆液的温度—黏度变化曲线

1—芭蕉芋淀粉　2—米淀粉　3—玉蜀黍淀粉　4—小麦淀粉

变性淀粉是以各种天然淀粉为母体，通过化学、物理或其他方式使其性能发生显著变化而形成的产品。人们通过对淀粉大分子内部伯醇基的氧化、醚化或酯化等反应，通过断裂苷键，降低其聚合度的方法来提高淀粉的水溶性、成膜性、流动性、渗透性和稳定性，在一定程度上提高了天然淀粉的使用价值。由于淀粉的变性技术在不断发展，因此变性淀粉的品种也不断增加。各种变性淀粉的变性方式及变性目的见表 5—5。

表 5—5　　各种变性淀粉的变性方式及变性目的

变性技术发展阶段	第一代变性淀粉（转化淀粉）	第二代变性淀粉（淀粉衍生物）	第三代变性淀粉（接枝淀粉）
品种	酸解淀粉、糊精、氧化淀粉	交联淀粉、淀粉酯、淀粉醚、阳离子淀粉	各种接枝淀粉
变性方式	解聚反应、氧化反应	引入化学基团或低分子化合物	接入具有一定聚合度的合成物
变性目的	降低聚合度及黏度，提高水分散性，增加使用浓度	提高对合成纤维的黏附性，增加浆膜柔韧性，提高水分散性，稳定浆液黏度	兼有淀粉及接入合成物的优点，代替全部或大部分合成浆料

2）羧甲基纤维素纳（CMC）。羧甲基纤维素钠是纤维素的衍生物，用棉短绒经醚化而成，是无臭、无味、无毒的白色粉末或纤维状物体。CMC 的水溶性由醚化度决定，醚化度越高，水溶性越好，但过高的醚化度会提高 CMC 的制备成本。因此，用于浆纱的 CMC 醚化度一般为 0.7 ~ 0.8。CMC 浆液的黏度随温度升高而下降；而当温度超过 80℃时，浆液的黏度会下降。在浆液 pH 值为 7 时，其黏度最高；偏离中性，其黏度逐渐下降；在 pH 值 <5 时，会产生沉淀，因而上浆时浆液应呈中性或微碱性。羧甲基纤维素钠具有良好的黏附性、混溶性和亲和力，一般在纯棉细特纱和涤棉纱上浆中使用。CMC 浆液成膜后光滑、柔韧，吸湿性较好，强度也较高。但是浆膜手感过软，以致浆纱刚度较差。车间湿度大时，浆膜容易吸湿发软、发黏。由于多种原因，CMC 浆料一般不作为主黏着剂使用。

3）聚乙烯醇（PVA）。聚乙烯醇是由聚乙烯酯醇解或皂化而制成，呈白色粉末、颗粒或粗絮状。聚乙烯醇含有较多羟基，易溶于水。其羟基的多少用醇解度来表示，醇解度高，水溶性好；醇解度低，水溶性差。水溶性还与聚合度有关，其聚合度低，水溶性、溶解速度和溶液的均匀性好。PVA 浆液的黏度和浓度在定温条件下接近成正比，PVA 的黏度还随聚合度的升度而增大，PVA 浆液在弱酸、弱碱中黏度比较稳定。不同醇解度的 PVA 浆液对不同纤维的黏附性存在差异，完全醇解 PVA 对亲水性纤维具有良好的黏附性及亲和力，部分醇解 PVA，由于大分子中疏水性醋酸根的作用，对疏水性纤维具有较好的黏附性。聚乙烯醇浆料具有良好的混溶性、黏附性和力学性能，PVA 浆膜弹性好，断裂强度高，断裂伸长大，具有一定的吸湿性能。PVA 浆液在弱酸、弱碱中黏度稳定。

4）丙烯酸类浆料。丙烯酸类浆料对疏水性纤维具有优异的黏附性，成膜性好，浆膜具有弹性，强度较低；丙烯酸类浆料与淀粉、CMC、PH－PVA 的混溶性好，与 FH－PVA 的混溶性差，易发生分层现象；丙烯酸类浆料吸湿性较其他浆料强，单独使用时再黏现象严重；黏度稳定。

（2）助剂

为改善和提高黏着剂的渗透、成膜、吸湿、防腐和防静电等工艺性能，需在浆液中添加适量的助剂，如分解剂、浸透剂、乳化剂、柔软剂、润滑剂、抗静电剂、中和剂、防腐剂、吸湿润剂、消泡剂等。

1）分解剂。分解剂使淀粉大分子水解，降低大分子的聚合度和黏度，降低淀粉的糊化温度。淀粉的分解剂分为酸性、碱性和氧化分解剂三种。

2）浸透剂和乳化剂。浸透剂和乳化剂的作用是降低浆液表面张力，增加浆液的扩散性和流动性，使纱线表面蜡质和油脂乳化，利于浆液渗透到纤维内。

3）柔软剂和润滑剂。由于黏着剂大多是黏性好的高分子化合物，形成的浆膜强度大，但浆膜粗硬、表面不光滑，故需适当加入柔软剂和润滑剂，增加浆膜的可塑性，以改善浆膜性能。

4）抗静电剂。合成纤维的吸湿性较差，在浆纱和织造过程中容易产生静电集聚，以致纱线毛茸耸立，加入抗静电剂的目的是增加浆膜的吸湿性和离子性，增加导电性，它还有使浆膜平滑、降低摩擦系数、减少摩擦起电的作用。

5）中和剂。中和剂用以调节浆液的酸碱度，淀粉生浆在分解之前要加入碱性中和剂，中和生浆中的有机酸，以保证分解程度适当，无结硅现象产生。中和剂分为碱性中和剂和酸性中和剂两种，碱性中和剂通常为苛性钠，酸性中和剂一般是盐酸等。

6）防腐剂。浆料中的淀粉、油脂、蛋白质等都是微生物的营养剂，坯布长期储存过程中，在一定的温度、湿度条件下容易长霉，防腐剂具有杀死微生物和抑制其繁殖的作用。

7）吸湿剂。吸湿剂的作用是帮助纱线吸收空气中的水分，使之能与空气发生湿交换，保持一定的回潮率，这有助于提高浆膜的弹性和柔性，吸湿剂也是合成浆料的增塑剂，使合成浆料增加流动性，以提高浆膜的延伸性。

8）消泡剂。泡沫是分散在液体中的气体被液体薄膜包围的一种现象，消泡剂能降低浆液的发泡能力，并能降低浆液中已经出现气泡膜的强度和韧度，使气泡破裂。

2. 浆液配方及浆液调制

（1）浆液的配方

浆液配方的设计是保证浆液质量的前提，合理的浆纱配方是完成浆纱工艺重要环节。浆液配方设计包括浆料组分的选择和配比的选择，在我国习惯把黏着剂材料定为100，其他助剂的用量则以对黏着剂材料的百分比来表示。

设计配方时一般应根据浆纱理论和设计人员的生产经验先制定几个配方，然后通过小样试验，由试验数据来确定实际使用的浆纱配方，即找出最佳的工艺方案。在设计浆纱配方时可从以下几个方面考虑。

1）纤维的种类。在选择主浆料时，应根据纱线的纤维种类来确定主黏着剂。为了避免织造时浆膜的脱落，所选择的黏着剂大分子应对纤维具有良好的黏附性和亲和力。根据相似相容原理，具有相同化学基团或相似极性的物质可以相互容合。主黏着剂确定后，部分助剂也就随之确定。

在棉、麻、黏胶纱上浆时，可以采用淀粉、完全醇解 PVA、CMC 等作主黏着剂，由于它们的大分子中都含有羟基，相互之间具有良好的相容性；羊毛、蚕丝、锦纶等纤维大分子中都含有酰氨基，可以使用含有相同基团的聚丙烯酰胺和动物胶作主黏着剂；醋酯纤维、涤纶等纤维大分子中均含有酯基，使用同样含有酯基的部分醇解 PVA、聚丙烯酸酯等也具有很好的上浆效果。

当主黏着剂选定后，可以根据其性能的不足来选用相应的助剂。如使用淀粉浆时需加入适当的分解剂、柔软剂和防腐剂；使用酰胺类浆料时，由于浆料容易发生吸湿再黏现象，不能使用柔软剂和吸湿剂；使用 PVA 时，由于浆料有容易起泡，必须使用消泡剂和吸湿剂，以改善浆料的缺陷等。

对混纺纱线的上浆可以采用多组分的混合浆料，以满足不同纤维的黏附力的要求，如对涤棉混纺纱可以采用分别对亲水性纤维（棉）和疏水性纤维（涤纶）具有良好亲和力的完全醇解 PVA、聚丙烯酸酯等。

2）纱线的结构。不同结构的纱线上浆的目的有一定的差别，应根据不同的上浆要求来确定浆纱配方。如纱线较细、强度较小时，上浆的主要的目的是增加纱线的强度，应以浸透增强兼顾被覆，因此，上浆率比较高，黏着剂可选择上浆性能较好的合成类浆料；纱线强度较高、毛羽较多的，应以被覆为主，兼顾浸透，宜选择以被覆为主的浆料，尽量使毛羽伏贴，表面平滑；对捻度较大的纱线，应选择流动性较好的浸透型浆料，以改善纱线的吸浆能力。

3）织物的结构。不同织物的组织、织物的交织密度、织造条件会使纱线单位长度内受到的各种力的作用有很大的差别，应根据织物的生产要求来确定浆纱的配方。一般情况下，经纱在织造时，经纬密度大的织物上浆率要求高，交织次数多的织物上浆率要求高，如在其他条件相同的情况下，平纹织物的上浆率最大，其次为斜纹织物，最后为缎纹织物。

（2）浆液的调制

浆液的调制是将各种黏着剂和助剂在水中溶解、分散，最后调煮成均匀的、稳定的、符合上浆要求的浆液。

调制浆液用的专门设备即调浆设备，主要包括煮釜桶、浸渍桶、调和桶、供应桶、输浆泵以及计量和测试用具等。

调浆的方法主要有定浓法、定积法和混合浆调制法三种。定积法通常是在一定体积的水中投入规定质量的浆料，然后加热搅拌形成浆液的方法，此法主要用于化学及合成浆料的调浆；定浓法一般用于淀粉浆的调制，通常以一定量的干浆料，加水调制成以密度表示的一定浓度的溶液，然后加热煮浆的调浆方法，一般采用 50℃ 定浓的方法。目前对淀粉浆也有采用既定浓又定积的调浆方法，对淀粉和化学制剂配成的浆料可用混合浆调制法。

3. 经纱上浆

（1）浆纱机结构

按原纱品种分类，浆纱机有短纤纱用、长丝用和色纱用三种类型。按烘燥方式分类，浆纱机有热风式、烘筒式和热风烘筒联合式三种类型。按上浆方式不同，浆纱机有单浆槽和多浆槽，单浸单压、单浸双压和双浸双压等类型，加压机构的形式有机械式、液压式和气动式等。按浆纱工艺过程分类，有轴经浆纱机、单轴浆纱机、整浆联合机等。

浆纱机一般由经轴架、浆槽、烘燥、织轴及其他辅助装置组成。典型的浆纱工艺流程如图 5—7 所示。经纱在浆纱机上上浆，纱线从位于经轴架 1 上的整经轴中退绕出来，经过张力自动调节装置 2 进入浆槽 3 上浆，湿浆纱经湿分绞棒 4 分绞和烘燥装置 5 烘燥后，通过双面上蜡装置 6 进行上蜡，干燥的经纱在干分绞区 7 被分离成几层，最后在车头 8 卷绕成织轴。

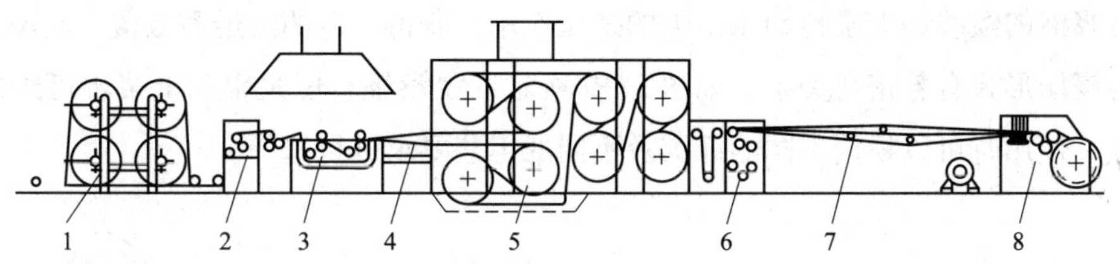

图 5—7　浆纱机的工艺流程

1—经轴架　2—张力自动调节装置　3—浆槽　4—湿分绞棒　5—烘燥装置
6—双面上蜡装置　7—干分绞区　8—车头

浆纱机上纱线伸长实行分区控制。通常分为五个区，即整经轴退绕区、浆槽区、纱线湿区（由湿分绞区和部分烘燥区构成）、纱线干区（由部分烘燥区和干分绞区构成）和浆轴卷绕区。

新型浆纱机装有自动控制装置，常用的有经轴退绕张力自动控制装置、压浆辊压力随车速变化的自动调节装置、浆槽浆液温度及烘房温度和蜡槽中蜡液温度自动控制装置、浆液液面高度自动控制装置、回潮率自动控制装置、织轴压辊压力自动控制装置等，从而保证了浆纱质量指标的稳定。

（2）经纱上浆

经纱上浆是由上浆装置完成的，即把经纱浸入浆液中，通过浸没辊、上浆辊和压浆辊的挤压作用，使浆液部分浸入经纱内部，部分被覆于经纱表面，从而获得一定的浸透和被覆上浆率，达到工艺要求的上浆率。经纱在浆槽内上浆的工艺流程如图 5—8 所示，经纱 1 从经轴架引出后，经导纱辊 2 和引纱辊 3 进入浆槽 8，通过后浸没辊 5 浸入浆液中，然后经过压浆、再浸没、再压浆后离开浆槽。

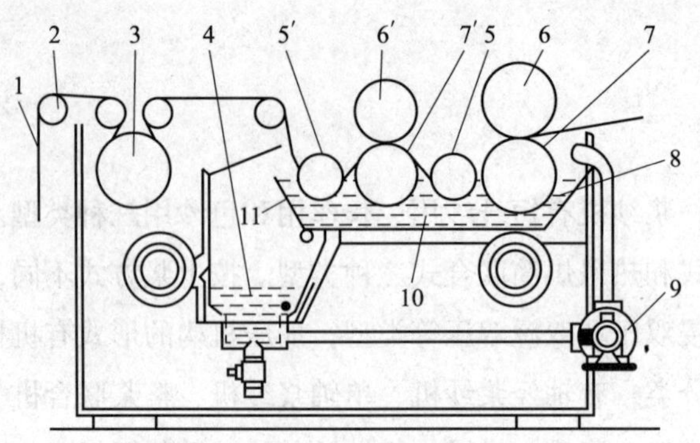

图5—8 经纱上浆装置工艺流程

1—经纱 2—导纱辊 3—引纱辊 4—预热循环浆箱

5、5′—前、后浸没辊 6、6′—前、后压浆辊 7、7′—前、后上浆辊

8—浆槽 9—循环浆泵 10—蒸汽管 11—液位板

浸过浆液的经纱经上浆辊和压浆辊的挤压作用，获得一定的浸透和被覆，其浸透和被覆的效果与浸压形式有着密切关系。如图5—9所示，浸没辊、压浆辊和上浆辊可组成不同的浸压方式，使用时可以根据不同的纤维及不同的工艺要求进行选择。

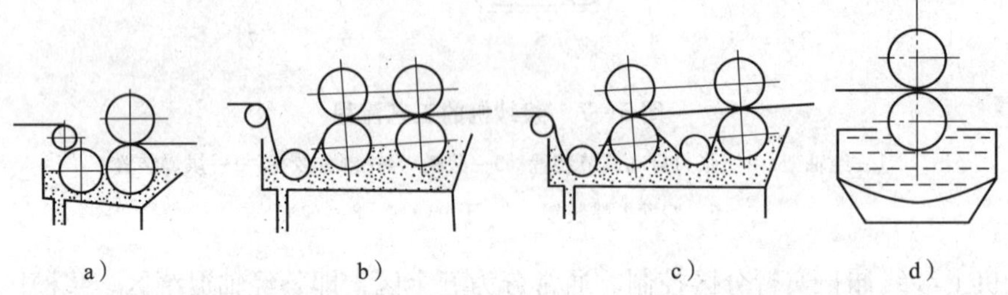

图5—9 几种不同的浸压方式

a）单浸单压 b）单浸双压 c）双浸双压 d）蘸浆

1）单浸单压。由一只浸没辊、一对上浆辊和压浆辊组成，其浆液周转快，上浆率稳定；纱线受到的张力和伸长都较小，特别适于湿伸长较大的黏胶纤维纱线。

2）单浸双压。由一只浸没辊、两对上浆辊和压浆辊组成，两只压浆辊分别配以大小不同的压浆力，当前小后大时，适合于浓度和黏度较低的情况；当前大后小时，可使浆液逐渐被压进纱线内部，达到增加渗透、增加强力为主的目的。

3）双浸双压。重复两次单浸单压的结构，特别适合于化纤类疏水性纤维的混纺纱、高经密织物经纱的上浆。

4）蘸浆。由一对上浆辊和压浆辊组成，经纱仅在上浆辊和压浆辊之间直接通过，其上浆量很小，黏胶长丝经常采用这种方式上浆。

压浆辊的压力对上浆率有较大影响。当压浆辊压力增大时，上浆率减小，反之，则上浆率增加。其加压力除来自压浆辊的自身质量外，还可采取在压浆辊两端加压的方法，有杠杆式、弹簧式、气动式、液压式和电动式等多种加压形式。

（3）浆纱烘燥

湿浆纱经过压浆辊挤压后，通过湿分绞棒进入烘燥装置，除去多余的水分，达到合适的回潮率，并使纱线表面浆膜成形良好。浆纱机烘燥有以下几种类型。

1）热风式。热风式烘燥是将加热的空气以一定速度吹向浆纱表面，依靠对流方式将水分从浆纱中汽化出来。这种烘燥方式作用比较均匀、缓和，浆纱圆整度好，粘连、落浆和起毛情况较少。但在烘燥过程中需不断排除湿热空气，使烘燥效率降低，蒸汽耗用量多。热风式烘燥有在烘房内穿纱长度较长、缺乏有力的握持控制、纱线伸长较大、断头时处理较困难、烘房结构复杂等缺点。

2）烘筒式。烘筒式烘燥由多个加热烘筒进行烘燥，纱线在烘筒表面绕行，筒壁以热传导方式对纱线传热烘燥。这种方式烘干能力大，效率高，有利于提高浆纱机的速度，容易控制温度和纱线的伸长，烘房结构简单，便于操作。其缺点是：由于纱线在润湿状态下直接与烘筒表面接触，纱片易黏附于烘筒表面，易出现与邻纱互相粘连的现象而破坏浆膜的完整性，有时会引起浆纱毛羽增加。

3）热风、烘筒联合式。纱线烘燥分预烘和烘干两个阶段。先利用热风对湿浆进行预烘，使浆膜初步形成，然后再以烘筒对纱线做最后烘干。

4. 浆液质量控制

（1）浆液的温度

浆液的温度是调浆和上浆时应当控制的重要工艺参数，特别是上浆过程中浆液的温度会影响浆液的流动性，使浆液的黏度变化，在相同含固量、相同浆料配方的情况下，若浆液温度变化，则黏度会发生较大的变化，会影响到上浆的均匀及上浆率的大小，可能造成许多浆纱疵点如浆斑、上浆不匀等。

另外，不同的纤维对浆液温度的要求有一定的差异，如棉纤维表面有油脂和棉蜡等拒水物质，浆液的温度会影响棉纱的吸浆性能，一般应在95℃以上的高温下上浆，而羊毛和黏胶纤维则应在较低的温度下上浆（55～65℃为宜）等。浆液温度的测试一般用水银温度计或压力式温度计测定。

影响浆液温度的因素。

1）主要原因为浆槽内蒸汽压力大小直接影响着浆液温度的高低，压力大，则浆液的温度高；压力小，则温度低。

2）新浆液的不断补充也会影响浆液的温度，新浆液补充不均匀会造成温度分布不匀。

3）浆槽从一面进汽，造成进汽端温度高而另一端温度低。

4）浆槽内鱼鳞管排列不匀，鱼鳞管眼子直径不一，造成眼子大处蒸汽大，温度高；眼子小处蒸汽不足，温度低。

（2）浆液的黏度

浆液的黏度是影响浆液对纱线的浸透和被覆情况的重要指标。浆液黏度大，则浆液的浸透性差而被覆性好，黏度小的浆液具有好的浸透性但被覆性差。在整个上浆过程中，浆液黏度的稳定是稳定上浆质量的重要条件，在生产过程中及时测试并调整浆液的黏度，是保证浆纱质量的常规测试指标。浆液黏度的测试通常采用快捷的手提漏斗式黏度计。

影响浆液黏度的因素有以下几种。

1）浆料种类。不同种类的浆料，它们黏度的高低差异较大，即使都是淀粉浆液，因生产原料产地、类别、加工方法不同，浆液的黏度也有差异。

2）浆液温度。同样浆液在不同的温度下，黏度值也不同；一般情况下，温度越高，黏度就越低；温度越低，则黏度就高。

3）同一种淀粉浆料，生浆的浓度越高，则黏度也越高；化学浆调浆时采用的是定积法，在同样的调浆成分的前提下，调浆的体积越小，黏度就越高，调浆成分中黏着剂占的比例越大，则浆液黏度越高。

4）蒸汽压力高低变化，蒸汽内带水过多或过少。

（3）浆液的总固体量（又称含固率）

浆液的质量检验中，一般以总固体量来衡量各种黏着剂和助剂的干燥质量相对浆液质量的百分比。浆液的固体量直接决定了浆液的黏度和浓度，按工艺要求测定固体量并保证浆液固体量的稳定，是提高浆纱质量的前提。浆液的总固体量的测试有烘干法和糖度计法。

影响浆液固体量的因素有以下几种。

1）浆液浓度偏高或偏低，校正浓度时温度不符合工艺规定，调浆体积不符合要求等原因造成。

2）蒸汽压力高低变化，蒸汽内带水过多或过少，浆槽温度过高或过低，浆纱机车速快慢等都会影响浆液固体量。

如总固体量不符合标准时，先检查试验操作是否有误，连续再做几次验证。

5. 浆纱质量控制

浆纱的质量可以分为浆纱的质量和织轴卷绕的质量两部分。

浆纱的“三大率”指标即上浆率、回潮率和伸长率及其合格率是衡量浆纱质量的基本指标，也是上浆工序中最基本的质量指标。

织轴的卷绕质量指标包含卷绕密度、好轴率、墨印长度等指标，在生产中，应根据产品的要求，合理地选择部分指标对上浆的质量进行检验和控制，以保证浆纱半制品的质量，为织造工序提供良好的生产条件。

（1）上浆率

1）上浆率的确定。上浆率是反映经纱上浆量的指标，指浆纱上所黏附浆料的干重与原纱干重的比值。上浆率对上浆纱线的可织造性能有重要的影响，其计算公式为

$$S = (G - G_0) \times 100\% / G_0$$

式中 S——经纱上浆率,%；

G——浆纱的干重，g；

G_0——原纱的干重，g。

①一般情况下，经纱纱线密度越小，纱线本身的强度较小，上浆应以提高纱线强度为主，则上浆率应越大。

②经纱捻度越小，纱线的强度低，则上浆率应越大。

③由于在织造时，织物的组织循环内，经纱的交织次数越多及密度越大的织物，织造难度越大，因此，平纹织物上浆率应大于斜纹织物的上浆率，而斜纹织物的上浆率应大于缎纹织物的上浆率。

④经纱密度大的织物的上浆率应大于经纱密度小的织物的上浆率。

2）上浆率对织物的产量和质量的影响。上浆率过大时，虽然经纱强度和耐磨性有所增加，但经纱的弹性却减小，易造成织造过程中的脆断头，且上浆率增大以后，经纱变硬，对钢筘的磨损增大，织出的织物外观粗糙，浪费浆料，增加生产成本。

如果上浆率过小，虽然经纱的弹性比较好，但经纱的强度和耐磨性却不够大，在织造过程中容易使纱线起毛，造成断头增多，严重的将会影响正常生产，造成大面积停台，给生产带来严重的损失。

3）上浆率的测定。在实际生产中常用的上浆率的测定方法有计算法和退浆法。计算法具有速度快、方便的特点，但由于部分数据存在一定的误差，造成测定上浆率的数据不太准确。企业中常用退浆法测试上浆率，准确性较高。

用退浆率来反映经纱的上浆率，退浆率的计算公式为：

$$J = [w_0 - w_1/(1 - b)] \times 100\% / [w_1/(1 - b)]$$

式中 J——退浆率,%；

w_0——浆纱试样退浆前干重，g；

w_1——浆纱试样退浆后干重，g；

b——毛羽损失率,%。

$$b = (B - B_1) \times 100\%/B$$

式中 b——毛羽损失率,%；

B——原纱试样煮前干重，g；

B_1——原纱试样煮后干重，g。

4）影响上浆率的因素

①浆液的浓度和黏度。浆液具有准确而稳定的浓度，是保证上浆率稳定的前提。浆液的黏度是反映浆液上浆性能的又一重要指标，浆液的黏度不稳定，上浆率就不稳定。

②浸浆长度和浆纱速度。经纱的浸浆长度长，则上浆率大；浆纱机车速不稳定，造成上浆率波动，车速快，则上浆率偏高，若车速慢，则上浆率偏低。

③压浆条件。压浆力的大小对上浆率有明显的影响，压力大，被挤出的浆液多，上浆率偏低；压浆力小，则上浆率增大；压浆力不匀会造成上浆率不匀；压浆辊重量、压浆辊包卷的弹性对上浆率也有影响，压浆辊重量越重，弹性越差，则上浆率越低；压浆辊包卷弹性好，吸浆多，则上浆率高。

④浆液温度。浆液温度也影响上浆率，温度高，则增强了浆液流动性，吸浆多，上浆率偏高，尤其是浆液温度不能忽高忽低，否则会造成上浆不匀，产生轻浆或浆斑疵点。

⑤其他原因。纱线捻度少，结构松散，吸浆多，上浆率偏高；停车时间过长，也易造成上浆率低；浆液起泡沫会造成轻浆等。

（2）回潮率

回潮率是浆纱含水量的质量指标，它反映浆纱烘干的程度。纱线的烘干程度不仅关系到浆纱的能量消耗，而且会影响浆膜的性能，从而影响纱线的物理机械性能。

1）回潮率的确定。回潮率的大小应根据纱线的原料、粗细和上浆率等情况来确定。一般毛纱的回潮率高，合成纤维纱则较低，棉纱的回潮率居中。纯棉纱的回潮率一般控制在7%～8%，黏胶的回潮率控制在10%左右，涤/棉纱的回潮率控制在2%～2.5%。

2）回潮率对织造质量的影响。回潮率过大，经纱的弹性和耐磨性都有所下降，纱线之间容易粘连，造成开口不清，造成断头及“三跳”等疵点；回潮过小，则浆膜发脆，落浆多，断头率增加，影响正常生产。

3）影响回潮率的因素如下：

①烘房的温度是影响浆纱回潮率的最直接因素，烘房温度高则回潮率低，烘房内热空气或烘筒温度的不稳定，浆纱的回潮率就不稳定。

②浆纱速度快，会使烘燥时间过短而回潮率变大，反之，则回潮率变小。

③烘房排风量大时，烘房内的空气湿度低，回潮率小；反之，回潮率就大。

④上浆率大时，浆膜会阻碍水分蒸发，回潮率偏高，反之，回潮率偏低。上浆率不匀，

则回潮率也会不匀。

⑤压浆辊两端加压不一致是造成浆纱横向回潮率不匀的主要原因，压浆辊和上浆辊接触不良、烘房内气流紊乱、流量不匀或有死角等，均会影响浆纱回潮率的均匀。

（3）伸长率

浆纱的伸长率反映了上浆过程中纱线受到的张力大小。拉伸过大时，纱线的弹性会损失，断裂伸长下降，会影响布机的断头率。

伸长率是上浆后经纱长度的增加量与原纱长度的比值的百分率。

$$E = (L - L_0) \times 100\% / L_0$$

式中　E——浆纱的断裂伸长率,%；

L_0——原经纱的长度，m；

L——浆纱长度，m。

1）伸长率的确定。由于经纱在上浆过程中会受到一定的张力，在湿、热状态下对经纱进行上浆和烘干，经纱产生伸长是不可避免的，但必须将伸长控制在一定的范围内。伸长率的大小与经纱原料、经纱密度以及纱线结构等因素有关，通常毛纱比棉纱的伸长率一般要大些，纱线密度小的经纱伸长率的比纱线密度大的经纱伸长率要大，单纱的伸长率一般大于股线的伸长率。

在一般情况下，涤/棉、纯棉纱的伸长率都是正值，而涤/腈等弹性较好的混纺纱线因经过浆纱后产生收缩，其伸长率小，常出现负值。

2）伸长率的测定。通过测定浆纱的伸长率指标可以了解上浆过程中经纱的张力大小，能及时发现浆纱工艺、浆纱设备、操作状况存在的问题。伸长率的测定方法主要有计算法和纱线测长仪测定法等。

在生产实际中常用计算法测试浆纱伸长率。

浆纱的总的伸长的计算公式为：

$$E = \{[nl + m(l_1 + l_2) + l_3] - (L - L_1)\} \times 100\% / (L - L_1)$$

式中　E——一缸浆纱的总伸长,%；

n——一缸浆纱匹数；

l——浆纱每匹长度，m；

M——缸浆纱浆轴数，只；

L——整经轴原纱长度，m；

L_1——原纱回丝长度，m；

l_1——每只浆轴的上轴纱长度，m；

l_2——每只浆轴的落轴纱长度，m；

l_3——浆纱了机时的浆回丝长度，m。

3）浆纱伸长率的影响因素

①经轴轴架制动力大小。经轴轴架制动的目的是防止纱线松弛，但对纱线的伸长有重要的影响。制动力大时使纱线的伸长率增加，因此，经轴的制动力应尽可能小些。

②浸浆张力。纱线在浆槽中浸浆时应呈松弛的状态，对减小伸长有利，为此引纱辊和上浆辊之间的伸长应为负伸长。浆纱在高温湿纱状态下易伸长，因此需加装积极式送纱装置，以保持经纱在浆槽内呈低张力状态。

③湿区张力。合理地选择烘燥方法，缩短经纱在烘房内的导纱长度，采用积极式的烘筒传动，对减小伸长有利。

④干区张力。为了能顺利分纱，浆纱出烘房后应有足够的张力。张力过小，易分绞断头或摩擦和碰伸缩筘而断头。

⑤卷绕张力。为了使织轴的卷绕紧密，应有足够的张力，在保证卷绕成形的前提下，适当地采用小的卷绕张力，同时各经轴、导纱辊、浸没辊、上浆辊、分绞棒、张力辊、拖引辊、测长辊都必须平行，通道光洁，回转灵活，以减少牵引时的阻力。

（4）浆纱增强率和减伸率

浆纱增强率和减伸率的大小对织造生产效率和产品的质量有较大的影响，通过测试，可以发现浆纱物理性能的变化，可以作为改进工艺的重要依据。

1）浆纱增强率。浆纱增强率是指上浆后纱线强力的增加量与原纱强力比值的百分率。可以表示为

$$Z = (P_j - P_s) \times 100\% / P_s$$

式中　Z——浆纱增强率，%；

P_j——50 根浆纱的平均断裂强度，cN/tex；

P_s——50 根原纱的平均断裂强度，cN/tex。

2）浆纱减伸率。

指上浆后的纱线断裂伸长率的减少量与原纱断裂伸长率比值的百分率。可以表示为

$$J_s = (e_0 - e_1) \times 100\% / e_0$$

式中　J_s——浆纱减伸率，%；

e_0——50 根原纱的平均断裂伸长率，%；

e_1——50 根浆纱的平均断裂伸长率，%。

3）测试方法。原纱样本在经轴了机时取样，而浆纱的样本在落轴时取样，取样长度一般约为 70 cm，取样后应迅速将试样两端用夹板夹住，以避免退捻，造成测试误差。在单纱强力机上分别测定原纱和浆纱的断裂强度和断裂伸长，至少保证测定 50 个数据。

4）影响浆纱增强率和减伸率的因素。浆纱增强率与浆纱的上浆率、回潮率、所用黏着剂的类别及原纱的强力等都有关系。上浆率高，则增强率大，浆纱回潮率高，增强率也相应地高。黏着剂种类不同，它们浆纱增强率也有差别。

若用淀粉上浆，因浆膜厚，上浆率高，其增强率比化学浆高，但浆纱减伸率则因淀粉浆膜硬脆而比化学浆大。浆纱伸长越大，则减伸率也越大。

（5）浆轴好轴率

浆轴是浆纱工序的最终产品，浆轴的质量将决定了织造的质量，通常说“浆纱一分钟，织造一个班”。实际生产中，通过计算每个挡车工的好轴率，作为考核其产品质量的依据。

1）浆轴好轴率的计算如下：

浆轴好轴率（%）＝（检查总轴数—疵轴数）×100%/检查总轴数

2）浆轴好轴率测定。在生产中按织轴好轴率检查考核标准在生产现场实查，检查周期为每台机每周一次。浆轴好轴率的考核标准及造成疵点的原因见表5—6。

表5—6　　浆轴好轴率考核标准及造成疵点的原因

疵点名称	考核标准	造成原因
绞头	织轴经密在100根以下满6根作疵轴；经密在100根以上满10～15根作0.5只疵轴；满15根及以上作疵轴（废边纱不计）	（1）运转中任意搬头或浆纱挡车工处理疵点时搬头 （2）浆纱落轴割头时，夹板未夹牢或割纱刀口不锋利，夹板夹持力不好
边不良	织轴明显软硬边或嵌边作疵轴	（1）伸缩筘装置不正确或调幅不适当与轴幅不齐 （2）浆轴盘片歪斜 （3）托纱辊太短，压力过轻，两端高低不一 （4）卷绕机构失灵
并头	单轴2根作0.5只疵轴，3根及以上作疵轴	浆液浓度、黏度过大，造成上浆过大而引起并纱
倒断头	单轴满2根作疵轴，1根作0.5只疵轴	（1）整经断头未处理 （2）浆纱机导辊不光滑 （3）浆槽内局部蒸汽太大，造成经纱起缕，不易分绞而崩断头
浆斑	浆斑作疵轴	（1）浆槽内部分蒸汽太大，浆液沸腾剧烈，溅到片纱上 （2）浆液内含有凝结块，上浆时被压浆辊压在纱上 （3）浆液表面凝皮 （4）开慢车或落轴停车时间长 （5）续停车时，未将压浆辊及浸没辊抬起，造成横向条形浆斑 （6）湿绞棒转动不灵或停止转动
错支	支数错误或纤维之间混杂，作事故处理	（1）操作不良，经轴吊错 （2）管理不当，经轴传票错误
松头	织轴上有经纱下垂2根作疵轴	操作不良，盘头布上糨糊未贴好或糨糊过多

阅读材料

一、现代整经技术

现代整经正向高速、大卷装、阔幅、通用性强、精密控制和高度一体化方向发展。

1. 新型高速分批整经机的整经速度已经达到1 000 m/min以上，分条整经机的滚筒卷绕速度在800 ~ 900 m/min。

2. 经轴容量进一步加大，整经轴边盘直径为800 ~ 1 000 mm，最大为1 250 mm。

3. 为符合现代宽幅织机的整经需求，整经幅宽不断增加，通常可达2.8 m，并可做相应调整。

4. 采用液压无级变速器、直流变速电动机等方法直接传动经轴，确保纱线恒线速、恒张力卷绕。

5. 采用迅速而有力的制动装置，以减少断头卷入整经轴所生产的倒断头疵点，并通过压辊加压控制整经轴的卷绕密度，使纱线的质量得到维护。部分整经机还配备倒纱装置，对减少倒断头疵点更为有利。

6. 为均匀纱线整经张力，提高整经效率，实行筒子架集体换筒并缩短换筒时间，开发了旋转组织筒子架及链式回转筒子架等新型筒子架，并拥有电子式纱线张力控制、断纱自停、信号指示、换筒自动打结等各项功能。

7. 在部分长丝分批整经机上装有毛丝检测装置和静电消除装置，这是提高无捻长丝可织性的重要技术措施。

8. 为进一步提高经轴质量，新型整经机改进了伸缩筘的排列方式，使之能做水平和垂直方向的往复移动，引导纱线均匀排列并形成交叉卷绕，不仅保证整经轴表面圆整，也有利于退绕。

9. 新型整经机加强了安全防护措施，安装了光电式或其他形式的安全装置，部分整经机装有车头挡风板，保护操作人员免受带有纤维尘屑的气流干扰。

10. 新型整经机多采用电子计长装置，提高了纱长测量精度，通过其计算机信息监测和控制系统可方便发调节和显示整经机主要工艺参数、机械状态指示以及各项操作按钮。

二、现代浆纱技术

现代浆纱技术的总体发展趋势可概括为：阔幅、大卷装、高速高产、低能耗、产品的高质量、生产过程的高度自动化和集中方便的操纵与控制。

1. 浆纱技术发展趋势

(1) 上浆过程中，采用高浓度浆液和高压或中压上浆技术，压浆力随浆纱速度自动调节。

(2) 纱线张力分区自动控制及显示，有效控制浆纱伸长率。

(3) 浆纱机各单元实现标准化和组合化，用户可以根据不同的原料、纱线线密度、经纱根数以及织造要求，十分方便地对单元部分进行优化选择及组合，既能形成一机多用的通用型浆纱机，也能组成某种特殊要求的专用型浆纱机。

(4) 在车头控制板上集中了全机的操纵及计算机质量监控系统，不仅能采集运行数据、存储数据、测算工艺参数，打印并记录与产量、质量、效率等有关的各种数据（如工作时间、停机时间、机器效率、浆纱速度、浆纱长度、伸长率、上浆率等），还能根据测试数据自动地对上浆过程进行优化，保证浆纱的高质量。

(5) 研制及开发满足各种新型织造技术的特殊浆料、组合浆料及单组分浆料，提高浆料的上浆效果，简化调浆操作。

(6) 计算机在调浆工序中的应用是调浆技术的主要发展趋势。在浆液调制过程中，每个浆料组分的称量及加入、煮浆时间、温度、搅拌速度、调煮程序都由计算机进行控制，实现全过程的自动化，同时计算机还对浆液的调煮质量进行在线监控。

2. 上浆新方法简介

传统的上浆方法都是采用将纱线引入浆液中上浆，然后烘干。这种方法会消耗大量的热能，且浆纱的速度受到烘干效率的限制。目前有几种新的上浆方式，可以解决能量消耗和环境污染等问题。

(1) 高压上浆

高压上浆工艺的应用对提高上浆质量有重要的意义。高压上浆是指在浆纱烘干前，用高压的压浆辊压去多余的浆料和水分。

采用高压上浆不仅提高了浆纱机的生产效率，节省了能源和浆料，而且上浆的质量也得到明显的提高。

高压上浆可以达到如下目的。

1) 使浆纱具有较低的湿加重率，从而降低烘燥时的能量消耗。为浆纱机实现高速化创造了有利的条件。

2) 通过高压，可以加强浆液的浸透和黏附性，使浆膜完整，纱线中的纤维结构紧密，毛羽伏贴，提高浆纱的可织造性能。

为了适应高压浆力，保证织物上浆率的要求，必须在高压上浆时提高浆液的含固量，即高压上浆需要配合高浓度的浆液。由于浓度的增加会导致浆液黏度的增加，过高的黏度不利于浆液的浸透，且在挤压时，还容易造成打滑或剩余物增多，并容易造成浆纱的粘、并、绞头，因此，浆液的黏度不宜过大。在工艺配置上要求采用“二高一低”（高压浆力、高浓度、低黏度）的上浆工艺，上机工艺原则可概括为：高浓度、低黏度；先轻压、后重压、高压力、增浸透；湿分绞、分层烘、保浆膜、减毛羽；低回潮、匀速度；分段控、调张力、小伸长、紧卷绕。高压力上浆在工艺合理的情况下对提高浆纱的质量和提高浆纱的速度有着重要的意义。

（2）预湿上浆

预湿上浆工艺对提高某些产品的浆纱质量非常有效。所谓预湿上浆是指在纱线进入浆槽之前，对纱线进行湿处理，以提高纱线的润湿性能，达到提高上浆纱线质量的目的。国内很多企业也在研究预湿上浆的机理，研究预湿上浆工艺对提高浆纱质量的作用。

经纱上浆的关键是浸透和被覆。上浆时，浆液的一部分浸透到纱线内部，用以增加纱线间的抱合力和牢固浆膜的基础，增加纱线强力；另一部分则牢固地黏附在纱线的表面，形成柔软坚韧的浆膜，以伏贴毛羽，增加纱线的耐磨性。但是，随着浆纱机速度的提高，纱线在经过浆槽的极短时间内很难保证浆液对纱线的浸透和被覆均良好。另外，棉纤维表面的棉蜡、油脂等物质会阻止浆液进入纱线的内部，达到浸透良好的目的。经预湿后的纱线，可增加其与浆液的亲和程度，从而使浆液的浸透作用得到增强。尽管目前预湿上浆的机理有待于进一步研究，但其可增加浸透是不容忽视的。

预湿上浆对纱线具有两个方面的作用：一是通过热水对纱线进行润湿，并利用高压排出纱线中的空气，以有利于纱线的吸浆和浸透；二是通过温水和适量助剂，确保棉蜡及纺丝油剂等的乳化，改善纱线的表面性质，有利于浆液的黏着和被覆。

目前的预湿上浆装置主要形式为单浸单压式预湿、双浸双压式预湿和预湿上浆联合机。单浸单压式预湿是在经轴与浆槽之间加装预湿槽，预湿槽内设置一根浸没辊和一对轧压辊，以压去多余的水分并黏附纱线表面的毛羽。双浸双压式预湿将预湿槽分为两个独立的浸渍区，每个浸渍区各配置一根浸没辊和一对轧压辊，可以优化预湿作用，延长浸渍的相对时间。预湿上浆联合机也称浸喷双压式预湿，由经纱输入区、预湿区和上浆装置三部分组成，预湿区配置一根浸没辊与一对轧压辊，一次喷淋区与一对轧压辊。该机构先由浸没辊对经纱进行水浴、洗涤，第一对轧压辊将纱线中的空气挤出，然后，利用喷淋管中的热水对经纱实施喷淋，使纱线充分润湿，最后通过第二次高压轧压以压出多余水分。

经研究表明，预湿上浆后的浆纱强力比未经预湿处理的经纱强力增加 15% ~20%；经纱表面光洁，浆膜完整；预湿处理后的纱线毛羽减少 50%；浆纱的耐磨能力提高 60%；节约浆料 20% ~40%，大大降低了上浆成本；织造的断头率明显降低。

思考练习

1. 整经的任务是什么？对整经工序有什么要求？

2. 什么叫分批整经？有什么优缺点？

3. 某府绸织物的总经根数为 5 170，经纱号数 13 tex，经轴卷绕最大体积为 400 016 cm^2，卷绕密度为 0.52 g/cm^3，墨印长度 33 m，每轴卷绕 42 匹，起了机回丝 1.5 m，伸长率为 0.8%，浆回丝 10 m，白回丝 13 m，筒子架最大容量为 540 只，试设计（1）整经头份；（2）整经轴只数；（3）整经长度。

4. 到企业浆纱生产现场实地测试某品种经轴的经轴好轴率，并分析经轴疵轴产生的原因。

5. 浆纱的目的和基本要求是什么？

6. 简述 PVA 的上浆性能。

7. 浆液中为何要用助剂？常用助剂及其适用范围如何？

8. 某客户需要品种 65T/35C　13 tex × 13 tex 393.5 × 362 170 细布 20 万 m。如果你是一个前织工艺员，如何设计该品种的浆纱工艺配方？并说出选择浆料的依据。

9. 什么叫上浆率、回潮率、伸长率、浆纱增强率和减伸率、浆纱耐磨性、浆液浸透和被覆比例？到企业浆纱车间实地取样测试某品种的上浆率、回潮率、伸长率。

第三节　色织布的整经

学习目标

1. 了解色织物及其形成过程。

2. 掌握分条整经的主要机构及工艺流程。

3. 掌握分条整经工艺的设计原则。

4. 学会分条整经疵点分析及预防。

整经工序因纱线的种类和工艺特点不同而不同，广泛采用的整经方式有分批整经和分条整经。色织物的整经需按织物的配色循环、花型要求进行色纱排列，故色织物常采用分条整经。

一、色织物的概念及形成过程

1. 色织物的概念

织物按织前纱线漂染加工分为本色坯布和色织物。

色织物是用色纺纱、染色纱、花式纱和漂白纱等，按照一定的组织结构经织造、印染后处理加工而成的一类纺织产品。其利用织物组织变化和色纱配合的手法来体现花纹效应，因此花型变化比较灵活，花纹层次细腻丰富，有立体感。

2. 色织物的形成过程

色织物的生产一般有小批量、多品种的特点。其生产工艺流程的选择应考虑到产品的批量、色纱的染色方法和染色质量、织造效率等因素，以提高织物的产品质量。色织物的染色方式有绞纱染色、筒子染色和经轴染色。根据色织物染色方式的不同，色织物的生产工艺流程有以下几种。

（1）绞纱染色

将松散的绞纱浸在特制的染缸中进行染色。绞纱染色的色织生产工艺流程如下：

原纱（绞纱）→纱线前处理、染色→ ┌ 经纱：络筒→整经→浆纱→穿结经 ┐ →
└ 纬纱：络筒→卷纬→ ┘

织造→坯布检验→整理→成品检验→打包入库

（2）筒子染色

把纱线卷绕在一个有孔的筒子上，然后将许多的筒子装入染色缸，染液循环流动，对筒子进行染色。筒子纱染色的色织生产工艺流程如下：

原纱→松式络筒→纱线前处理、染色→ ┌ 经纱：整经→浆纱→穿结经 ┐ →
└ 纬纱：络筒→卷纬→ ┘

织造→坯布检验→整理→成品检验→打包入库

（3）经轴染色

是一种大规模卷装染色，先将纱线制成经轴（整经），再将整个经轴的纱线进行染色。经轴染色的色织生产工艺流程如下：

原纱（绞纱）
- 经纱：络筒→整经→经轴染色→浆纱→穿结经
- 纬纱：松式络筒→纱线前处理、染色→络筒→卷纬→

→织造→坯布检验→整理→成品检验→打包入库

二、分条整经主要机构

分条整经也称带式整经。它根据配色循环和筒子架容量，将织物所需的总经根数分成根数尽可能相等的几份条带，按规定的幅宽和长度一条挨一条平行卷绕到整经滚筒上，最后将全部经纱条带倒卷到织轴上。

分条整经由于经纱要逐条进行卷绕，并且还要经过再卷过程，因此生产效率较低。但对不需要上浆的产品可直接在整经过程中获得织轴；在多色纱或不同捻向纱的整经时，花纹排列非常方便，回丝也较少。它特别适合于小批量、多品种织物生产，所以在丝织、毛织和色织厂得到广泛应用。

1. 分条整经工艺流程

分条整经工艺流程可分成条带卷绕和倒轴两个部分。其工艺流程如图 5—10 所示。经纱从装在筒子架上的筒子上引出，经过张力装置进入一对导杆，穿入后筘，经导杆、断头自停片、分绞筘及定幅筘，形成排列及幅宽符合工艺要求的经纱条带，再经测长辊、导辊，卷绕到大滚筒上。待所有的条带都卷绕到大滚筒上之后，通过倒轴将全部经纱同时卷绕到织轴上。

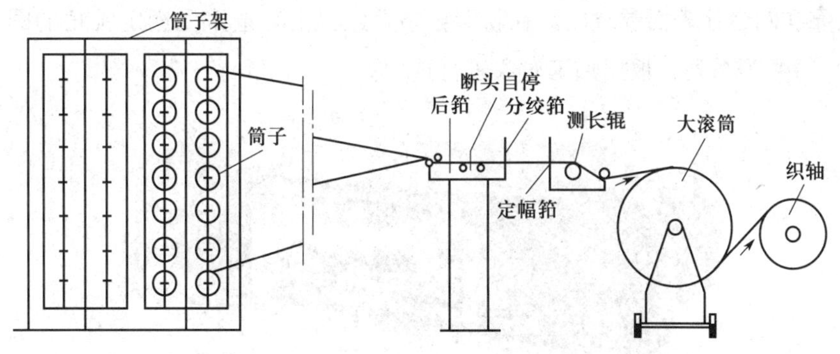

图 5—10　分条整经机的工艺流程

2. 分条整经机的主要机构

分条整经机包括筒子架和整经主机两部分。分条整经机的筒子架、张力装置和断头自停装置与分批整经机基本一样，但由于整经方法不同，二者的主要机构有所不同。分条整经机主机包括传动机构、启动和制动机构、卷绕机构、导条机构、分绞定幅机构、断头自停机构、测长满轴机构和倒卷机构等。

（1）卷绕传动机构

分条整经卷绕传动机构如图5—11所示。

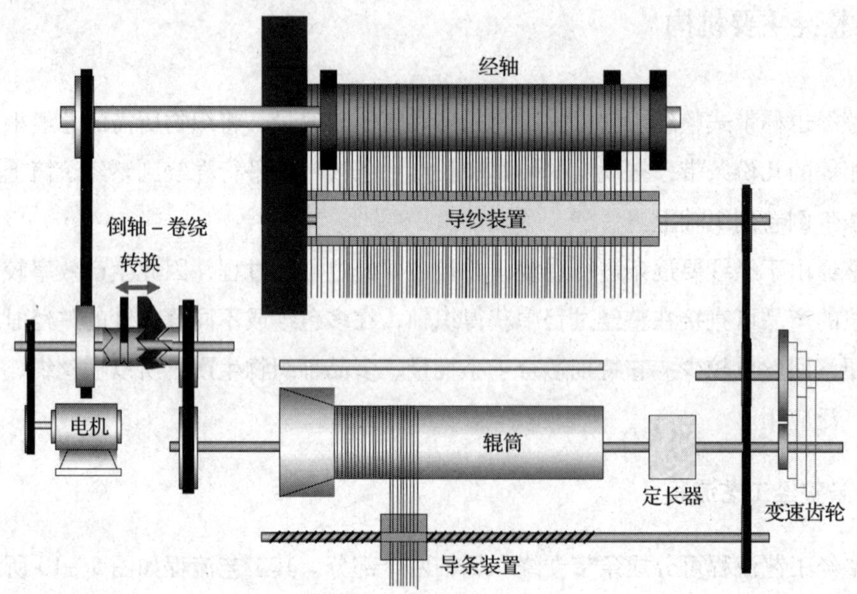

图5—11　卷绕传动机构

（2）大滚筒卷绕

分条整经机的整经大滚筒如图5—12所示，由呈一体的一长圆柱体和一圆台体组成，首条经纱是紧靠在圆台体表面卷绕的。在新型分条整经机上普遍采用固定锥角的圆台体结构，锥角有9.5°、14°等系列，根据加工对象进行选型。

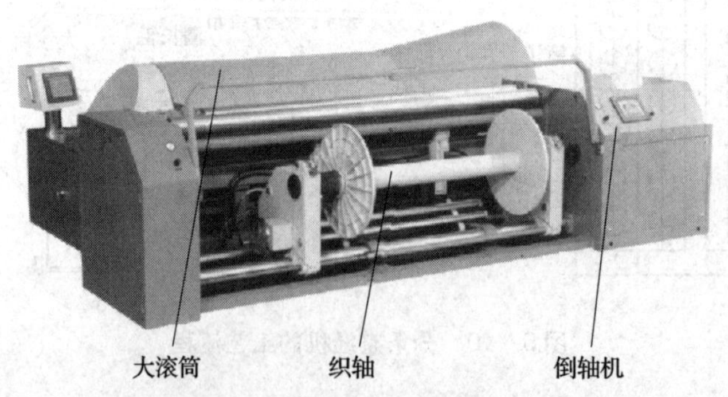

图5—12　分条整经大滚筒

分条整经的卷绕由大滚筒的卷绕运动和导条运动完成，大滚筒卷绕运动类似于分批整经机的经轴卷绕。新型分条整经机的大滚筒由独立的变频调速电动机传动，实现卷绕的恒线速。大滚筒装有高效的制动装置，一旦发生经纱断头，立即动作，保证断头未被卷入大滚筒之前停车。

（3）导条

第一条带的纱圈由滚筒头端的圆台体表面为依托，避免纱圈倒塌。在卷绕过程中，条带依靠导条机构的定幅筘横移引导，向圆锥方向均匀移动，纱线以螺旋线状卷绕在滚筒上，条带的截面呈平行四边形，如图 5—13 所示。以后逐条卷绕的条带均以前一条带的经纱条带为依托，当全部条带卷绕完成之后，卷装成圆柱形，纱线排列整齐有序，如图 5—14 所示。

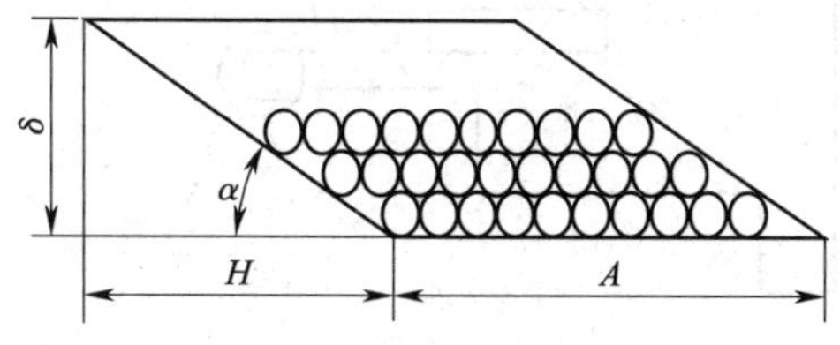

图 5—13　条带的截面形状

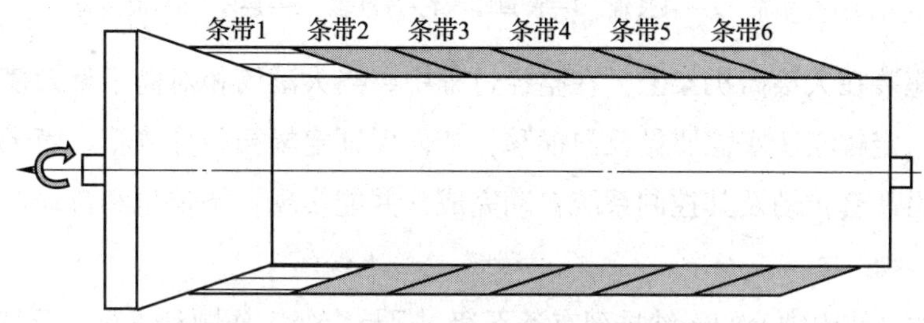

图 5—14　分条整经大滚筒各条带

导条运动是大滚筒和定幅筘之间在横向所做的相对移动，因此，其相对运动方式有两种：一种是定幅筘和倒轴装置做横向运动，在整经卷绕时，由定幅筘做横向移动，而倒轴时，倒轴装置做反向横移；另一种是大滚筒做横向运动，在整经卷绕时，由大滚筒做横向移动，使纱线沿着滚筒上的圆台稳定地卷绕，而在倒轴时，大滚筒再做反向的横向移动，保持大滚筒上经纱片与织轴对准，将大滚筒上的经纱退绕到织轴上。新型分条整经机大都采用大滚筒横移的导条运动方式，有利于提高整经片纱的张力均匀。如图 5—15 所示，在底座 5 上装有定幅筘 1、测长辊 2、测厚辊 3、导纱辊 4 等部件。在条带生头后，测厚辊将紧靠在大滚筒 6 的表面上，传感器检测其初始位置，随着大滚筒绕纱层数的增加，测厚辊随之后退，传感器将后退距离转换成电信号，输入计算机并显示出来。一般取滚筒绕纱 100 圈为测量基准，测量的厚度经自动运算，得到精度达 0. 001 mm 的横移量，控制部分按照横移量的大小使大滚筒和定幅筘底座做导条运动，实现条带的卷绕成形。测长辊 2 的一端装有一个测速电动机，将纱速信号和绕纱长度信号送到大滚筒传动电动机的控制部分和定长控制装置。导纱辊 4 的作用是增大纱线在测长辊上的摩擦包围角，减少滑移，提高测长精度。

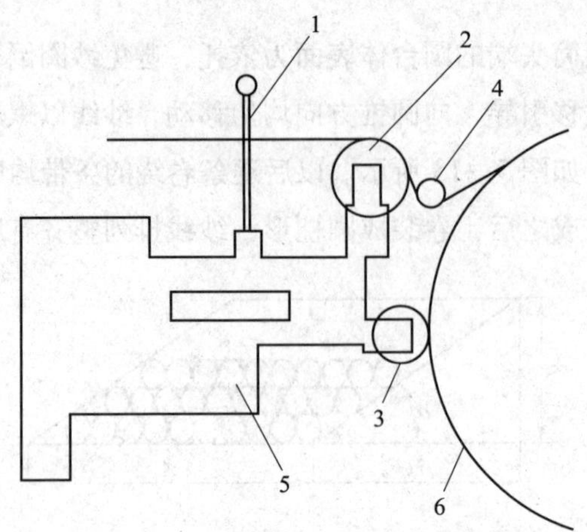

图 5—15　新型分条整经机导条机构

1—定幅筘　2—测长辊　3—测厚辊　4—导纱辊　5—底座　6—大滚筒

定幅筘底座装在大滚筒机架上，在整经过程中，当大滚筒相对筒子架做横向移动进行条带卷绕成形时，定幅筘底座需要做反向横移，从而保证定幅筘与分绞筘、筒子架的直线对准位置不变。这由一套传动及其控制系统自动完成，并能实现首条定位和自动对条。

（4）分绞

分绞的目的是使织轴上的经纱排列有条不紊，保持穿经工作顺利进行。分绞工作借助于分绞装置完成，分绞装置由分绞筘和分绞升降装置两部分组成。其分绞原理如图 5—16 所示。

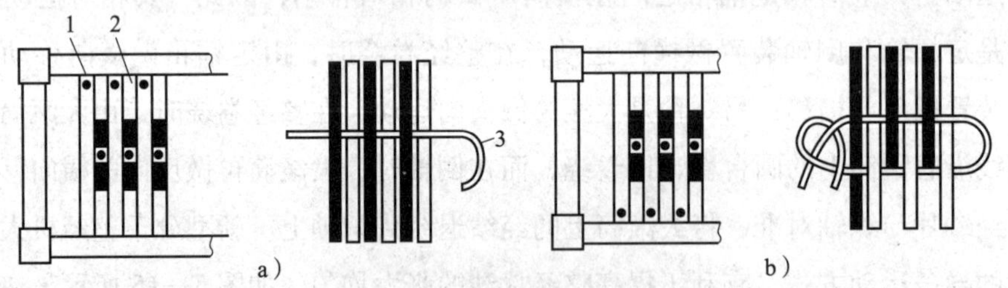

图 5—16　分绞筘及分绞原理

1—筘眼　2—封点筘眼　3—分绞线

分绞筘由筘眼 1 与封点筘眼 2 间隔排列组成，筘眼 1 不焊接，封点筘眼 2 在中部有两个焊封点，纱线在筘眼 1 中可上下较大幅度移动，但在封点筘眼 2 中的移动受两个焊封点约束。条带的纱线依次引过筘眼 1 和封点筘眼 2。分绞筘可在分绞装置的作用下上下运动。分绞时，先将分绞筘压下，筘眼 1 中的纱线不动，留在上方，而封点筘眼 2 中的纱线随之下降，这样把奇、偶数两组纱线分为上、下两层，在两层之间放入一根分绞线3，如图5—16a所示。然后再把分绞筘上抬，筘眼1中的纱线留在原位不动，而封点筘眼2中的纱线随之上升，又把奇、偶数两组纱线分为下、上两层，在两层之间再放入一根分绞线，如图5—16b所示。这样相邻经纱按原来的排列顺序严格分开，次序被固定。

（5）倒轴卷绕

滚筒上各条带卷绕之后，要进行倒轴，把滚筒的纱线退解下来，同时以适当的张力再卷到织轴上。倒轴卷绕由专门的织轴传动装置完成，在新型高速整经机上，它也是一套变频调速系统，控制织轴恒线速卷绕。倒轴过程中，为了保证退绕的片纱始终与织轴对准，织轴需横移或滚筒做与整经卷绕时相反方向的横移。倒轴卷绕张力的产生需借助大滚筒的制动器，制动器为气压或液压驱动方式。倒轴时，根据所需经纱张力，调节气（液）压压力，制动器便对与大滚筒一体的制动盘施加一定的摩擦阻力，从而产生倒轴卷绕张力，使织轴成形良好，同时达到一定的卷绕密度。

三、分条整经工艺的设计与计算

分条整经工艺设计除包括整经张力、整经速度、整经长度的设计外，还有整经条数、整经条宽和定幅筘计算等内容。

1. 整经张力

分条整经的整经张力设计分为滚筒卷绕和织轴卷绕两个部分。

大滚筒卷绕时，整经张力的设计原则可参照分批整经。

织轴卷绕的片纱张力取决于制动带对滚筒的摩擦制动程度，片纱张力应均匀、适当，以保证织轴卷装达到成形良好和合理的卷绕密度。织轴的卷绕密度见表5—7。倒轴时，随大滚筒退绕半径减小，摩擦制动力矩也应随之减小，因此制动带的松紧程度要做相应调整，保持片纱张力均匀一致。

表5—7　分条整经经轴卷绕密度

纱线种类	卷绕密度（g/cm^3）
棉股线	0.50～0.55
涤棉股线	0.50～0.60
粗纺毛纱	0.40
精纺毛纱	0.50～0.55
毛涤混纺纱	0.55～0.60

2. 整经速度

分条整经受换条、分绞、断头处理、再卷等工作的影响，其机械效率与分批整经机相比是很低的。据统计，分条整经机整经速度（滚筒线速度）提高25%，生产效率仅增加5%，因此，分条整经的速度提高就显得不如分批整经那么重要。

新型分条整经机的设计最高速度为800 m/min，实际使用时一般低于这一水平。纱线强力低、筒子质量差时应选择较低的整经速度，涤棉纱的整经速度应比同特棉纱低一些。

3. 整经条数

在条格及隐条织物生产中，整经条数 n 为

$$n = \frac{M - M_b}{M_t}$$

式中 M——织轴总经根数；

M_b——两侧边纱根数总和；

M_t——每条经纱根数。

每条经纱根数为每条花数与每花配色循环数之积，应小于筒子架的容量。第一和最后条带的经纱根数还需修正：应加上各自一侧的边纱根数，并对 n 取整数后多余或不足的根数做加减调整。

在素经织物生产中，整经条数 n 为

$$n = \frac{M}{M_t}$$

当$\frac{M}{M_t}$无法除尽时，应尽量使最后一条（或几条）的经纱根数少于前面几条，但相差不宜过大。在筒子架容量允许的条件下，整经条数应尽量少些。

4. 整经条宽

整经条宽即定幅筘中所穿经纱的排列幅宽，整经条宽 B 为

$$B = \frac{B_0 M_t}{M}$$

式中 B_0——织轴幅宽，cm。

5. 定幅筘计算

定幅筘的筘齿密度用筘号表示。公制筘号是指10 cm长度内的筘齿数；英制筘号是指2 in

内的筘齿数。公制筘号 N 为

$$N=\frac{M_t}{BC}\times 10$$

式中　C——每筘齿穿入经纱根数。

每筘齿穿入经纱根数的多少，以滚筒上纱线排列整齐、筘齿不损伤纱线为原则，一般为4～6根或4～10根。

6. 条带长度

条带长度（整经长度）L 为

$$L=\frac{lm_p}{1-a_j}+h_s+h_l$$

式中　l——成布规定匹长，为公称匹长与加放长度之和；

m_p——织轴卷绕匹数；

a_j——经纱缩率，%；

h_s——织机的上机回丝长度（一般为0.4～0.7 m）；

h_l——织机的了机回丝长度（一般为0.8～1.3 m）。

7. 整经的产量计算

整经的产量是指单位时间内整经机卷绕纱线的质量，又称台时产量，它分为理论产量 G' 和实际产量 G。

分条整经的理论产量 G'［kg/（台·时）］为

$$G'=\frac{6v_1v_2MT_t}{10^5\ (v_1+nv_2)}$$

式中　v_1——整经滚筒线速度，m/min；

v_2——织轴卷绕线速度（倒轴线速度），m/min；

M——织轴总经根数；

n——整经条数。

分条整经的实际产量 G 为

$$G=KG'$$

式中　K——时间效率，%。

整经时间效率除了与纱线线密度、筒子卷装质量、接头、换筒、上落轴等因素有关外，还取决于纱线的纤维材料和整经方式。例如1452型整经机加工棉纱时的整经时间效率

（55%～65%）明显高于加工绢纺纱时的时间效率（40%～50%）。分条整经机受分条、分绞、断头处理等工作的影响，其时间效率要比分批整经机低。

四、分条整经疵点分析及预防

1. 分条整经质量控制

整经质量包括卷装中纱线质量和纱线卷绕质量两个方面，整经的质量对后道加工工序影响非常大，所以抓好整经质量是提高织物质量和织造生产效率的关键。

分条整经的主要质量指标及其检验方法与分批整经相似。分条整经常见疵点与产生原因等见表5—8。

表5—8　分条整经常见疵点与产生原因

疵点名称	疵轴形式	产生原因	对后道工序影响
成形不良	织轴表面凹凸不平	定幅筘每筘齿穿入根数过多；导条器移动不准确、调整错误；经纱张力配置不当，条带张力不匀	浆纱断头、粘并，织造时开口不清、断头、产生“三跳”织疵和豁边疵布，布面不匀整、有条影等
织轴绞头	纱头连接位置不当	断头后刹车过长，造成找头不清；落轴时绞线不清	使织机开口不清，增加织疵，影响织机效率
错花型或错经纱根数	—	排纱不认真；挡车工未认真检查头份和筒子个数	影响花型、幅宽和穿经循环
错特	—	换筒工筒子用错；筒子内有错特、错纤维纱	布面错特，印染后造染色不一致
长断码	各整经条带长度不一致	测长装置失灵；操作不良，测长表未拨准等	增加浆纱和织造的了机回丝
倒断头	纱头没有正确连接	断头自停装置失灵，滚筒刹车不及时，使断头卷入；操作工断头处理不当	造成浆纱断头，影响浆纱质量
色花、色差	封头布、轴票用错	挡车工操作不良	品种混淆
嵌边、凸边	织轴边盘与轴管不垂直	倒轴时对位不准	造成边纱浪纱，织造成时形成豁边坏布

2. 提高分条整经质量的技术措施

（1）提高卷绕成型质量

新型分条整经机上，定幅筘到大滚筒卷绕点之间的距离很短，即自由纱段长度很短，有利于纱线条带准确引导到大滚筒表面，同时也减少了条带的扩散程度，使条带卷绕成形良好。

（2）采用定幅筘自动抬起装置

随着滚筒卷绕直径的增加，定幅筘逐渐抬起，自由纱段长度维持不变，从而使条带的卷绕情况和条带扩散程度不变，条带各层纱圈卷绕正确一致。

（3）采用无级变化的斜度板锥角

滚筒具有无级变化的斜度板锥角和定幅筘移动速度，这不仅使斜度板锥角与定幅筘移动速度正确配合，保证纱线条带截面形状正确，而且使条带纱圈获得最佳稳定性。很多新型分条整经机的大滚筒采用整体固定锥角设计，滚筒及主机移动，实现无级位移，级差小于0. 01 mm，既可靠又易维修。

（4）采用监测装置

采用先进的计算机技术、机电一体化设计，对全机执行动作实行程序控制，并对位移、对绞、张力、记数、故障等进行监控，实现精确计长、计匹、计条、对绞和断头记忆等，并具有满数停车的功能。

（5）采用无级变速传动

较先进的分条整经机，滚筒与织轴均采用无级变速传动，以保证整经及倒轴时纱线线速度不变，使纱线张力均匀，卷绕成形良好。采用气（液）增压技术和钳式制动器，实现高效制动。

（6）采用先进的上乳化液装置和可靠的防静电系统

在毛织生产中，倒轴时对毛纱上乳化液（包括乳化蜡、乳化油或合成浆料），可以在纱线表面形成一层油膜，降低纱线摩擦系数，减少织造断头和织疵。加工化纤及高比例化纤混纺纱时，防静电系统可以消除静电、提高产品质量和生产效率。

阅读材料

色织物整经方法除了常用的分条整经法外，还有球经整经法和分段整经法。

一、球经整经

球经整经是先将经纱先引成绳状纱束，再以交叉卷绕结构松软地卷成球形，为染色做准备，纱条染色烘干后再经分经机把经纱分梳成片状，并卷绕成经轴，如图 5—17 所示。这样整经的经纱染色均匀，适用于劳动布等高级色织物。

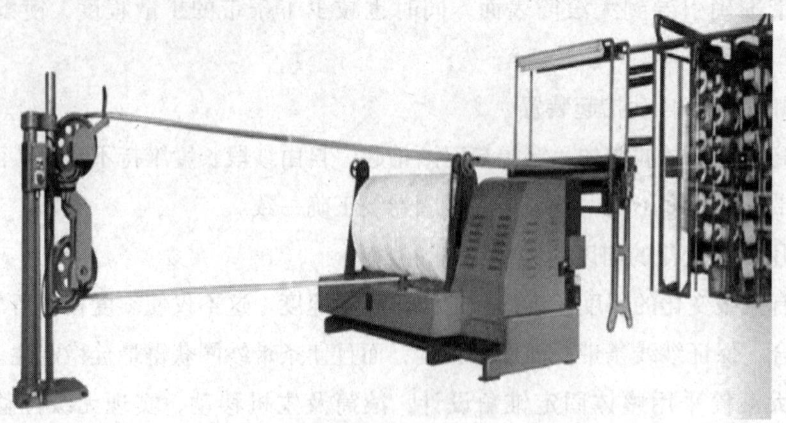

图 5—17　球经整经

二、分段整经

分段整经是先将全幅织物所需经纱的一部分卷绕在狭幅小经轴上，如图 5—18 所示，然后将若干只狭幅小经轴同时退绕成阔幅经轴。适用于对称花纹的有色整经及针织的经编织物生产。

图 5—18　分段整经

思考练习

1. 什么是色织物？
2. 简述分批整经特点及使用范围。

3．分条整经工艺设计的主要内容有哪些？

4．分条整经常见疵点有哪些？产生的原因是什么？

5．提高分条整经质量的措施有哪些？

第四节　穿　结　经

学习目标

1．掌握穿结经的目的与要求。

2．掌握停经片、综框、钢筘的作用与结构。

3．了解穿结经的方法与设备。

穿结经是穿经和结经的总称，是经纱织前准备的最后一道工序。其主要任务是把织轴上的经纱按照织物上机图的工艺要求，依次穿入经停片、综丝和钢筘，使经纱在织造时按所设计的织物组织提升和降落，如图5—19所示。

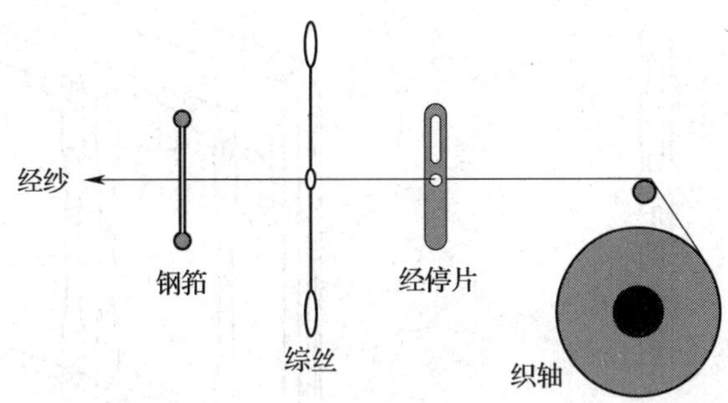

图5—19　穿结经示意图

一、穿经

1．穿经主要器材

（1）经停片

经停片是织机经纱断头自停装置的一个部件，织机上的每一根经纱都穿入一片经停片。当经纱断头时，经停片因失去经纱的支撑自动落下，通过机械或电气装置，使织机迅速停车，防止产生断经织疵。

经停片由钢片冲压而成，其外形如图 5—20 所示。图 5—20a 是国产有梭织机使用的机械式经停装置的经停片；图 5—20b、c 是国产无梭织机使用的电气式经停装置的经停片。

经停片有闭口式和开口式两种。闭口式经停片穿经时用穿综钩将经纱引过经停片中部的孔眼。开口式经停片直接在织机上插放，使用比较方便，了机时可卸下经停片与经停杆继续织造，因此可节约回丝。

经停片的形式和规格与纤维原料、纱线细度、织机形式和车速等因素有关。一般纱线特数大、车速快，选用较重的经停片。反之，选用较轻的经停片。毛织用经停片较重，丝织用经停片较轻。

（2）综框

综框是织机开口机构的重要组成部分。经纱在综框的带动下按一定的沉浮规律形成梭口，以便与纬纱交织成所需的织物组织，常见的综框有木综框和金属综框。无梭织机使用的一种金属综框的结构如图 5—21 所示。

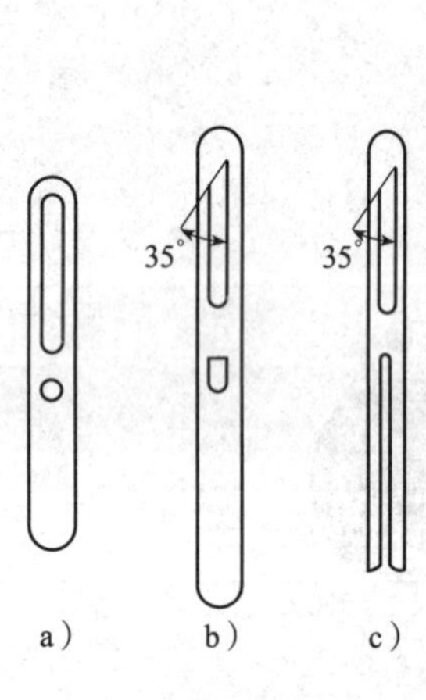

图 5—20　经停片

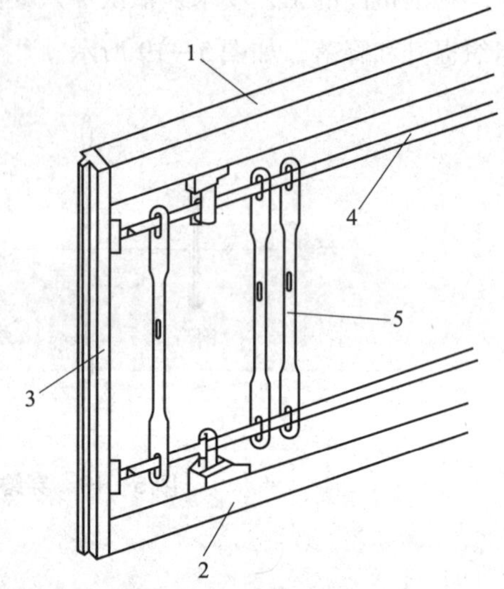

图 5—21　金属综框

1—上综框板　2—下综框板　3—综框横头　4—综丝杆　5—综丝

有梭织机综框有单列式和复列式两种。单列式综框如图 5—22 所示，每页综框只悬挂一列综丝；复列式综框如图 5—23 所示，每页综框挂 2 ~ 4 列综丝，用于高经密织物的加工。无梭织机的综框基本是单列式的。

综丝主要有钢丝综和钢片综两种。有梭织机通常使用钢丝综，无梭织机都使用钢片综。

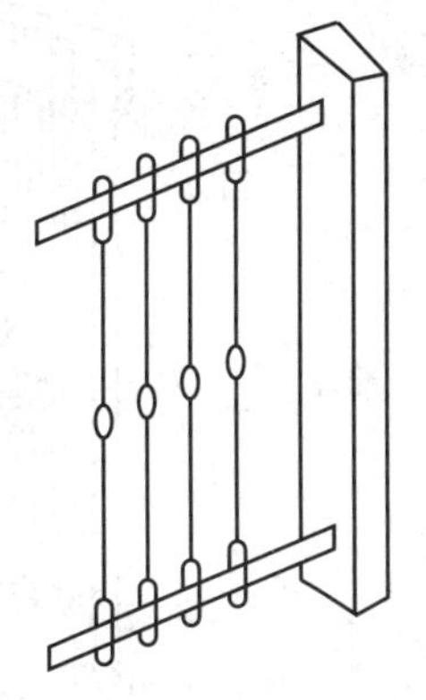
图 5—22　单列式综框

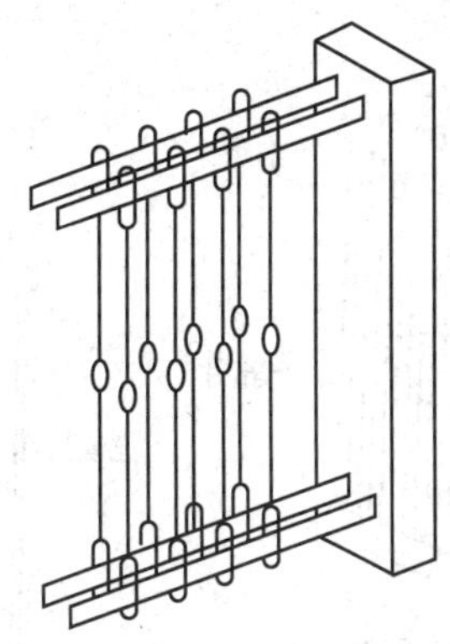
图 5—23　复列式综框

钢丝综通常由两根细钢丝焊合而成，两端呈环形，称为综耳，中间有综眼，综眼平面与上、下综耳平面成 45°夹角，以利于经纱通过。无梭织机使用的钢片综如图 5—24 所示，它有单眼式和复眼式两种，复眼式钢片综的作用类似于复列式综框。钢片综用薄钢片制成，比钢丝综耐用，综眼形状为四角圆滑过渡的长方形，因而对经纱的磨损大大减小。

综丝的规格主要有长度和直径。综丝的直径取决于经纱的粗细，经纱细，综丝直径小。综丝的长度可根据织物的种类及开口大小选择。

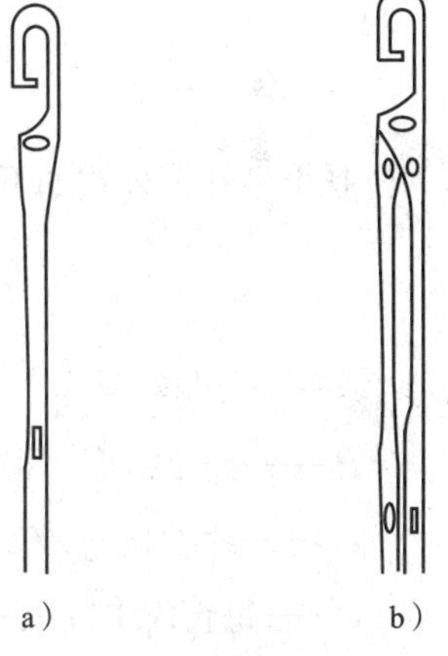

图 5—24　钢片综

a）单眼式　b）复眼式

（3）钢筘

钢筘是由特制的直钢片排列而成，这些直钢片称为筘齿，筘齿之间有间隙供经纱通过。钢筘的作用是在打纬时把梭口里的纬纱打向织口，同时确定经纱的密度和织物的幅宽。在有梭织机上，钢筘还作为梭子飞行的依托，对梭子飞行稳定性产生很大的影响。在喷气织机上，采用异形筘（见图 5—25c）。

从钢筘外形上看，可分为普通筘和异形筘（又称槽形筘）如图 5—25 所示，普通筘使用广泛，而异形筘仅在喷气织机上使用，起到防止气流扩散和纬纱通道的作用。从钢筘制作方式看，又可分为胶合筘和焊接筘。如图 5—25a 所示为胶合筘，它用胶合剂和扎筘线把筘片固定在扎筘木条上，筘的两边用筘边和筘帽固定。如图 5—25b 所示为焊接筘，它全部由金属构成，筘片用钢丝扎绕后用锡铅焊料焊牢在筘梁上，两边同样用筘边固定。

钢筘的主要规格是筘齿密度，称为筘号。筘号有公制和英制两种，公制筘号是指 10 cm 钢筘长度内的筘齿数；英制筘号是指 2 in 钢筘长度内的筘齿数。

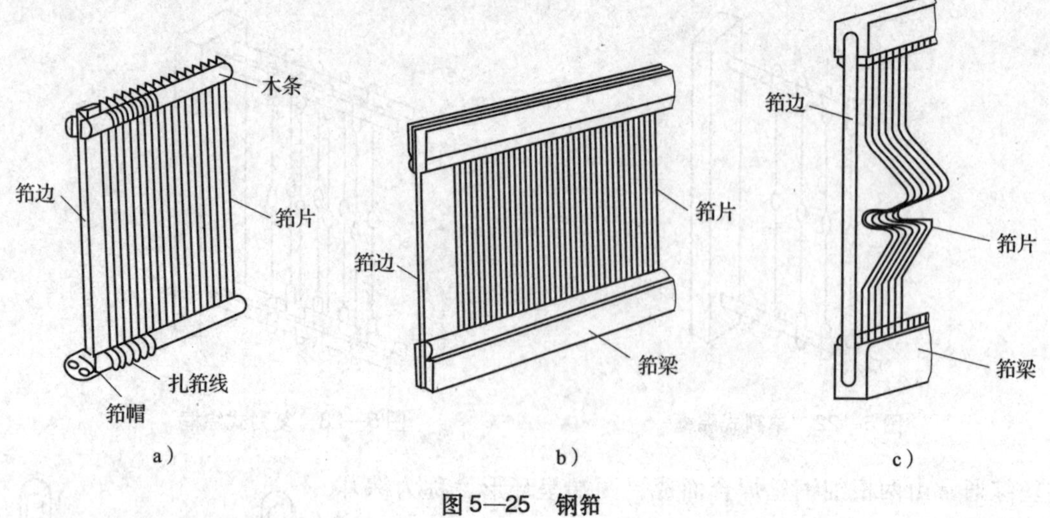

图5—25 钢筘

a）胶合筘 b）焊接筘 c）异形筘

公制筘号计算公式如下：

$$N=\frac{P_j\ (1-a_w)}{b}$$

式中 N——公制筘号；

P_j——经纱密度，根/10 cm；

a_w——纬纱缩率，%；

b——每筘齿中穿入的经纱根数。

2. 穿经方法

（1）手工穿经

在穿筘架上进行，由人工分经纱，用穿综钩将经纱穿过经停片、综丝，再用插筘刀将经纱穿过钢筘。其劳动强度大，效率低，质量高，适用于复杂组织和小批量生产。

（2）半自动穿经

半自动穿经是用半自动穿经机械和手工操作配合完成穿经工作的，采用自动分经纱、自动分停经片和自动插筘的三自动穿经机进行穿经。使工人劳动强度降低，生产效率提高，每人每小时穿经数可达1 500～2 000根。目前，半自动穿经的方法应用最广。

（3）自动穿经

自动穿经是用全自动穿经机来完成穿经的。全自动穿经机有两大类：一种是主机固定而纱架移动，另一种是主机移动而纱架固定。两种类型都包括传动系统、前进机构、分纱机构、分（经停）片机构、分综（丝）机构、穿引机构、钩纱机构及插筘机构等。全自动穿经机大大地降低了工人的劳动强度，操作工只需监视机器的运行状态，做必要的调整、维修和上、下机的操作。但目前自动穿经机只适用于八页综以内的简单组织的织物，而且机器价格昂贵，因此国内纺织厂使用较少。

二、结经

将了机织轴上的经纱与新织轴上的经纱逐根一一打结，然后拉动了机织轴的经纱，把新织轴的经纱依次穿过经停片、综眼和钢筘，完成穿经工作，这种穿经方法称为结经。适用于新旧织轴为同一品种，且穿法相同的情况。使用结经机以后，虽可取代手工穿经工作，效率较高，但如果品种需要翻改，或综、筘和停经片需要保养维修，就不能采用结经的方法。故结经机不能完全代替穿经，仍需配备一定数量的三自动穿经机。不论更换品种与否，一般每台织机自动结经 3～4 次后，都需手工穿经一次。

结经可用手工操作，其生产效率低。现在大多采用自动结经机结经。自动结经机如图 5—26 所示。结经机有固定式和活动式两种。固定式结经机需在穿经车间进行工作，活动式结经机则可在织机上操作。

图 5—26 自动结经机

阅读材料

织物上机图

织物上机图是表示织物织造工艺条件特征的图解，用以指导织物上机的装造工艺。

上机图由组织图、穿筘图、穿综图、纹板图四个部分按一定的排列位置而组成，如图5—27所示。实际生产中，上机图并不全部画出，如穿筘图、穿综图常以文字说明，平纹组织的上机图以文字说明。

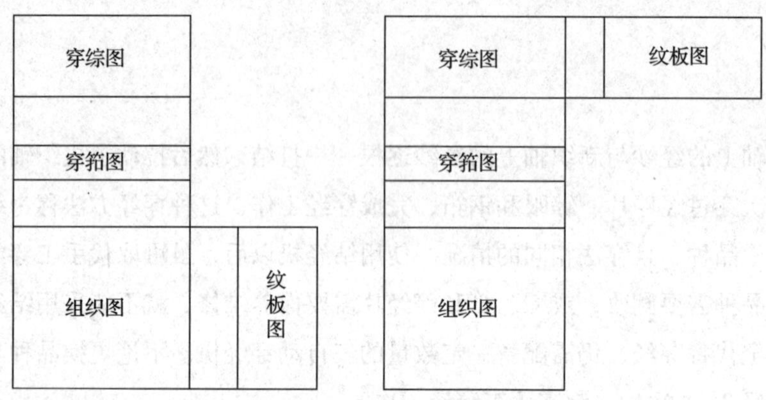

图5—27　上机图的组成及布置

1. 穿筘图

穿筘图是表示每个筘齿穿入经纱根数的图解。用两个横行表示相邻的两个筘齿，以连续涂绘符号表示穿入同一筘齿的经纱数。

2. 穿综图

穿综图是表示组织图中各根经纱穿入各页综片顺序的图解。穿综图中，每一横行代表一列综丝（或一页综片），每一纵列代表与组织图相对应的一根经纱。表示某一根经纱穿入某列综丝上，则在代表纵列经纱与代表横行综丝的交叉处的方格内用符号●、■、×表示。穿综的基本原则是：沉浮规律相同的经纱一般穿入同一页综片中，有时也可穿入不同综片（列）中；沉浮规律不同的经纱必须分穿在不同的综片内。

穿综方法根据织物的组织与密度不同而不同。常用的穿综方法有顺穿法、飞穿法、山形穿法、照图穿法、分区穿法、间断穿法等。

3. 纹板图

纹板图是控制综框提升顺序的图解。纹板图中每一纵列表示对应的一页（列）综片，其纵列数等于综页（列）数，其顺序是自左向右。每一横行表示一块纹板（单动式多臂织机）或一排纹钉孔（复动式多臂织机），即表示一根纬纱的浮沉情况，其横行数等于组织图中的纬纱根数（纬循环数）。组织图、穿综图和纹板图三者是相互联系的，已知三者中任意两个，可以求出第三个图。

思考练习

1. 穿结经的任务是什么？
2. 停经片、综框、钢筘的作用是什么？
3. 穿经与结经在应用上的区别是什么？

第五节　织机生产技术

学习目标

1. 明确织机五大机构的作用。
2. 了解织机五大机构上机工艺参数设计方法。
3. 熟悉上机工艺参数与织物质量的影响关系。
4. 会调试主要上机工艺参数。

一、开口机构原理及工作

1. 开口机构原理

在织机上，要实现经、纬纱的交织，必须要将经纱按一定的规律分成上、下两层，形成能通过纬纱的通道——梭口，待纬纱引入梭口后，两层经纱再上下交替，互换位置，形成新的梭口，如此反复循环，这种经纱运动即所谓的开口运动，简称开口。它是由开口机构来控制完成的。开口机构不仅要使经纱上下分开形成梭口，同时还应根据所生产的织物组织结构控制综框（经纱）的升降次序，从而使织物获得所需的外观特征。

如图5—28所示，织机上的经纱是沿织机的纵向（前后）配置的。经纱从织轴引出后，绕过后梁 E 和经停架中导辊 D，穿过综眼 C，在织口 B 处同纬纱交织形成织物，再绕过胸梁 A，最后卷绕到卷布辊上形成布卷。

在一个开口周期中，经纱的运动要经历三个阶段，即开口阶段、静止阶段和闭合阶段。

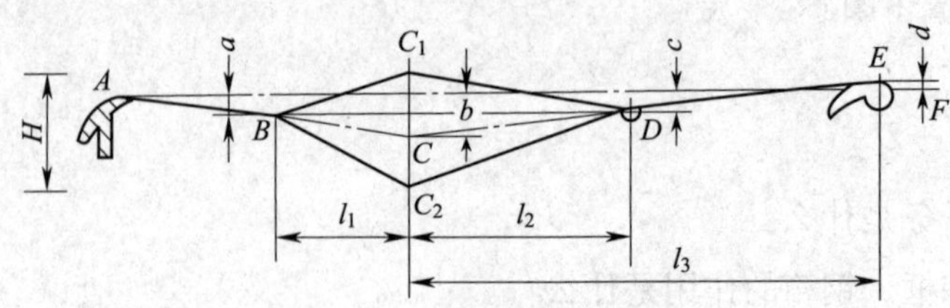

图 5—28　梭口的几何形状

2. 典型开口机构的工作原理

（1）凸轮开口机构

1）弹簧回综式凸轮开口机构。新型织机上部分机型采用弹簧回综式凸轮开口，如图5—29 所示，每页综框对应着一只开口凸轮，凸轮箱安装于织机墙板的外侧。这种开口机构属消极式凸轮开口机构，综框下降依靠凸轮驱动，而综框上升则依靠弹簧的恢复力，弹簧刚度的调节通过增减弹簧根数来完成。

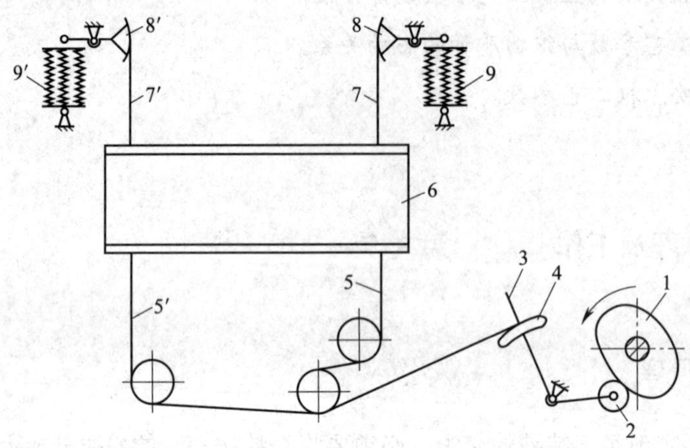

图 5—29　弹簧回综式凸轮开口机构

1—凸轮　2—转子　3—提综杆　4—提综杆铁鞋　5、5′、7、7′—钢丝绳
6—综框　8、8′—吊综杆　9、9′—回综弹簧

凸轮 1 与转子 2 接触，当凸轮由小半径转向大半径时，转子压下，使提综杆 3 顺时针转过一定的角度，连接于提综杆铁鞋 4 上的钢丝绳 5、5′同时拉动综框下沿，将综框 6 拉下，综框上沿通过钢丝绳 7、7′连接到吊综杆 8、8′内侧的圆弧面上，吊综杆的外侧连接有数根回综弹簧 9、9′，回综弹簧始终保持紧张状态。综框下降时回综弹簧被拉伸储蓄能量。当凸轮由大半径转向小半径时，弹簧释放能量，使综框回升至上方位置。

2）共轭凸轮开口机构。现代无梭织机一般采用共轭凸轮开口机构，每片综框配置一对主、副凸轮，分别由主、副凸轮驱动综框的升和降，且凸轮机构位于织机墙板之外，故也称为外侧式共轭凸轮开口机构。共轭凸轮开口机构利用双凸轮积极地控制综框的升降运动，不需吊综装置。如图 5—30 所示，在共轭凸轮轴 1 上最多可装 14 组共轭凸轮 2、2′，每组的两只凸轮控制一页综框，凸轮转动方向如图中的箭头所示。

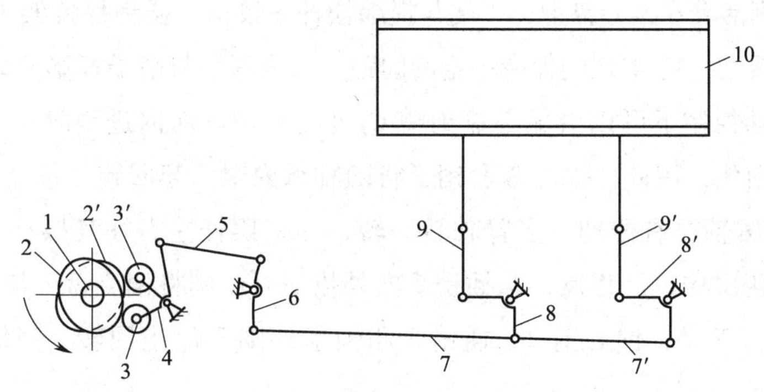

图 5—30　共轭凸轮开口机构

1—凸轮轴　2、2′—共轭凸轮　3、3′—转子　4—摆杆　5—连杆　6—双臂杆

7、7′—拉杆　8、8′—传递杆　9、9′—竖杆　10—综框

凸轮 2 从小半径转至大半径时（此时凸轮 2′从大半径转至小半径）推动综框下降，凸轮 2′从小半径转至大半径时（此时凸轮 2 从大半径转至小半径）推动综框上升，两只凸轮依次轮流工作，因此综框的升降运动都是受凸轮的积极的控制。此外，共轭凸轮开口机构从摆杆一直到提综杆都是刚性连接，综框运动更为稳定和准确。

（2）多臂开口机构

1）拉刀拉钩式多臂开口机构。该机构由上下拉刀、上下推杆、上下拉钩、提综臂等部件组成。共轭凸轮每转一转，上、下拉刀和上、下推杆各做一次往复运动，方向相反，可形成两次梭口。

上、下拉刀和上、下推杆始终来回运动。如果在拉刀运动至右端位置时，受阅读装置控制的拉钩放下，落在拉刀的作用线上，拉刀拉住拉钩使提综臂产生运动，输出提综运动。

阅读装置由花筒、纹板、探针、提刀以及与提针连成一体的重块等组成。采用穿孔带作纹板，纹板的纵横向孔距阅读装置探索竖针的针距相适应。纹板列数为组织循环纬纱数的整数倍，为使纹板纸包覆整个花筒，纹板列数应不少于 80 列。纹板的行数等于综框页数的 2 倍。该阅读装置的探针主动探索纹板有无纹孔，对纹板的作用力小，因而延长了纹板的使用寿命。

2）回转偏心盘式多臂开口机构。这种多臂开口机构采用了偏心盘无间隙传动结构，具有开口机构承载强度高、综框运动平稳、适合高速运转、机构简单、维修方便等优点。如图

5—31 所示，提综装置由多臂轴 O_1、轴承内圈 1、偏心盘 2、轴承外圈 3（也称连杆）、插销保持架 4、插销 5 和提综摆杆 6 组成。织机主轴经减速机构和行星轮系传动多臂轴 O_1，使之做变速回转，其平均回转速度为织机主轴转速的 1/2。轴承内圈 1 通过销键固套在 O_1 轴上，沿直径对称地开有两个销槽 C_1 和 C_1'，偏心盘 2 活套在轴承内圈上，沿大半径方向开有销槽 C_2，轴承外圈 3 则活套在偏心盘上，一端与提综摆杆 6 铰接。插销保持架 4、4′通过四只螺丝固定在轴承外圈上，4、4′之间保持一定的间距，形成两个与销子等宽的缺口 C_3、C_3'。插销 5 在阅读装置的控制下可以沿偏心盘销槽 C_2 进出移动。向内进销时，插销就将轴承内圈 1 和偏心盘 2 锁住，因此，偏心盘和销子将随轴承内圈一起回转，带动轴承外圈进而推动提综摆杆 6 绕 O_2 轴左右摆动。多臂轴转一转，提综摆杆左右往复摆动一次，拉推综框形成一上、一下两次梭口。相反，当插销 5 向外拔销时，则将偏心盘 2 与插销保持架 4 和轴承外圈 3 锁住，于是，偏心盘 2、插销 5 和轴承外围 3 停止回转，使综框维持在原先位置。

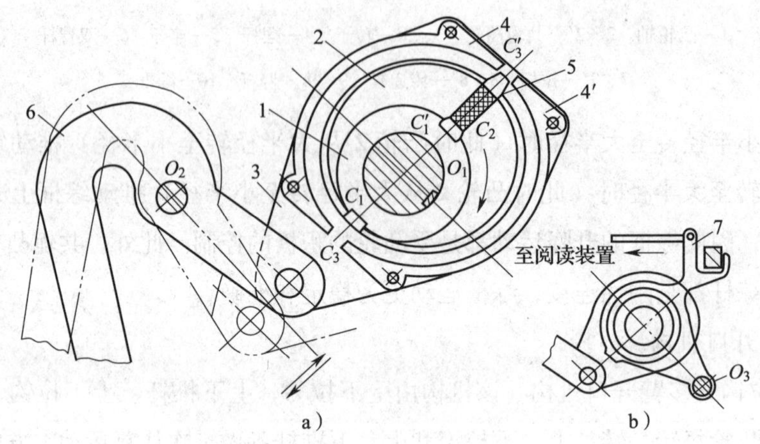

图 5—31　回转偏心盘式多臂开口机构

1—轴承内圈　2—偏心盘　3—轴承外圈　4、4′—插销保持架　5—插销　6—提综摆杆　7—控制杆

3）电子多臂开口机构。电子多臂机由计算机控制器控制，是一种新型电子花纹控制装置。根据其内存中的花纹数据定时、定向、按序输出控制信号，进而转变成电磁铁驱动多臂机的动作，实现对织物的花纹控制。在由电子多臂机控制的织机上开发新产品，只需通过键盘输入该产品的花样数据即可。

（3）电子提花开口

1）电子提花机的控制原理。提花开口机构是以一根经纱为提综单元的开口机构。电子提花机开口机构融合了现代微电子技术和电磁、光电技术，尤其近年来在纺织 CAD 系统和新型机械机构的配合下，实现了高速无纹版提花，大大提高了劳动生产率和产品质量。其中的电子提花控制部分的设计方案以通用微型机或工控机作为控制主体，用磁盘文件、网络文件等形式的数据来源以适应不同织造环境要求，研制相应的接口电路读取提花信息和产生时序信号，并把提花信息驱动后发送至提花龙头，实施提花控制。

2）提花信息的传输与执行。提花信息利用串行分配、长线传输方式，经由界面板送至提花龙头，传输距离可达 40 m，送至提花龙头的电磁阀板。经长线传输的提花数据信息与控制信息经界面卡分配给电磁阀板，其中数据信息串行分配到各电阀板后，在控制信号的作用下，同步并行输出实现对提花织机的升/降经线的控制，实现电磁力转变为机械力，实时地按提花数据织出每次引纬的图案。

电磁力转变为机械力的工作原理如图 5—32 所示，分四个工作阶段进行阐述。

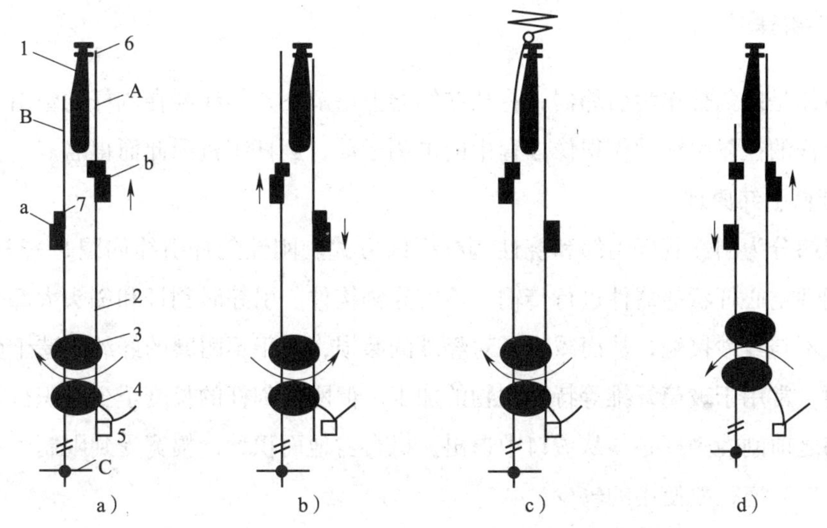

图 5—32　电磁阀与片钩的作用原理

1—电磁阀　2—上皮带　3—滑轮　4—下皮带　5—固定架　6—销舌　7—凸台
A—右片钩　B—左片钩　C—综丝　a、b—左右两组刀片

阶段 1：左边片钩 B 提升，右边片钩 A 下降，综丝 C 不动（即综丝不开口）；

阶段 2：左边片钩 B 上升，右边片钩 A 下降，在滑轮中上升与下降抵消，综丝 C 仍不动；

阶段 3：左边片钩上升最高点时，电磁阀加电，片钩 B 被吸合挂住，即左边片钩 B 固定不动，当右边片钩 A 提升时，综丝 C 向上移动，产生开口；

阶段 4：右边片钩 A 上左边片钩 B 留在最高点，当右边片钩 A 上升到最高点，产生最大开口。

电子提花开口的工作容量目前已发展到 2 688 片钩，即可控制 1 344 根经纱的独立升降运动。它一般配置在剑杆织机和片梭织机上。

二、引纬机构原理及工作

引纬机构是将纬纱引入由经纱所构成的梭口，以便和经纱交织，形成织物。引纬必须和经纱的开口相互配合，由于梭口开启有一定的时间，遵循某种开启规律，因此对引纬提出了准确和平稳的要求，以免产生经纱磨损、断头和纬缩、缺纬、组织错误等各种织物疵点。

常见的无梭引纬方式有剑杆引纬、喷气引纬、喷水引纬、片梭引纬和纬向多梭口引纬。下面重点介绍剑杆引纬和喷气引纬。

1. 剑杆引纬

剑杆引纬是以剑杆作为引纬器，将从储纬器上退解下来的纬纱在剑杆的牵引下穿越梭口的方式。剑杆的往复引纬动作很像体育中的击剑运动，剑杆织机因此而得名。

（1）剑杆引纬原理

剑杆引纬分为刚性剑杆引纬和挠性剑杆引纬方式。刚性剑杆引纬如图 5—33a 所示，剑头借助于刚性空心杆状的器件进行传输，不需导剑构件。引纬时剑杆和剑头大部分时间悬空在梭口中，不与经纱接触，从而减少了对经纱的磨损，对于不耐磨的经纱织造十分有利，维护保养方便，常用于玻璃纤维等特种织物的加工。但刚性剑杆的长度至少是织机筘幅的一倍以上，打纬之前刚性剑杆必须从梭口中退出，机台占地面积大，幅宽受到限制，引纬系统惯性大，不适应高速，故使用的较少。

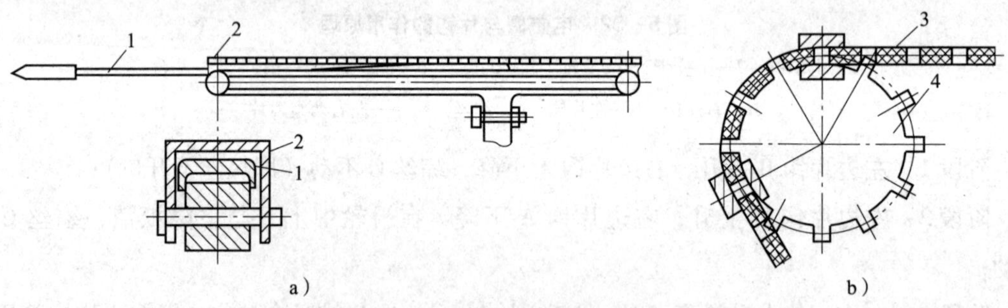

图 5—33　刚性剑杆和挠性剑杆

1—内剑　2—外套　3—剑带　4—剑轮

挠性剑杆一般采用双剑杆引纬，由剑头和柔性剑带组成。剑头连接在由剑轮传动的剑带上，牵引纬纱完成引纬工作。在剑杆退出梭口时，柔性剑带能卷绕到传剑轮上，如图 5—33b 所示，避免了机台占地面积过大的缺点，有利于增加幅宽，另外剑带质量轻有利于高速，故被广泛应用。但剑带在梭口中穿行时一般需要以导剑片为导轨（见图5—34），容易对下层经纱产生一定的摩擦，损伤纱线。

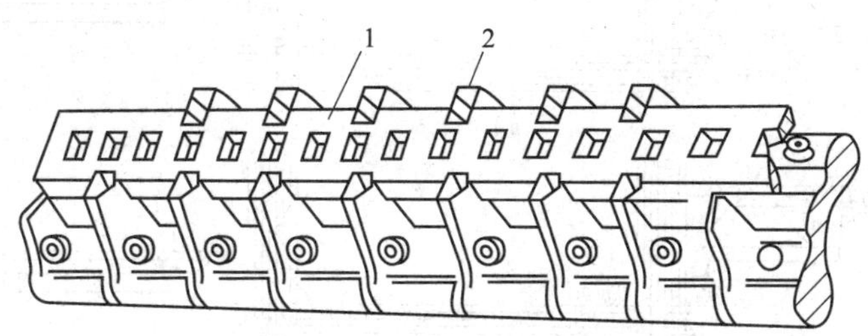

图5—34 剑带和导片

1—剑带 2—导片

双剑杆引纬由两根分别位于梭口两侧的剑杆协同完成，使剑杆织机的门幅得以大大增加，最大门幅已达460 cm。其中一根剑杆将纬纱送到织机中部，称为送纬剑；另一根剑杆从织机中部接过纬纱并将其引出梭口，称为接纬剑。其引纬过程如图5—35所示。选纬杆4下降，将被选中的一根纬纱下落到送纬剑的前进轨迹上。送纬剑5前进，将纬纱纳入剑头，并使纬纱进入剪刀6的剪口，当送纬剑5进入梭口时，剪刀6已将张紧的纬纱剪断。在梭口中部，接纬剑8接过送纬剑5上的纬纱，完成纬纱交接动作。接纬剑将纬纱拉出梭口，同时选纬杆4上升复位。当接纬剑8上的纱夹与压板前端弧面相碰时，纱夹开放，纬纱就解脱出来。至此，引纬过程结束。

此外，还有双层剑杆引纬方式，织机采用双层梭口的开口方式，每次引纬同时引入上下各一根纬纱，适用于双重、双层织物的生产。利用双层剑杆引纬生产的绒织物（如长毛绒、天鹅绒、棉绒及地毯等）的手感、外观良好，且产量较高。

（2）送、接纬剑纬纱交接方式

送、接纬剑纬纱交接方式目前有叉入式、夹持式、交付式等。

叉入式工作原理是送纬剑头上带有“叉”，接纬剑头上带有“勾”，纬纱由送纬剑的“叉”送到织机中央，让接纬剑的剑头钩住，引出梭口。这种圈状引纬方式比较容易实现，剑头结构比较简单，交接纬纱可靠，但在引纬过程中，纬纱在剑头上的退绕速度2倍于引纬速度快速滑移，容易退捻且受到摩擦划伤，纬纱张力大，断头较多，不利于提高车速，一般只用于强力较大、耐磨性较好的纱线（像帆布等）。

夹持式工作时送纬剑将纬纱头夹持在剑头钳口上，引到梭口中央后钳口张开，将纬纱交由接纬剑头钳口夹持并引出梭口，实现线状引纬，每次引入单纬。夹持式引纬相对比较合理，应用最广泛。

交付式一般用于消极引纬织机。消极式交接时，接纬剑头是从送纬剑中夹持、拉出供喂

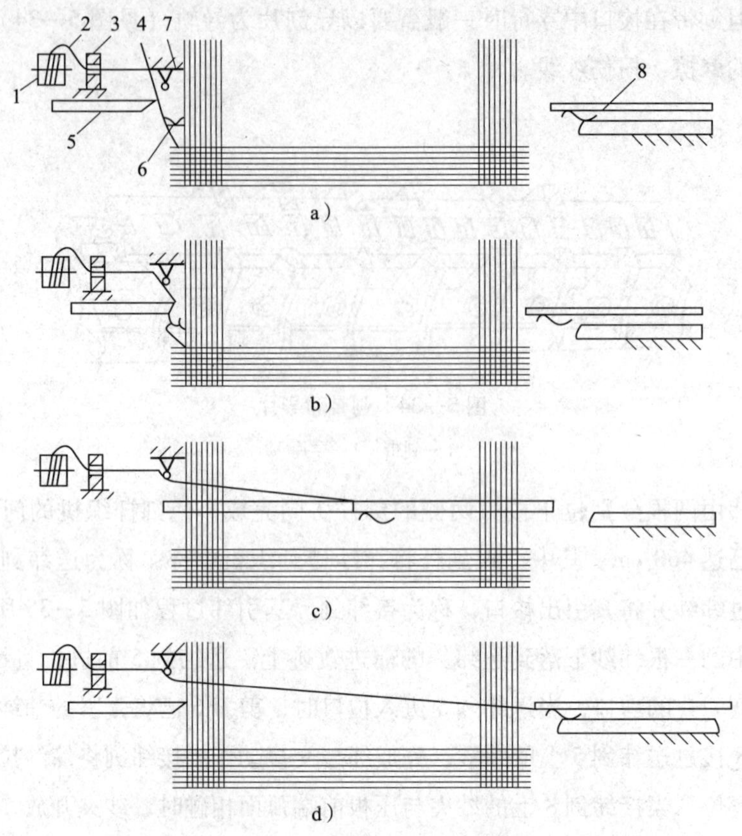

图 5—35　双剑杆引纬原理

1—储纬器　2—纬纱　3—导纱器　4—选纬杆　5—送纬剑　6—剪刀　7—导板　8—接纬剑

纱段，纬纱受到附加的拉力，不利于结子纱等特殊纬纱的织造，也不宜用于特性差异大的多种纬纱的交替织造，但在常规纱线织造中普遍采用。所以需送纬剑将夹持着纬纱的夹持器剑头送至梭口中央，然后将纬纱连同夹持器剑头一起交付给接纬剑，再由接纬剑将其引出梭口。此方式比较适合于纱头难以握持、容易造成退捻而不允许退捻的纬纱引纬，但它需一套机构将夹持器剑头送回，机构相对复杂。

2. 喷气引纬

喷气引纬是指利用喷射成束的气流对纬纱产生的牵引力将纬纱引过梭口的方式。其特点是高速度、大张力、小梭口，对原纱、半制品要求较高。

近年来喷气织机发展迅速，入纬率已可达 1 500 ~ 2 000 m/min，比剑杆织机快 1 倍左右，且产品质量和品种适应性有了较大提高，已成为新型织机的主流机型。

(1) 喷气引纬原理

喷气引纬依靠喷嘴喷射出压缩空气产生的射流来牵引纬纱，射流的卷吸作用驱动纱线前行，而射流的扩散作用又导致射流能量的耗散，速度越来越低，因而单喷嘴引纬系统难以长距离引纬，现采用多喷嘴引纬系统（又称接力引纬系统）。除主喷嘴之外，沿纬纱前进方向每隔一段距离增设了一个辅助喷嘴进行接力引纬，周期性地补偿引纬气流流速的衰减，对纬纱施加持续稳定的牵引力作用，以达到宽幅引纬的目的。目前多采用异形筘式多喷嘴引纬系统。

异型筘（又称风道筘）式多喷嘴引纬系统的结构如图 5—36 所示。纬纱从筒子 1 上引出，经导纱器 2 进入储纬器 3，纬纱卷绕在储纬器上面，储纬器上方有两个挡纱磁针，用于控制纬纱的储存与释放。

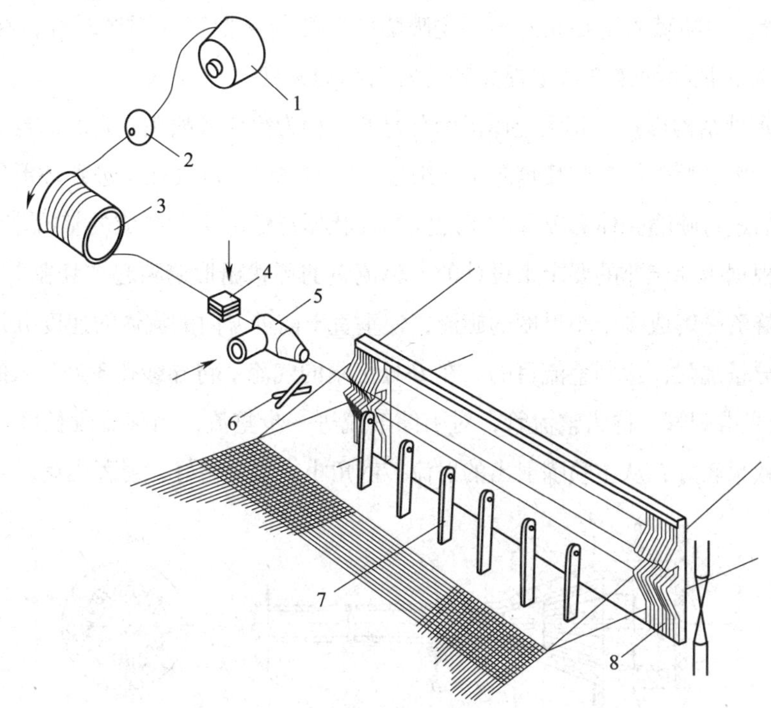

图 5—36　异型筘式多喷嘴引纬系统

1—纬纱筒子　2—导纱器　3—储纬器　4—夹纱器　5—主喷嘴　6—纬纱剪刀　7—接力喷嘴　8—异型筘

从储纬器上退绕下来的纬纱经过夹纱器 4 后，进入主喷嘴 5，由主喷嘴喷出高速气流引送纬纱进入梭口。在筘座上装有一排接力喷嘴 7，各接力喷嘴分组依次适时开闭，分段接力喷气带引纬纱在异型筘 8 的筘槽中飞行，穿越梭口到达出口侧布边，每完成一次引纬，夹纱器立即闭合，梭口闭合后，纬纱剪刀 6 剪断纬纱，引入的纬纱则被打向织口。

（2）供气系统

喷气织机是由电磁阀控制的供气系统定时提供高压气流完成引纬过程的，其空气输送机构可分为单机台供气和集体供气两种。

1）单机台供气。每台机上都装有一个专用的气压机。具有低气压、大流量、用气量相对比较节省的特点，但机器的振动大、噪声高、散热多、运行不稳定，已趋于淘汰。

2）集体供气。由压缩机站来供给若干台织机用气的供气系统。具有引纬气流质量好、设备运行稳定的特点，但基建投资大、比较费气、灵活性差，多用于多喷嘴接力引纬。

喷气引纬使用的压缩空气必须是无水、无油，满足喷气引纬压力和温度要求的洁净空气。为保持喷气引纬系统良好的工作状态，同时也考虑到织布车间的卫生条件，对作为引纬工质的压缩空气提出了供气压力、空气含水量、含油量、含杂量等方面的要求。

（3）喷气引纬机构

1）主喷嘴。主喷嘴固定在筘座上，主喷嘴的喷孔与异型筘的凹槽对准，在储纬器停纬销被打开的同时，把纬纱速度从零提高到正常引纬的速度。

主喷嘴有多种结构形式，其中应用极为普遍的一种为组合式喷嘴，它的结构如图5—37所示。组合式喷嘴由喷嘴壳体1和喷嘴芯子2组成。压缩空气由进气孔4进到环形气室6中，形成强旋流，然后经过喷嘴壳体和喷嘴芯子之间的环状栅形缝隙7所构成的整流室5，整流室截面的收缩比是根据引纬流速的要求来设计的。整流室的环状栅形缝隙起“切割”旋流的作用，它将大尺度的旋流分解成多个小尺度的旋流，使垂直于前进方向的流体的速度分量减弱，而前进方向的速度分量加强，达到整流目的。在*B*处汇集的气流，将导纱孔3处吸入的纬纱带出喷口*C*。*BC*段为光滑圆管，称为整流管，对引纬气流进一步整流，当整流段长度与管径之比大于6时，整流效果较好，从主喷嘴射出的射流扩散角小，集束性好，射程也远。

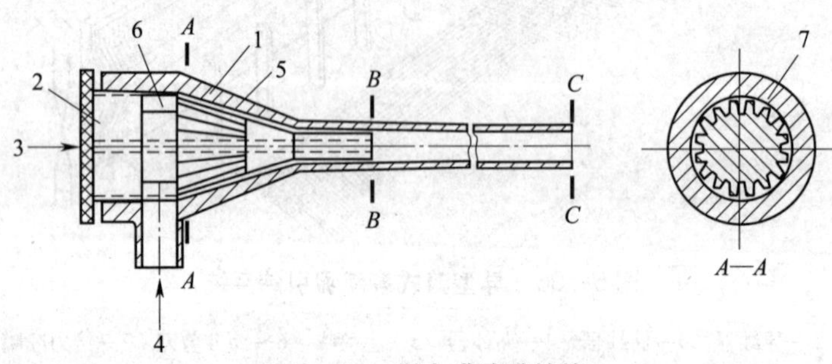

图5—37　组合式喷嘴结构

1—喷嘴壳体　2—喷嘴芯子　3—压缩空气　4—进气孔　5—整流室　6—环形空气　7—环状栅形缝隙

喷嘴芯子在喷嘴壳体中的进出位置可以调节，使气流通道的截面积变化，从而改变射流的出流流量。

2）辅助喷嘴。辅助喷嘴和异型筘的凹槽组成一个能够约束高压气流的纬纱通道，接应由主喷嘴送来的纬纱，使纬纱尽可能保持一个恒定的飞行速度飞出梭口。

辅助喷嘴的结构常见的为上扁下圆的空心管，如图5—38a所示。压缩空气射流从管壁孔中射出，喷射方向为水平偏上一个角度α，α一般为9°～10°。出流孔有多种形状，能产生不同流量的射流，如图5—38b所示。

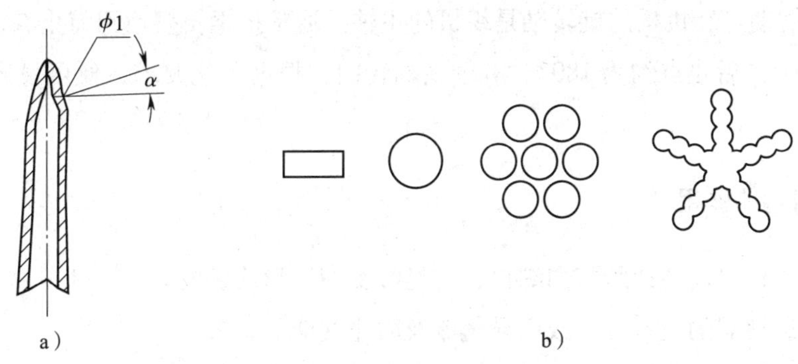

图 5—38　辅助喷嘴结构

现在的喷气织机上，控制主喷嘴和辅助喷嘴的阀门均为电磁阀，电磁阀对喷射时间调节方便，便于实现自动控制。在喷气织机上所采用的电磁阀具有工作频率高、响应快的特性，以适应织机的高速。

3）异型筘。异型筘筘片的槽口十分光滑，槽口的高度和宽度各为 6 mm 左右，梭口满开的尺寸也很小，在钢筘处的梭口高度（即有效梭口高度）为 15 mm 左右，钢筘打纬的动程为 35 mm 左右，这样均有利于织机的高速。筘齿的密度和间隙与普通筘一样，按上机筘幅和每筘穿入数确定筘号。

4）探纬器。探纬器（探头）顾名思义就是探测纬纱的，探纬器有装一个的，也有安装两个的，对质量要求高的织物和容易出现断纬的短纤纱，常采用双探纬器。

两个探纬器分别称为 H_1 和 H_2，安装在出口侧的外侧，探纬器 H_1 在废边纱左侧，检测纬纱在梭口中是否受阻；探纬器 H_2 在废边纱右侧，检测是否出现断纬。

5）延伸喷嘴。延伸喷嘴又称为拉伸喷嘴，位于纬纱出梭口处，它的作用是使纬纱在引纬终了时保持一定的张力和伸展状态，当主喷嘴和辅助喷嘴相继被关闭后，可以防止纬纱在综平前回跳而产生的纬缩疵点。延伸喷嘴由储气筒供气，其供气压力高于主喷嘴和辅助喷嘴，由调压阀进行调节，它的作用时间由电磁阀控制。

常见的拉伸喷嘴有烟囱式拉伸喷嘴、拉伸辅助喷嘴、高捻喷嘴和边撑喷嘴。高捻喷嘴的作用是防止高捻纱线退捻，一般情况下，拉伸喷嘴带高捻喷嘴。边撑喷嘴安装于边撑支座上，是为了防止长出的纬纱跳回到织物中。

三、打纬机构原理及工作

引入梭口的纬纱依靠打纬机构的前后往复摆动或旋转运动，推向织口，与经纱交织，构成织物。

前后往复摆动打纬机构的旋转轴是织机的主轴。通常把钢筘摆动到前止点，即打纬时刻主轴位置角为0°，后止点约为180°。沿着主轴转向，根据工艺要求，便可设定织机各机构的工作时间角。

1. 打纬机构的作用

（1）将引入梭口内的纬纱打向织口，与经纱交织，形成织物。

（2）控制载纬器的飞行方向或引导气流及防止气流的扩散。

（3）利用钢筘控制织物的经纱密度及幅宽。

2. 打纬机构的分类

打纬机构按其结构形式不同，可分为连杆式打纬机构、共轭凸轮式打纬机构及圆筘片式打纬机构；根据打纬时钢筘相对于织口的振幅变化，可分为普通织物用打纬机构与毛巾织物用打纬机构。

3. 典型打纬机构工作原理

（1）连杆式打纬机构

连杆式打纬机构因结构尺寸较大，加工制造方便，又能满足打纬运动的需要，所以长期以来一直得到广泛运用。目前新型织机，如喷气织机、剑杆织机、喷水织机等也有应用。由于新型织机对打纬机构有一些新的要求，如钢筘在机后有足够长的静止时间，以利于载纬器将纬纱顺利引入梭口；打纬时导向、导流机构应退至布面之下，以保证打纬时不损伤钢筘等。所以新型织机的连杆式打纬机构与有梭织机的连杆式打纬机构相比，在连杆的长度、结构、杆件的数量等方面有所不同。以ZW100型喷水织机连杆式打纬机构为例，其连杆打纬机构作用如图5—39所示，主要部件有曲柄、连杆、筘座脚、钢筘。其工作原理是曲柄回转时通过连杆的作用使筘座脚做一定幅度的前后摆动。当筘座脚向前摆动时由钢筘将纬纱推向织口完成打纬任务。

（2）共轭凸轮打纬机构

共轭凸轮打纬机构受主动力控制，主轴回转时，传动共轭凸轮1逆时针回转，当主凸轮推动与之相对应的转子时，筘座摆向机前，完成打纬动作，副凸轮变为主动轮，推动与之相对应的转子，使筘座摆向机后，此时，主凸轮又变为主动动，两个凸轮如此相互共轭，使筘座做积极的往复运动。

Sulzer片梭织机的共轭凸轮打纬机构如图5—40所示。片梭织机引纬期间，其筘座静止不动，静止角为220°～255°。例如在筘幅216 cm的片梭织机上，静止角为220°，其余便是打纬机构的运动角，即筘座打纬的进程角为70°，打纬回程角为70°。筘幅越宽，则筘座静止角可设计得越大。

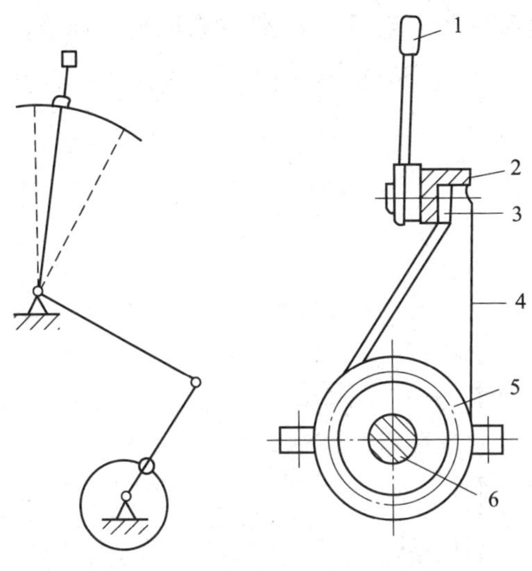

图5—39　四连杆打纬机构

1—钢筘　2—筘座　3—夹片　4—辅助筘座脚　5—钢管　6—曲柄

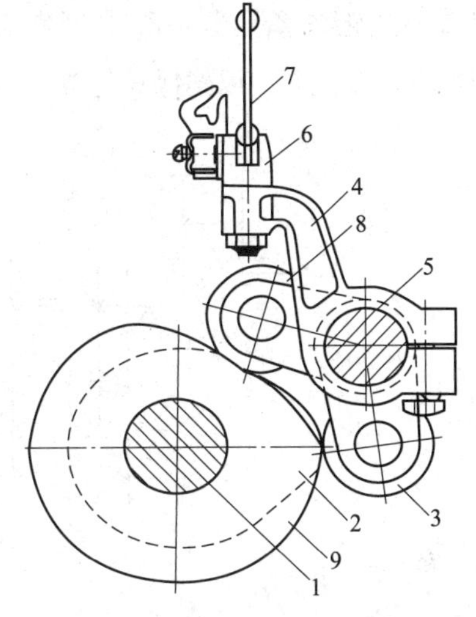

图5—40　共轭凸轮打纬机构

1—主轴　2—主凸轮　3、8—转子　4—筘座脚　5—摇轴　6—筘座　7—钢筘　9—副凸轮

共轭凸轮打纬机构的优点是运动规律可以根据织造工艺需要设计，在后心可以有较长的绝对静止时间，引纬时间更加充分；打纬时可以得到较高的加速度，打纬力较大。缺点是加工精度要求高，制造难度大，成本高，振动大，能耗高。在同筘幅、同转速的前提下，其能耗较四连杆机构高30%～50%。

四、卷取机构的作用及工作原理

1．卷取机构的作用

（1）将织物引离织口，并卷绕成一定的卷装形式。

（2）按工艺要求控制纬密及纬纱在织物内部的排列。

2．卷取机构工作原理

（1）积极式连续卷取机构

现代无梭织机为满足高速的需要，通常采用积极式连续卷取机构。在织造过程中，织物的卷取工作连续进行，卷取机构具有机件磨损小、运动平稳、无冲击等特点，能适应高速运转的需要。

1）变换齿轮调节纬密的连续卷取机构。如图5—41所示，辅助轴1与织机主轴同步回转，辅助轴通过轮系Z_1、Z_2…Z_6和减速齿轮箱2以及齿轮Z_7、Z_8带动卷取辊3转动。卷取辊表面包覆有橡胶糙面，以确保对包覆在辊上的织物产生足够的牵引力，并将织物引离织口。

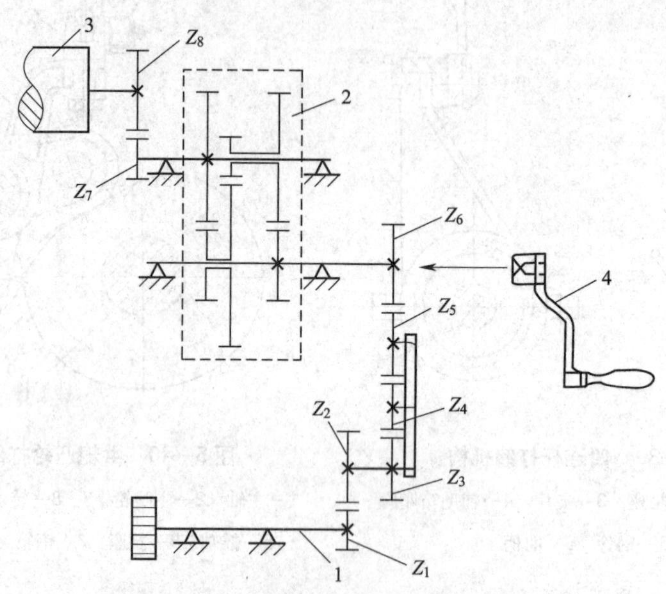

图5—41　积极式连续卷取机构示意图

1—辅助轴　2—减速齿轮箱　3—卷取辊　4—手柄

2）无级变速器调节纬密的连续卷取机构。如图5—42所示，即为SM93型剑杆织机所用的无级变速器调节纬密的机构传动图。织机主轴通过齿形带传动轴1，经链轮Z_1、Z_2（或Z'_1、Z'_2）传动PIV无级变速器的输入轴。无级变速器的输出轴2再经齿轮Z_3、Z_4、Z_5、Z_6以及蜗杆Z_7、蜗轮Z_8使卷取辊3转动而卷取织物。卷取辊对卷布辊轴7的传动也是通过一对链轮Z_9、Z_{10}和摩擦离合器6来实现的。

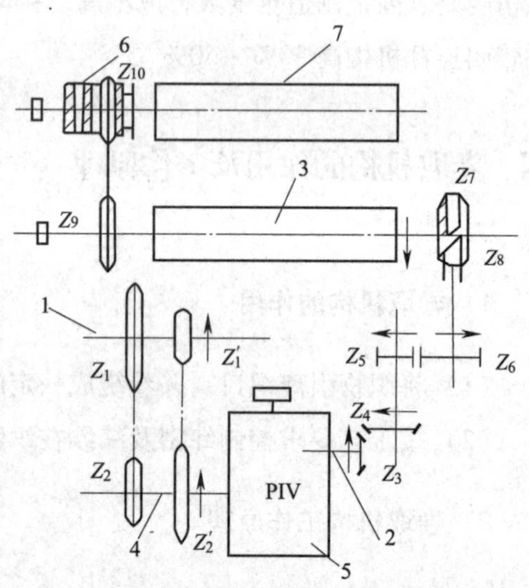

图5—42　PIV卷取机构

1—传动轴　2—输出轴　3—卷取辊　4—输入轴　5—PIV无级变速器　6—摩擦离合器　7—卷布辊轴

在无级变速器卷取机构中，对纬密的调节首先由一对链轮分高、低两挡，高纬密时用链轮Z_1、Z_2传动，低纬密时用链轮Z'_1、Z'_2传动，低纬密的范围为3～16根/cm，高纬密的范围为13～78根/cm，高、低挡的切换通过操作手柄来实现。而纬密的细调是由 PIV 无级变速器来完成的，其调速比为 6，上机时只要将 PIV 无级变速器的指针调在刻度盘上相应的刻度上即可。

无级变速器调节纬密不需储备大量的变换齿轮，且翻改品种方便，但翻改品种后要对织物的纬密进行检验，以免造成误差过大，多机台时也需一定的工作量。

（2）电子式卷取机构

随着机电一体化技术的不断发展，新一代织机上越来越多地应用了电子卷取机构，电子卷取机构的动力源自单独传动的电动机。控制卷取的计算机与织机主控制计算机双向通信，获得织机状态信息，其中包括主轴信号。它根据织物的纬密（织机主轴每纬的卷取量）输出一定的电压，经伺服放大器驱动交流伺服电动机转动，再通过变速机构，带动卷取辊转动，实现控制所设定的纬密。

与传统的卷取机构相比，电子卷取装置具有以下明显的特点。

1）纬密变换可根据工艺设计的机上纬密，通过控制键盘直接输入，不需要变换齿轮，省略了大量变换齿轮的储备和管理，操作十分方便。

2）纬密变化范围大，且是无级的，能准确满足织物纬密设计的要求，增强了织机的品种适应性。

3）织造过程中，机上纬密可按设定程序任意变化，使织机能生产许多机械式卷曲机构无法生产的多纬密变化品种。

3. 边撑

在织物形成过程中，经、纬纱线相互交织，产生了纱线的屈曲现象。纬纱的屈曲使织物幅宽收缩，以致织口处的织物宽度小于经纱穿筘幅度，经纱排列发生倾斜，两侧布边处经纱倾斜程度最大。钢筘运动时，倾斜的边经纱与钢筘摩擦，容易造成边经纱断头和钢筘两侧筘齿过度磨损。为了保持织口处织物幅宽与经纱穿筘幅宽尽可能一致，使织造过程正常进行，通常在织物两侧的织口附近安装边撑。

（1）边撑的作用

1）撑开布幅以抵抗织物的横向收缩。

2）保护边经纱和钢筘。

3）决定织口的高低位置。

（2）边撑的形式

边撑的形式主要有刺环式、刺辊式、刺盘式和全幅边撑等几种，如图 5—43 所示。实际生产中，通常根据织物的厚薄程度和纬向收缩的特点，选用不同类型的边撑。其中以刺环式边撑应用最多。

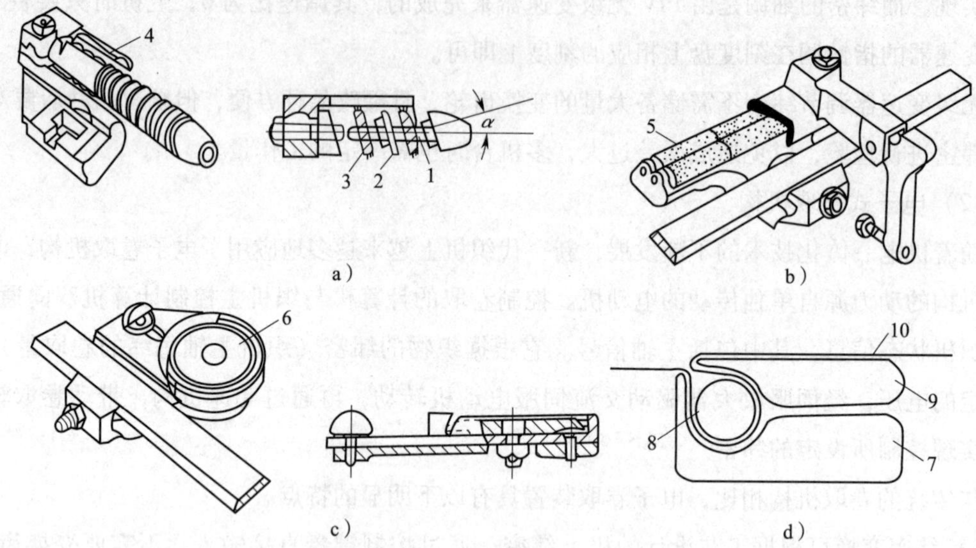

图5—43 几种常用的边撑

a）刺环式 b）刺辊式 c）刺盘式 d）全幅边撑

1—边撑轴 2—偏心颈圈 3—刺环 4—边撑盖 5—刺辊 6—刺盘 7—槽形底座 8—滚柱 9—顶板 10—织物

1）刺环式边撑。如图5—43a所示，在边撑轴1上依次套入若干对偏心颈圈2和刺环3。偏心颈圈在边撑轴上固定不动，刺环套在偏心颈圈的颈部，可以自由转动，其回转轴线与边撑轴线夹角为α，呈向织机外侧倾斜的状态。每个刺环上通常植有两行刺针，最靠织机外侧的刺环植有三行刺针，以加强伸幅能力。织物依靠边撑盖4包覆在刺环上，随着织物的逐步卷取，带动刺环旋转，对织物产生伸幅作用。根据所加工织物的纬向收缩程度，边撑上的刺环数可做相应的变化，必要时还可采用两根平行排列的边撑，以满足对织物的伸幅要求。

2）刺辊式边撑。如图5—43b所示，刺辊5上植有螺旋状排列的刺针，刺针在刺辊上向织机外侧倾斜15°。刺辊略呈圆锥形，外侧一端的直径稍大些，使外侧的刺针先与织物布边接触，能有效地控制布幅的收缩。织物的伸幅方向决定了刺辊上刺针的螺旋方向。织机右侧的刺辊为左螺旋，左侧的为右螺旋。两侧边撑刺辊的针尖，也有不同的倾斜方向，左侧针尖应倾向左方，右侧针尖应倾向右方。织物覆于两列刺辊的表面，针尖刺向织物而起伸幅作用。

3）刺盘式边撑。如图5—43c所示，刺盘6将织物布边部分握持，对织物施加伸幅作用。其握持区域较少，伸幅作用较小，一般用于轻薄类织物，如丝绸织物等。刺盘式边撑的优点是织物的组织部分不会受到刺针的损伤。

上述三种边撑的作用原理相同，都是依靠刺针对织物产生伸幅作用，刺针的长短、粗细和密度应与所加工织物的纱线特数、织物密度相适应。当织制粗而不密的织物时，应采用粗、长和密度小的针刺；当织制细而密的织物时，应采用细、短和密度大的针刺。

刺环式边撑的伸幅强度可调范围很大，适用于棉、毛、丝、麻各类织物的加工。刺辊式边撑的伸幅强度较刺环式差，不适应厚重织物，多用于一般的棉织物加工。刺盘式边撑伸幅强度最弱，在丝织生产中应用较多。

4）全幅边撑。刺环式、刺辊式和刺盘式边撑都是依靠刺针对织物边部进行握持，通过作用于织物上的针刺回旋运动达到对织物的伸幅作用。上述三类边撑会对织物两侧产生不同程度的刺伤，而有些织物要求完全不受刺针影响，如降落伞织物等，在这种情况下可以采用如图 5—43d 所示的全幅边撑。

全幅边撑由槽形底座 7、滚柱 8 和顶板 9 构成，织物 10 从槽形底座和顶板的缝口处进入，绕过滚柱，然后又从缝口处引出。当钢筘后退时，在经纱张力的作用下，滚柱被抬高而拉紧织物。在打纬时，由于钢筘对织口的压力，织物略微松弛，在重力作用下滚柱下落，并在织物重新被拉紧以前进行卷取。在滚柱两端还可加工螺纹，左端用右旋螺纹，右端用左旋螺纹，以便增加对织物的伸幅作用。

五、送经机构的作用及工作原理

1. 送经机构的作用

(1）保证从织轴上均匀地送出经纱，以适应交织的需要。

(2）给经纱以符合工艺要求的上机张力，并在织造过程中保持张力的稳定。

2. 送经机构的工作原理

(1）单轴式电子送经机构

电子送经机构具有机构简单、作用灵敏、经纱调节准确、适应高速的特点，是织造技术发展的一个方向。

电子送经机构一般由经纱张力信号采集系统、信号处理和控制系统、织轴驱动装置三部分组成。

(2）双织轴送经机构

有些情况下，织机的经纱需要分别卷绕在两个织轴上，实现双织轴送经。按织轴在织机上的放置方式分，双织轴送经可分为并列式和上下分布式两类。

在阔幅织机上，由于受整经机和浆纱机幅宽的限制，一般采用双轴并列式送经机构。双轴并列式送经机构又分为机械式送经机构和电子式送经机构。

上下分布式双织轴送经机构主要用于以下几种情形。

1）织制花纹织物时，由于地经与花经的交织次数不同，从而造成地经与花经的织缩率不同，地经交织次数多，织缩率大，花经交织次数少，织缩小。如果地经与花经共用一织轴，将引起经纱张力不匀，造成开口不清，影响正常生产，这类织物必须采用双织轴送经。有时地经组织和花经组织虽相同，或地经与花经交织次数相差不大，但由于纱特数相差较大，因而织缩率也不相同，所以也只能采用双织轴送经。

2）在织制泡泡纱织物时，泡经和地经组织虽相同，或泡经和地经交织次数相差不大，但由于泡经要起泡，其送经量要比地经大，通常为地经的1.2～1.3倍，所以泡经张力小，地经张力大，这类织物也必须采用双织轴送经。

3）在织制毛巾织物或其他经绒类织物时，毛经纱由于起毛的需要，送经长度要大得多，因此也必须采用双织轴送经，毛经纱一般张力很小，此经轴一般采用摩擦制动的消极送经，其需要供应的经纱长度要比地经的供纱量大。

六、织机的辅助机构原理及工作

1. 织机的启、制动

织机在运转中往往会因经纬纱断头或机电装置的故障而频繁地停车、开车。

织机的启动和制动机构通常由电动机（常带有飞轮）、电磁离合器、电磁制动器和主轴位置信号发生器、控制电路、主轴位置检测装置、逻辑控制电路和各执行装置构成。

织机电磁制动装置有钢带制动、胀闸式制动片制动、平面摩擦制动盘制动等形式，要求刹车迅速但又不可过于剧烈，以免损坏主轴，一般制动角为70°～100°。

2. 断经自停装置

织机上经纱断头或经纱过分松弛时，经纱断头自停装置会及时地自动停车，将织机停在一定的主轴位置上，同时发出断经分区指示信号。无梭织机常使用电气式经停装置。

电气式经停装置是当经纱断头时，停经片落下，接通电路，由电磁铁的作用而使织机停车。电气式经停装置对经纱断头或经纱过度松弛执行十分及时、准确的停车动作，使用较为普遍。电气式经停装置有接触式和光电式两种。

电气接触式经停装置工作原理如图5—44所示，织机上停经杆相当于一个长断触点，2为绝缘层。当经纱4发生断头或过度松弛时，停经片3落下，由于其顶部采用斜角形式，停经片向一侧倾斜，使其内侧面靠紧停经杆的外层，导通停经杆1内外两极，发出断经信号，使织机制停。

光电式经停装置。以经停片和成对设置的红外发光管、光电二极管组成检测部分。经停片下落，使红外发光管通往光电二极管的光路阻隔，光电二极管不再受光，于是产生经停信号。

接触式和光电式检测部分对日常的清洁工作都有比较严格的要求。当飞花和油污堆积在接触式检测部分的电极上或堆积在光电式检测部分的光学元件上时，会发生经纱断头自停失灵现象，造成织物的经向织疵。

3. 断纬自停装置

纬纱断头电气自停装置在无梭织机上使用时，自停装置的检测元件必须和各种无梭引纬方式相适应。因此，纬纱断头自停装置的纬纱检测形式也有多种。

（1）电陶瓷传感器检测方式的断纬自停装置

剑杆织机和片梭织机使用压电陶瓷传感器检测方式的断纬自停装置。纬纱从储纬器引出后，经过压电陶瓷传感器的导纱孔，张紧状态的纱线以包围角 α 压在传感器的导纱孔壁上，如图 5—45 所示。当纱线快速通过导纱孔时，孔壁带动压电陶瓷晶体发生受迫振动，产生交变的电压信号。对传感器输出的交变电压信号有多种不同的判别方式。主要有不带微电脑控制和微电脑控制方式。

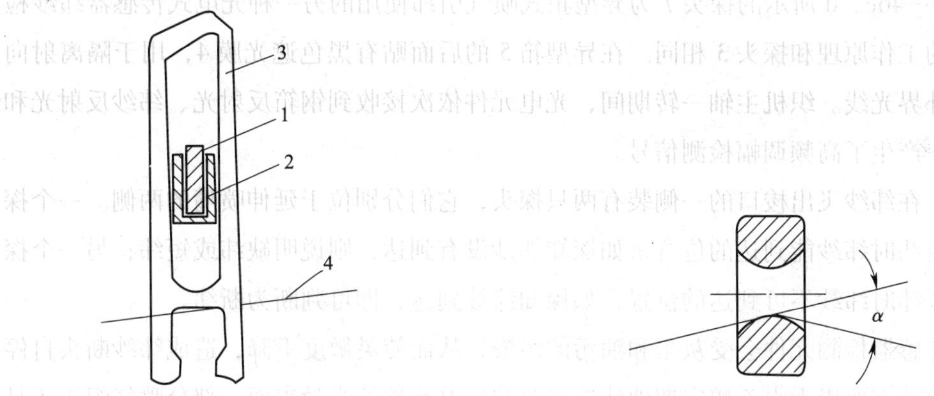

图 5—44 电气接触式断停装置

1—停经杆 2—绝缘层 3—停经片 4—经纱

图 5—45 纱线对压电陶瓷传感器导纱孔的作用图

（2）光电式断纬自停装置

喷气引纬是一种消极引纬方式，纬纱飞行时张力较弱、张力波动较大，因此，压电陶瓷传感器的检测方式不再适用。通常，喷气织机采用光电传感器的纬纱检测方式，光电传感器检测元件如图 5—46 所示。图 5—46a 所示为一种风道筘筘齿形状的探头。探头安装时，凹槽部分应与风道筘的凹槽相平齐。风道筘式喷气引纬时，纬纱准确地飞行于狭小的槽形区域，这为光电传感器检测方式的应用创造了条件。在探头上装有一个光源1和两个光电元件2，纬纱6飞过探头上的凹槽时，对光源发出的光线进行反射，光电元件接受反射光后，输出一个纬纱到达信号。光电元件的斜向设置有利于克服外界光线的直射干扰，避免误信号和误动作的产生。

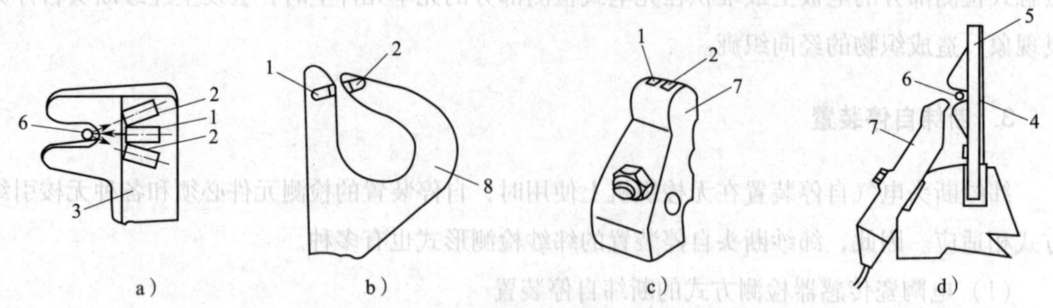

图5—46　几种光电传感器纬纱检测元件

1—光源　2—光电元件　3、7、8—探头　4—黑色遮光膜　5—风道筘　6—纬纱

如图5—46b所示的探头8用于管道式喷气引纬。探头外形与管道片一致，在脱纱槽上嵌有光源1和光电元件2。打纬之前，纬纱从脱纱槽中脱出，将光源到光电元件的光路切断，传感器产生一个纬纱到达信号。

如图5—46c、d所示的探头7为异型筘式喷气引纬使用的另一种光电式传感器纬纱检测元件，它的工作原理和探头3相同。在异型筘5的后面贴有黑色遮光膜4，用于隔离射向光电元件的外界光线。织机主轴一转期间，光电元件依次接收到钢筘反射光、纬纱反射光和经纱反射光，产生了高频调幅检测信号。

通常，在纬纱飞出梭口的一侧装有两只探头，它们分别位于延伸喷嘴的两侧。一个探头装在正常引纬时纬纱能到达的位置，如探知纬纱没有到达，则说明缺纬或短纬；另一个探头装在正常引纬时纬纱不可到达的位置，如探知纬纱到达，即可判断为断纬。

光电传感器检测元件会受灰尘和油污的污染，从而使灵敏度下降，造成纬纱断头自停动作失误。为此，要用无水乙醇定期地清洗光源和光电元件的光学表面。部分喷气织机还具有探头自动清洁功能和探头污染警示功能。

4. 储纬器

目前，无梭织机多采用储纬器事先将纬纱卷绕到储纬器上，然后再由引纬器将纬纱引入梭口。储纬器有多种结构形式，它们的作用原理基本相同。

(1) 定鼓式储纬器

如图5—47所示为一种典型的定鼓式储纬器。纬纱从筒子上高速退绕，通过进纱张力器

1、电动机的空心轴 2，从绕纱盘 6 的空心管中引出。电动机转动时，空心轴带动绕纱盘旋转，将纱线绕到储纱鼓 11 上。由于储纱鼓通过滚动轴承支承在这根空心轴上，为了让储纱鼓固定不动，同时又能提供必要的纱线通道，在绕纱盘两侧的储纱鼓和机架上，分别安装了强有力的前、后磁铁盘 7、5，起到将储纱鼓“固定”在机架上的作用。

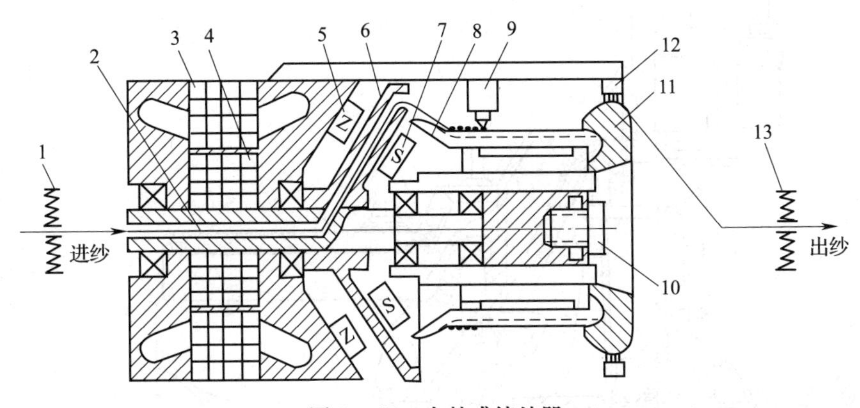

图 5—47 定鼓式储纬器

1—进纱张力器 2—空心轴 3—定子 4—转子 5—后磁铁盘 6—绕纱盘 7—前磁铁盘 8—锥度导指 9—光电反射式检测装置 10—锥度调节旋钮 11—储纱鼓 12—阻尼环 13—出纱张力器

储纬器电动机的旋转方向（“Z”向或“S”向）要与纱线的捻向保持一致，以保证纱线卷绕到定鼓上时为加捻过程，纱线从定鼓上退绕时为退捻过程。对于单位长度的纬纱来说，加捻和退捻的数量是相等的。

部分定鼓式储纬器采用双点光电反射式或双点机械式检测装置，实现最大储纬量和最小储纬量检测。以微处理机控制的双点检测装置可以达到储纬速度自动与纬纱需求量相匹配，使储纱的卷绕过程几乎连续进行。

（2）定长储纬器

喷气织机和喷水织机以流体介质引纬，属消极引纬方式。流体对纬纱起牵引作用，但不可能按所需的长度从储纬器上拉下纬纱。为保证每次引入的纬纱长度准确一致，储纬器上必须增加一项定长功能，故称为定长储纬器。引纬时，定长储纬器释放长度精确的一段纬纱，由流体牵引，飞入梭口。用于流体引纬时多采用定长储纬器。

定长储纬器分为动鼓式和定鼓式两种。动鼓式定长储纬器的高速适应性差，所以使用较少。目前，性能优秀的喷气织机和喷水织机一般都采用定鼓式定长储纬器。

典型的定鼓式定长储纬器结构如图 5—48 所示。纬纱 1 通过进纱张力器 2 穿入到电动机 4 的空心轴 3 中，然后经导纱管 6 绕在由 12 只指形爪 8 构成的固定储纱鼓上。摆动盘 10 通过斜轴套 9 装在电动机轴上，电动机转动时摆动盘不断摆动，将绕到指形爪上的纱圈向前推移，使储存的纱圈规则整齐地紧密排列。这是一种积极式的排纱方式，适当地调节进纱张力器所形成的纬纱张力，可以获得良好的排纱效果。在储纱过程中，磁针体7的磁针落在上方指形爪的孔眼之中（图中以虚线表示），使具有微弱张力的纬纱在该点被磁针“握持”，阻止纬纱的退绕，并保证储纱卷绕正常进行。

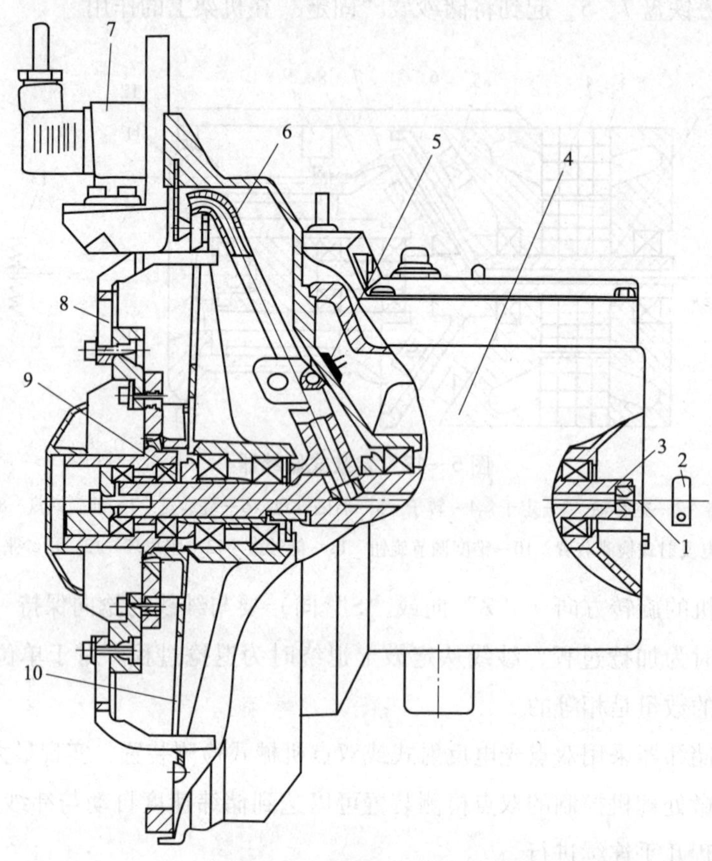

图5—48　定鼓式定长储纬器

1—纬纱　2—进纱张力器　3—空心轴　4—电动机　5—测速传感器
6—导纱管　7—磁针体　8—指形爪　9—斜轴套　10—摆动盘

储纬器控制箱在收到织机控制系统发来的“织机运行”和“供纬”信号后，使电动机转速升到预置最大值，充分储存纬纱。同时，触发供纬磁针体，吸起磁针，释放纬纱，纬纱在主喷嘴射流牵引下进入梭口。纱圈从储纱鼓上退绕时，磁针一侧的退绕传感器检测并发送退绕圈数信号，当达到预设定的退绕圈数时，磁针放下，停止纱线的退绕。

5. 织边装置

（1）纱罗绞边

一组（或几组）绞经纱和地经纱在布边处相绞，同时与纬纱进行交织，形成纱罗绞边。

由于绞经纱和地经纱相互绞织，增大了布边经纬纱之间、绞经纱与地经纱之间的包围角和挤压力，大大加强了经纬纱线在交织点上的相互控制能力，形成坚固、可靠的纱罗绞边。形成纱罗绞边的装置有很多种，它们共同的特点是绞经纱和地经纱在进行开口运动的同时，绞经纱还需在地经纱的两侧做交替的变位移动。

（2）绳状边机构

绳状边是用两根相互盘旋的锁边经纱和纬纱交织而形成的，两根锁边经纱的运动好像搓捻绳子。锁边经纱相互抱合，能牢牢地握持纬纱头，因此绳状边的牢度较大。由于纬纱头不会翻在布面上或布面下，所以布边与布身的厚度基本一致。

绳状边的构成装置有很多种形式。比较简单的绳状边装置作用原理如图 5—49 所示。锁边经纱 1、2 分别从筒子 4、5 上引出，当转盘 3 回转时，两根锁边经纱轮流作为上层或下层经纱，并构成梭口。同时，锁边经纱相互盘旋缠合，将每次引入的纬纱头牢牢抱合。每引入一根纬纱，转盘可旋转半周或一周，形成如图 5—49a 或图 5—49b 所示的绳状边。图 5—49a 用于纬密较大的织物布边加工，图 5—49b 则用于纬密较小的织物布边加工。

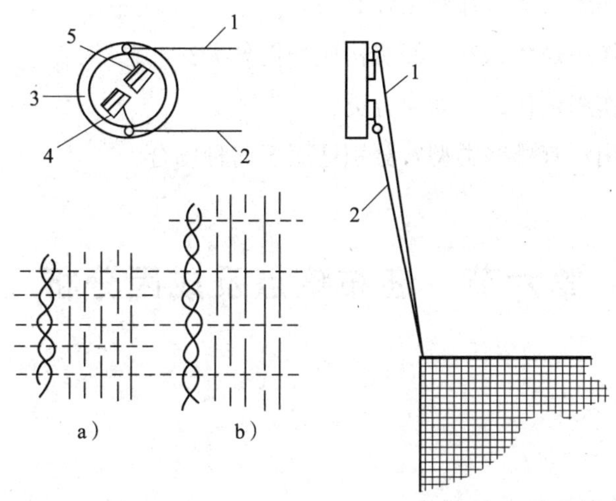

图 5—49　绳状边装置及绳状边

1、2—锁边经纱　3—转盘　4、5—筒子

部分绳状边装置采用周转轮系传动机构，结构比较复杂，使锁边经纱在形成梭口的同时，捻度得到提高，所获得的绳状边牢度增加。

绳状边的形成原理比较合理，对经纱磨损少，且适宜于织机高速，常用于喷气织机和喷水织机。绳状边的外侧需设置假边，将纬纱头端握持，张紧纬纱，以利于锁边经纱对纬纱旋转缠合。

思考练习

1. 开口运动的目的是什么？开口机构的作用是什么？常见的开口机构有哪些？
2. 什么叫梭口？什么叫经位置线？
3. 开口运动分为哪三个时期？
4. 什么叫开口时间？怎样表示迟开口和早开口？
5. 应该怎样确定开口时间？开口时间的迟早对打纬有什么影响？
6. 试比较多臂开口与踏盘开口的优缺点。
7. 织高密细特的麻绸织物时，为什么把综框吊成双层梭口？
8. 喷气引纬时为什么采用低压力、大流量的喷射工艺？
9. 为什么喷气引纬时要采用大孔径喷嘴、小孔径管道？
10. 简述喷气引纬系统的组成及工作过程。
11. 什么是交接冲程？
12. 什么叫打纬运动？打纬机构的作用是什么？
13. 织物的在机纬密与下机纬密是什么关系？
14. 送经机构的作用是什么？送经机构应如何分类？
15. 卷取机构的作用是什么？如何分类？
16. 边撑有何作用？有哪些类型？分别适用于何种场合？

第六节　坯布疵点及成因分析

学习目标

1. 明确织物质量指标包含的项目。
2. 认识布面疵点。
3. 会分析造成布面疵点的原因。
4. 了解织物质量的检验内容和方法。

织物的质量包括多方面内容，如外观疵点、物理指标、棉结杂质、风格特征等，因此，对织物质量的评价也应从多方面考虑，而且还要视其用途和种类而定。以棉型本色织物为例，其织物质量由以下因素而定。

布面疵点简称织疵，是影响织物的质量、决定织物品等的主要因素。部分疵点对布面外观的影响及形成原因介绍如下。

一、破损性疵点

1. 破洞

破洞是指 3 根及以上经纬纱共断或单断经、纬纱（包括隔开 1 ~ 2 根好纱），经纬纱起圈高出布面 0. 3 cm 反面形似破洞。破洞疵点在织物表面显现的效果如图 5—50 所示。

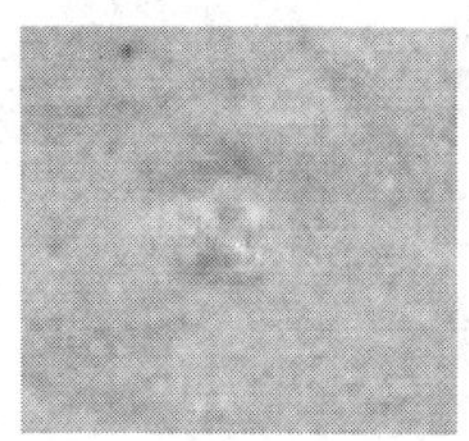
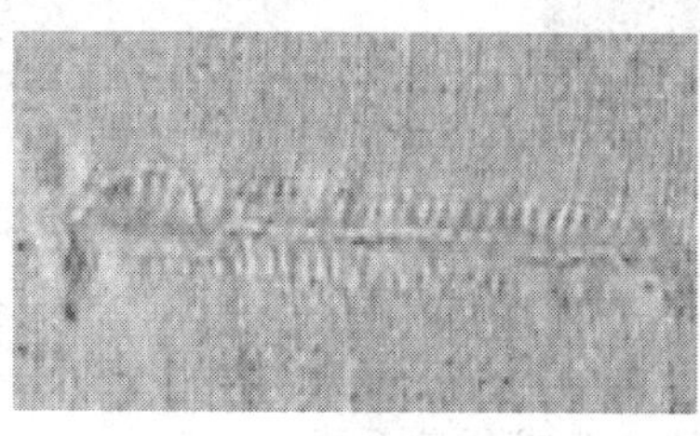

图 5—50　破洞疵点

产生的原因分析如下：

（1）轧梭轧断经纱后，挡车工未按规定对接。

（2）挡车工使用纱剪保管不当，刺破布面。

（3）落布时未执行操作规定，布端被机件碰破。

（4）较大的杂物或乱纱、大棉球等织入布内。

（5）边撑刺辊被乱纱、飞花缠住，扯破布边。

2. 豁边

对于有梭织机，豁边是指边组织内 3 根及以上经、纬纱共断或单断经纱（包括隔开 1 ~ 2 根好纱），双边纱 2 根作 1 根计，3 根及以上的有 1 根算 1 根。对于无梭织机，豁边是指绞边纱滑脱。豁边疵点在织物表面显现的效果如图 5—51 所示。

有梭织机产生豁边的原因分析如下：

（1）外侧边撑偏向内侧，剪锤剪断边纱。

（2）由于吊综不良、开口不平、边撑伸幅作用差、边纱筘齿磨损、钢筘不稳、边纱上浆小等原因，造成大量边纱断头。

（3）乱线卷入刺辊，阻碍布通过，将布边扯破。

剑杆织机造成豁边的原因主要是绞边综丝安装不良，绞经歪斜；两根绞经张力不一。

3. 跳花

跳花是指3根及以上的经、纬纱相互脱离组织，包括隔开一个完全组织。跳花疵点在织物表面显现的效果如图5—52所示。

图5—51 豁边疵点

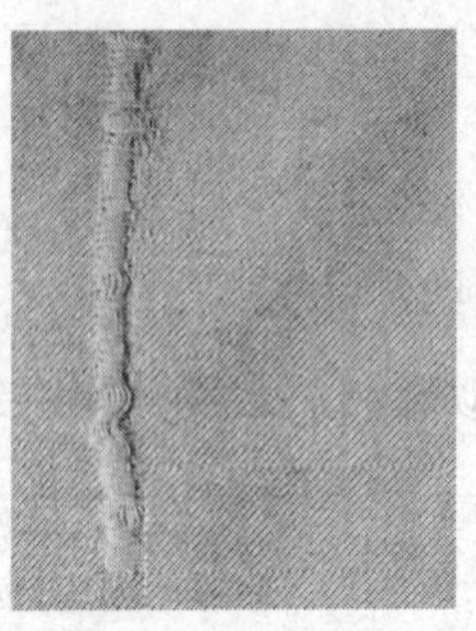

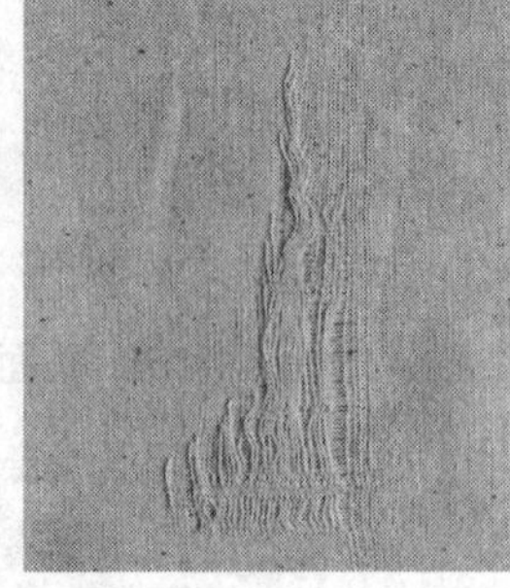

图5—52 跳花疵点

产生的原因分析如下：

(1) 经纱上附有飞花、回丝，造成开口不清。

(2) 断经不停车，纱尾经绕在邻纱上，或倒断头纱过停经片后与邻纱相缠，致使开口不清。

(3) 经纱接头过大或小辫纱影响开口不清。

(4) 吊综不平、综头倾斜、综条夹断裂等使经纱张力不匀，过松的一端造成开口不清而形成跳花。

4. 烂边

对有梭织机来说，烂边是指所织造的织物边组织内单断纬纱，一处断3根的。对无梭织机来说，烂边是指所织造的织物绞经未与纬纱交织脱出毛边之外。烂边疵点在织物表面显现的效果如图5—53所示。

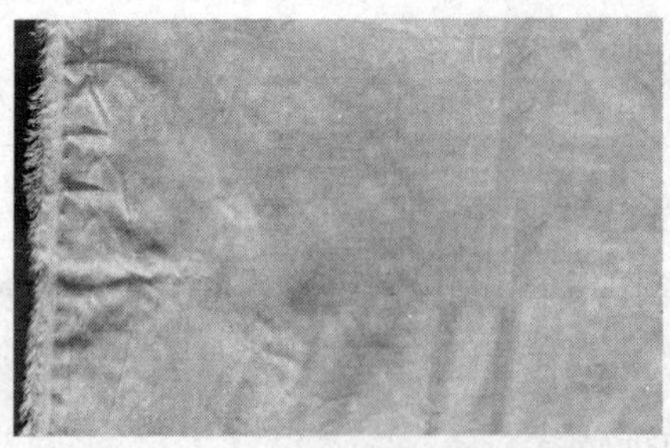

图5—53 烂边疵点

（1）有梭织机造成烂边的原因分析如下：

1）边撑距织口太远，筘幅与织口差异太大，打纬时卡断边部纬纱。

2）织机开口时间过迟。

3）梭子与纬管不配套，纬纱张力过大，造成烂边。

（2）喷气织机（以津田驹为例）造成烂边的原因分析如下：

1）绞边传感器失灵，边经或绞边纱断头不停车。

2）飞花回丝附着在边纱上，造成开口不清。

3）废边纱、绞边纱张力不当。

4）边剪剪破布边。

5）边纱、绞边纱、废边纱穿筘不当。

（3）剑杆织机造成烂边的原因分析如下：右侧剑头夹持器磨灭；右侧夹持器与开夹器接触时间过早；废边综平时间太迟；储纬器弹力罩接触过紧。

5. 修整不良

修整不良是指布面被刮起毛，起皱不平，经、纬纱交叉不匀或只修不整。修整不良疵点在织物表面显现的效果如图5—54所示。

图5—54　修整不良疵点

造成的原因分析如下：

（1）挡车工不熟悉棉布质量标准，在布机上任意修理疵点造成。

（2）修布工技术不熟练，或把不应修的疵点乱修而造成。

二、密集性疵点

1. 结头

影响后工序质量的结头疵点在织物表面显现的效果如图5—55所示。

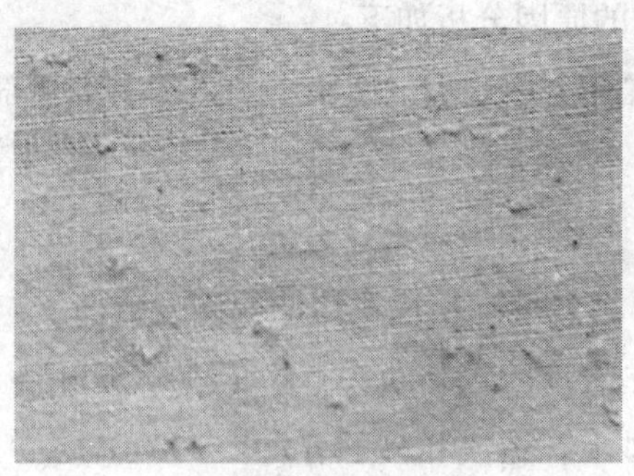

图 5—55　结头疵点

造成的原因分析如下：

(1) 由于机械故障或操作不良，造成轧梭，同时经纱保护装置失灵，轧断大量经纱。

(2) 局部经纱轻浆造成大量断经。

(3) 挡车工、帮接工不熟悉质量标准，未将多根断头分散打结。

2. 纬缩

纬缩是指纬纱扭结织入布内或起圈现于布面（包括经纱起圈及松纬缩三楞起算）。纬缩疵点在织物表面显现的效果如图 5—56 所示。

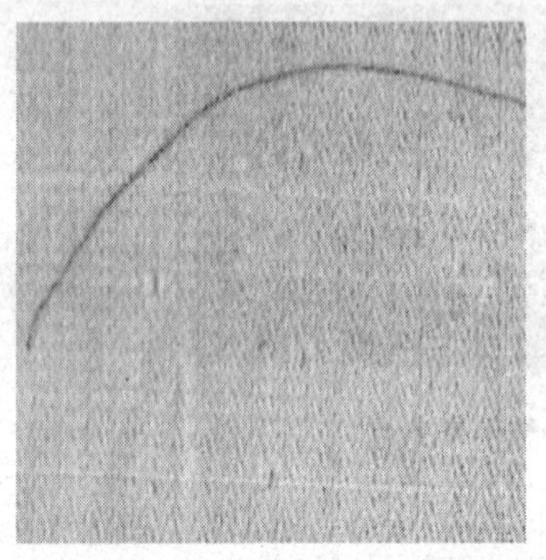

图 5—56　纬缩疵点

造成的原因分析如下：

(1) 有梭织机

1) 纬纱回潮小或捻度过大。

2) 纬纱成形松弛，纬纱张力偏小。

3) 开口时间不良或梭子倒梭。

(2) 喷气织机

1) 羽毛纱、大结头等经纱疵点使综前开口不清，纬纱穿越受到阻碍，纬纱扭曲在布边或中央，形成连续性经向一直条纬缩。

2）纬纱纱筒上有扭结纱圈存在。

3）纬纱捻度过大、捻度不匀或捻度稳定性差，造成扭结或起圈型纬缩。

4）供气不足使机台气压太低，易造成大面积起圈纬缩。

（3）剑杆织机

1）纬纱动态张力偏大，纬纱到达右侧布边外释放后反弹造成纬缩。

2）织机开口时间不当。若开口时间太迟，纬纱出梭口时，梭口还未充分闭合，边经纱对纬纱的夹持力偏小，纬纱易收缩而造成纬缩。反之，开口时间过早，梭口闭口过早，纬纱在出梭口侧被强行拉断反弹造成纬缩。

3）右侧剑头释放纬纱时间过早，或右侧剑头出梭口时间过早，均能造成纬缩。

4）上机张力偏小，绞经松弛，开口不清使引纬受阻等，也容易造成纬纱反弹。

5）剪刀故障，导向片位置不正，导向片与从动刀片间隙过大等，阻碍纬纱的支持剪断，易在左侧布边形成起圈纬纱。

3. 边撑疵

边撑疵是指边撑或刺毛辊使织物中纱线起毛或轧断。边撑疵疵点在织物表面显现的效果如图 5—57 所示。

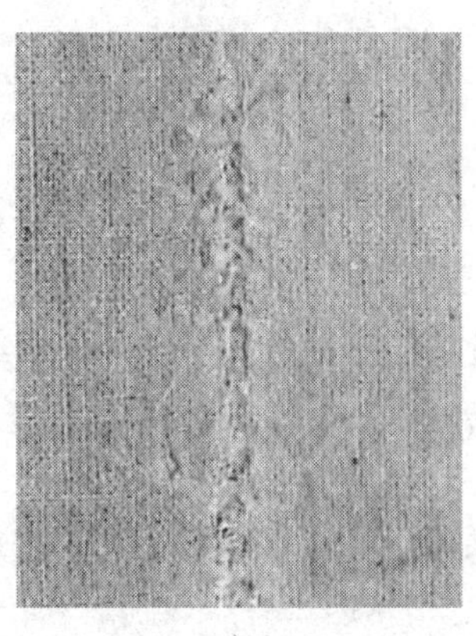

a）

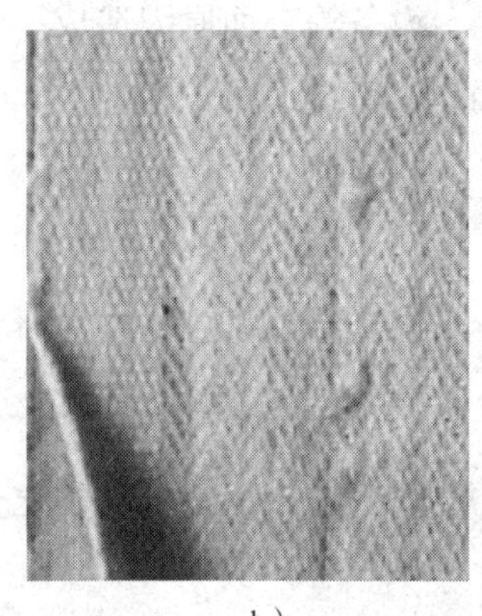

b）

图 5—57 边撑疵疵点

a）纱线被扎断 b）纱线起毛

造成的原因分析如下：

（1）边撑刺针太尖或有倒刺，刺针过长、不符合规格等。

（2）小刺辊缠乱线不转。

（3）卷布辊刺皮损坏。

4. 棉球

棉球是指织造中纱线受摩擦后使纤维呈球状。造成的原因分析如下：

（1）经纱上浆率偏小。

（2）经纱捻度偏小。

（3）各工序扫除不良，使飞花附着在经纱上。

5. 竹节纱

竹节纱是指纱线上短片段的粗节。竹节纱疵点在织物表面显现的效果如图5—58所示。

图5—58 竹节纱疵点

造成的原因分析如下：

（1）纺纱工艺、设备等方面原因造成。

（2）络筒清纱装置不良。

6. 跳纱、星跳

星跳是指1根经纱或纬纱跳过2~4根形成星状的。跳纱是指1~2根经纱或纬纱跳过5根及以上的。跳纱和星跳疵点在织物表面显现的效果如图5—59所示。

a）　　b）

图5—59 跳纱、星跳疵点

a）跳纱　b）星跳

造成的原因分析如下：

（1）准备车间清洁工作不良，经纱上附着有棉杂与飞花。

（2）络经接头不标准，有大结头。

（3）浆纱上浆不匀，局部轻浆，造成上下层经纱互相粘缠。

（4）吊综不良，开口时间太早或太迟。

三、一处性疵点

1. 断疵

断疵是指经纱断头纱尾织入布内。断疵疵点在织物表面显现的效果如图 5—60 所示。造成断疵的主要原因是经纱崩断或倒断头。

2. 布面拖纱

布面拖纱是指拖在布面或布边上未剪去的纱头。造成的原因分析如下：

（1）经纱崩断，倒断头及接头时，未将纱尾除掉。

（2）手换梭后，换梭纱尾没摘掉。

3. 杂物织入

飞花、回丝、油花、皮质、木质、金属（包括瓷器）等杂物织入在织物表面显现的效果如图 5—61 所示。

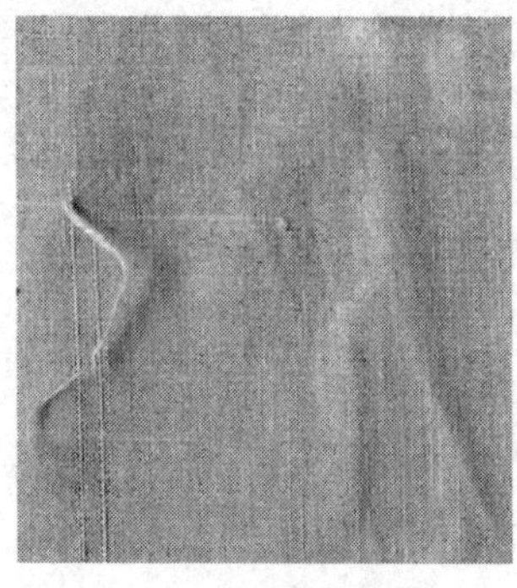

图 5—60　断疵疵点

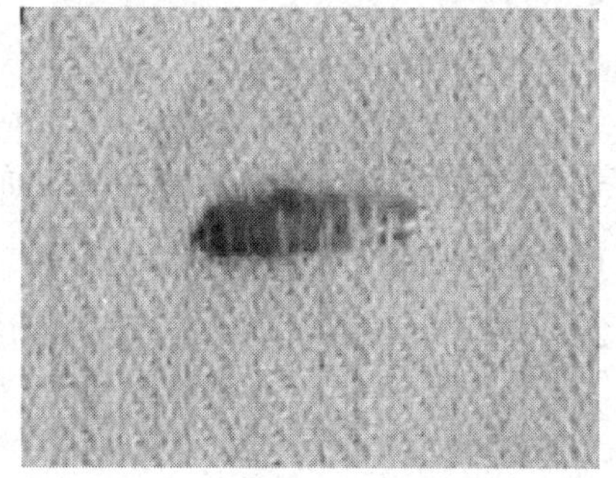

图 5—61　杂物织入疵点

造成的原因分析如下：

（1）清洁工作不良，飞花过多，织造时被织入。

（2）预防检修不良，将梭子松落部件及木质、皮质碎件等织入布内。

四、经向疵点

1. 断经

断经是指织物内经纱断缺。断经在织物表面显现的效果如图 5—62 所示。

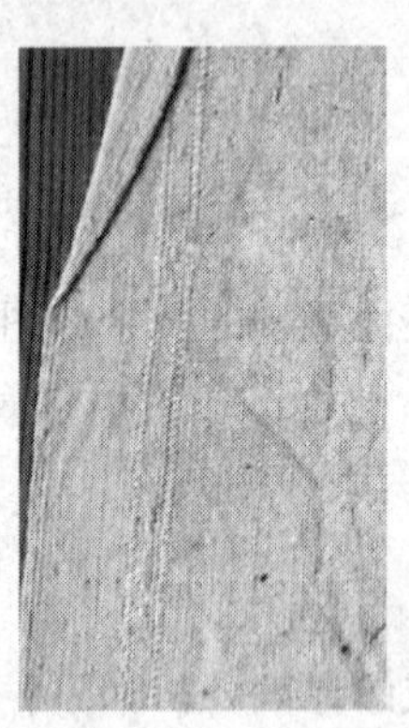
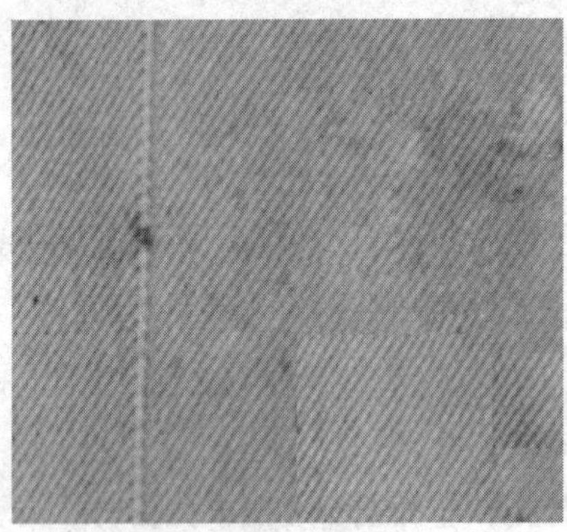

图 5—62 断经疵点

造成断经的主要原因是断经装置失灵，断经后不能立即停车。

2. 沉纱

由于提综不良，造成经纱浮在布面称为沉纱。沉纱在织物表面显现的效果同跳纱。造成断经的主要原因同跳纱。

3. 综穿错

综穿错是指没有按工艺要求穿综，而造成布面组织错乱。造成的原因分析如下：

（1）穿筘工粗心大意，将综丝穿错。

（2）挡车工在布机断头后，接头时因粗心将经纱穿错。

4. 错纤维

错纤维是指异纤维纱线织入。造成的原因分析如下：

（1）纺纱工场在混棉或其他工序中错混纤维，而在进入织布工场时，又未严格检查。

（2）在织布工场各工序中，错将不同纤维的纱线混用。

5. 粗经纱

粗经纱是指直径偏粗长 5 cm 及以上的经纱织入布内。粗经在织物表面显现的效果如图 5—63 所示。

造成的原因分析如下：

（1）并粗工序接头不良，粗纱飘头未拉去。

（2）并捻工序未认真执行操作规程。

6. 吊经纱

吊经纱是指部分经纱在织物中张力过大。造成的原因分析如下：

（1）停经片后侧有飞花或回丝阻塞。

（2）穿综时不细心，造成小顶绞。

（3）浆纱机运转中，挡车工随意提绞，造成全幅顶绞。

（4）综丝损坏或综眼挂花，形成棉球，阻碍经纱通过。

（5）后绞口处有飞花、回丝缠绕。

7. 松经纱

松经纱是指部分经纱张力松弛织入布内。松经纱在织物表面显现的效果如图 5—64 所示。造成的原因分析如下：

图 5—63 粗经疵点

图 5—64 松经纱疵点

（1）经纱接头开扣，织轴倒断头。

（2）络整操作不良造成的小辫纱，在布机上被伸开。

（3）乱纱、飞花在后绞口绞结，飞花、回丝摘除后，松弛经纱未调整好。

8. 双经

双经是指单纱（线）织物中有两根经纱并列织入。造成的原因分析如下：

（1）穿筘工或织布挡车工穿错。

（2）织轴上多头纱带入。

9. 筘路

筘路是指织物经向呈现条状稀密不匀。筘路在织物表面显现的效果如图5—65所示。

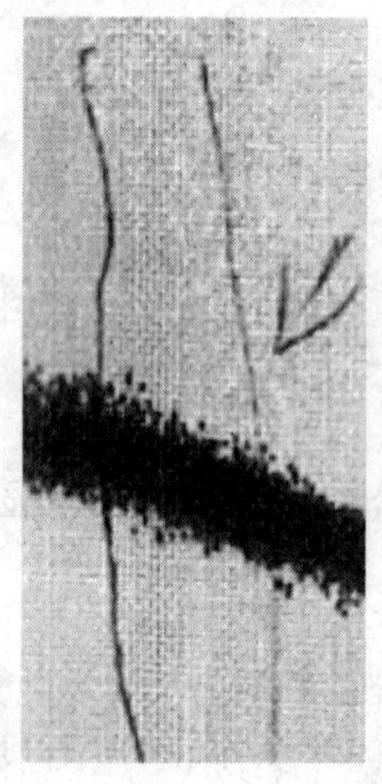

图5—65 筘路疵点

造成筘路的主要原因是钢筘损坏或经位置线不符要求。

10. 筘穿错

筘穿错是指没有按工艺要求穿筘，造成布面上经纱排列不匀。其主要成因同双经疵点。

11. 针路

针路是指由于有梭织机上点啄式断纬自停装置不良，造成经向密集的针痕。造成的原因分析如下：

（1）防百脚装置（鸡啄米）失灵。

（2）针号过粗、针尖不锋利或有倒刺。

12. 花经

花经是指由于配棉成分变化，使布面色泽不同。造成的原因分析如下：

（1）原棉成分变动太大，色差显著，前后成分未分开使用。

（2）部分纱线储存时间太久，色泽变黄。

13. 经缩

经缩是指部分经纱受意外张力后松弛，使织物表面呈现块状或条状的起伏不平。经缩在织物表面显现的效果如图 5—66 所示。

a）

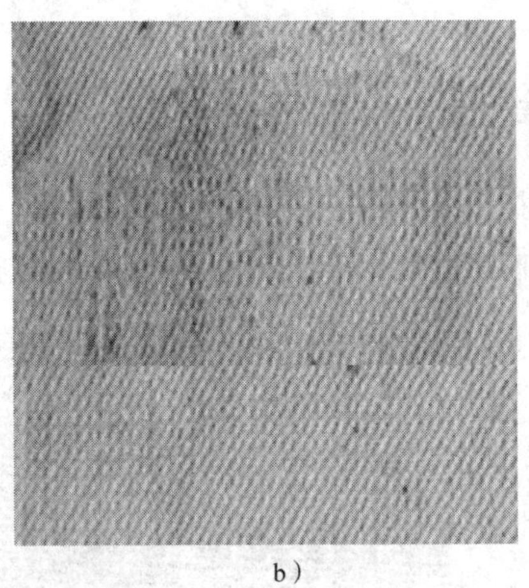

b）

图 5—66　经缩疵点

a）条状　b）块状

造成的原因分析如下：

（1）轧梭后，轧松的经纱张力未整好就开车。

（2）织轴了机时，纱把脱结。

（3）后绞口被飞花、回丝绞结，摘除后被绞松的经纱未理好就开车。

（4）拆布后，织机张力或织口未调节好就开车。

14. 拆痕

拆痕是指拆布后布面上留下的起毛痕迹和布面揩浆抹水。拆痕疵点在织物表面显现的效果如图 5—67 所示。

造成的原因分析如下：

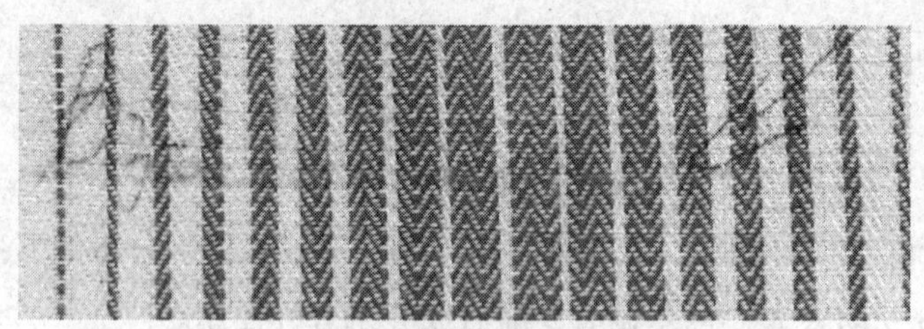

图 5—67　拆痕疵点

（1）经纱上浆率偏小。

（2）拆布操作不良，拆布后织口处经纱上的绒毛未摘净就开车。

五、纬向疵点

1. 双纬

双纬是指单纬织物一梭口内有两根纬纱织入布内。在平纹组织中，整幅或部分布幅内缺少一根纬纱而形成双纬。双纬疵点在织物表面显现的效果如图 5—68 所示。

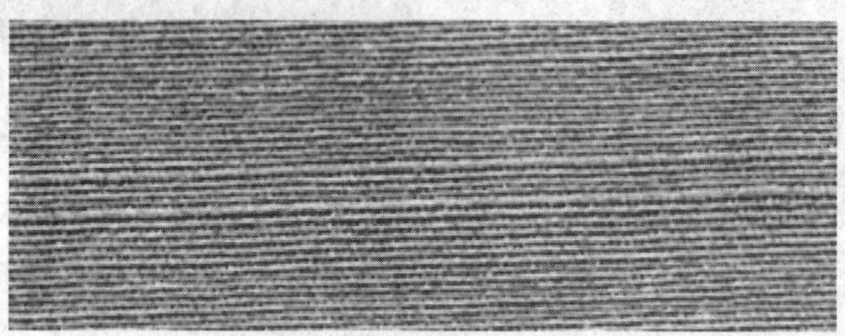

图 5—68　双纬疵点

（1）有梭织机造成的原因分析如下：

1）梭管不配套、梭箱松紧不当、梭子通道不光滑等原因而造成断纬。

2）手换梭时未找活头就将梭子纳入梭箱开车。

3）纬纱定位不良，保险纱长度不够。

4）探针、三指叉或鸡啄米不灵敏。

（2）喷气织机造成的原因分析如下：

1）探头不够灵敏。

2）操作不当。

3）喷气压力偏低。

4）经纱断头。

（3）剑杆织机双纬造成的原因分析如下：

1）纬缩张力过小、过大。

2）接纬剑开夹时间过短，纬缩释放受阻。

3）交接失败。

4）相邻两纬搅在一起，送剑引双纬。

5）剪刀不锋利，未剪断纬缩造成引双纬。

6）规律性双纬是由引纬机构与开口部件故障导致。

2. 脱纬

脱纬是指一梭口内有3根及以上的纬纱织入布内（包括连续双纬）。脱纬疵点在织物表面显现的效果如图5—69所示。

造成的原因分析如下：

（1）纬纱卷绕密度太小，回潮率小。

（2）纬纱成形不良。

（3）纬纱表面纱层松弛。

（4）织机的机械状态不良，投梭力过大或梭箱松。

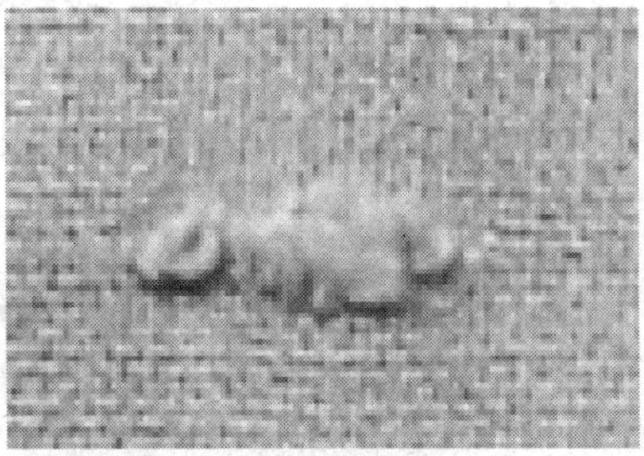

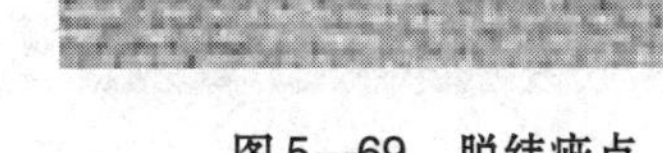

图5—69　脱纬疵点

3. 密路

密路是指纬密多于工艺标准规定。密路疵点在织物表面显现的效果如图5—70所示。

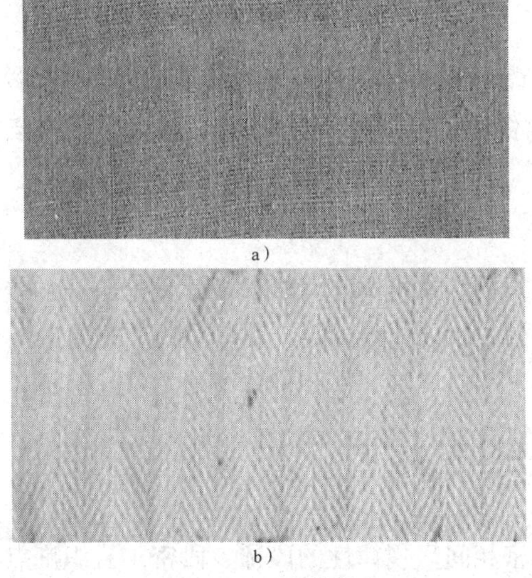

a）

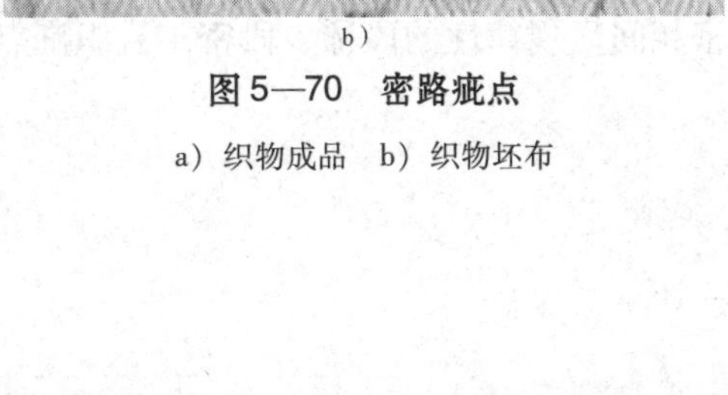

b）

图5—70　密路疵点

a）织物成品　b）织物坯布

造成的原因分析如下：

（1）卷取装置不正常，或停车时倒轮。

（2）拆布后或手换梭开车时退卷过大。

（3）纬密齿轮用错。

4．稀纬

稀纬是指纬密少于工艺标准规定。稀纬疵点在织物表面显现的效果如图 5—71 所示。

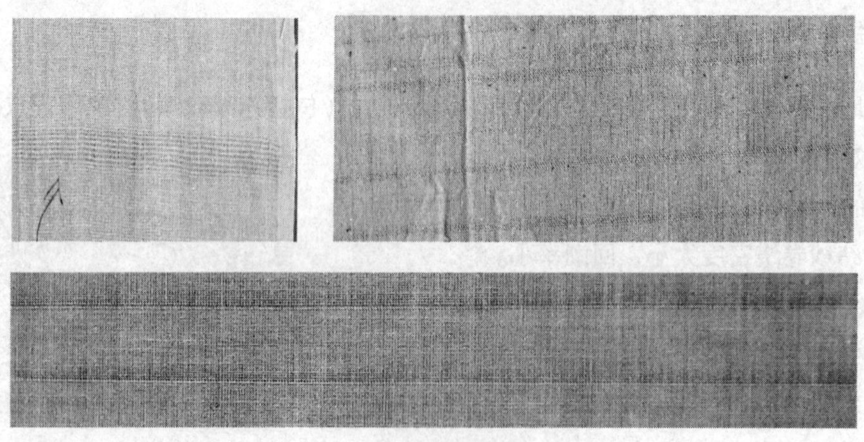

图 5—71　稀纬疵点

造成的原因分析如下：

（1）喷气织机探头灵敏度不够，或控制箱内探测器开关关闭，引纬故障发生时不关车，造成稀纬。

（2）织机对织口板安装校正不标准，开车时易造成稀纬或密路。

（3）箱型储纬器箱内钩纱长度过短，开车后，出口侧形成双纬或稀纬。

5．条干不匀

条干不匀是指叠起来看前后都能与正常纱线明显划分得开的较差的纬纱条干。条干不匀疵点在织物表面显现的效果如图 5—72 所示。

其成因同竹节疵点。

6．云织

云织是指纬纱密度稀密相间呈规律性的段稀、段密。云织疵点在织物表面显现的效果如图 5—73 所示。

图 5—72　条干不匀疵点

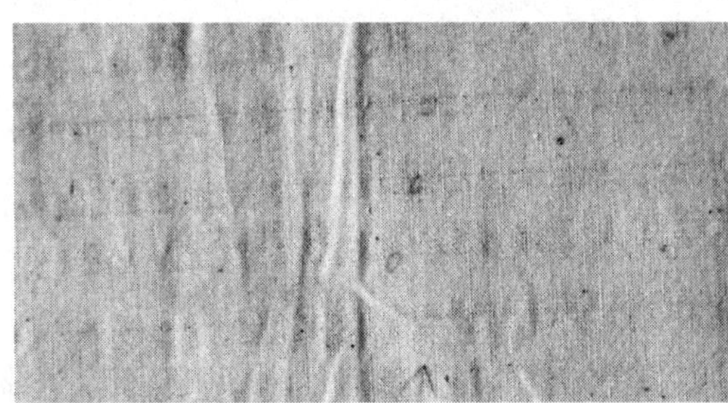

图 5—73　云织疵点

主要是送经装置失调造成，应及时修理。

7. 百脚

百脚是指斜纹或缎纹织物一个完全组织内缺 1～2 根纬纱。百脚疵点在织物表面显现的效果如图 5—74 所示。

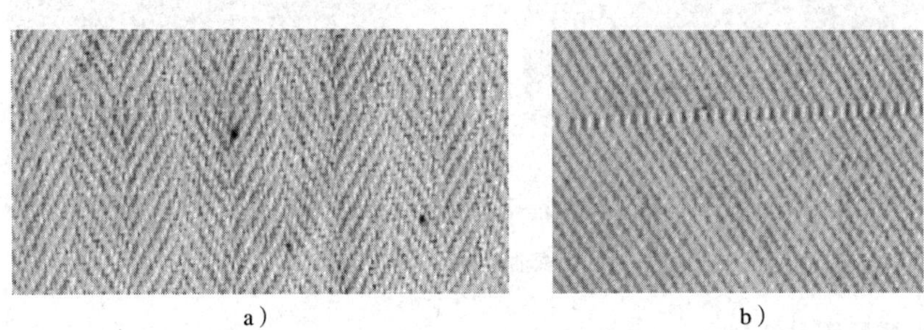

a）　　　　b）

图 5—74　百脚疵点

a）线状　b）锯状

主要是由断纬造成的缺少纬纱引起。

（1）喷气织机断纬原因

主喷嘴喷气时间和纬停销作用时间配合不当；纬停销高低或位置不标准；管道漏气；辅

喷压力过低，高度和角度不当；剪刀不锋利；左侧边经松弛；筘面不洁；电磁阀工作不良。

（2）剑杆织机断纬原因

1）送纬剑部分：送剑头夹持力过大，拉断纬纱；送剑头夹持力过小，纬纱脱钩而空接；两剑头交接时，纬纱位置太高。

2）筒子架纬纱张力部分：储纬器阻尼环间隙太小，交接时纬纱易拉断；阻尼环间隙太大，纬纱松弛被送剑碰断；张力片内有杂物；导纱瓷眼有棱角。

3）引纬剪刀剪纱时间太早、太迟；剪刀不锋利。

4）剑头、剑带、导剑钩磨灭；纬停时间不当；开口时间不当；选纬指作用时间不当等。

六、油污疵点

1．油渍、水渍

污渍是指织物沾污后留下的痕迹。包括油经、油纬、油渍、锈纬、锈渍、不褪色色经、不褪色色纬、不褪色色渍、污渍、水渍等。油污疵点在织物表面显现的效果如图 5—75 所示。

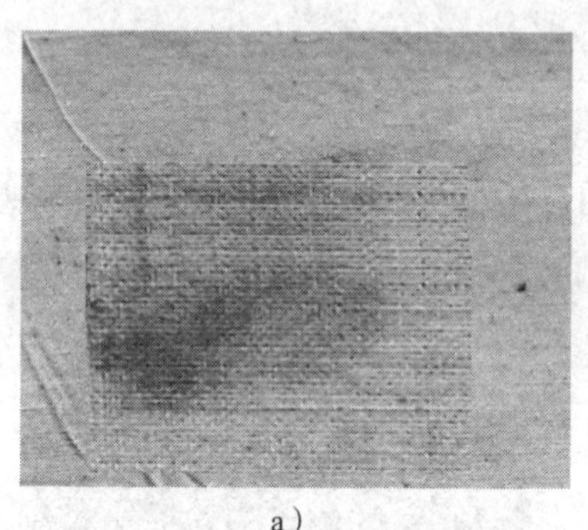
a）

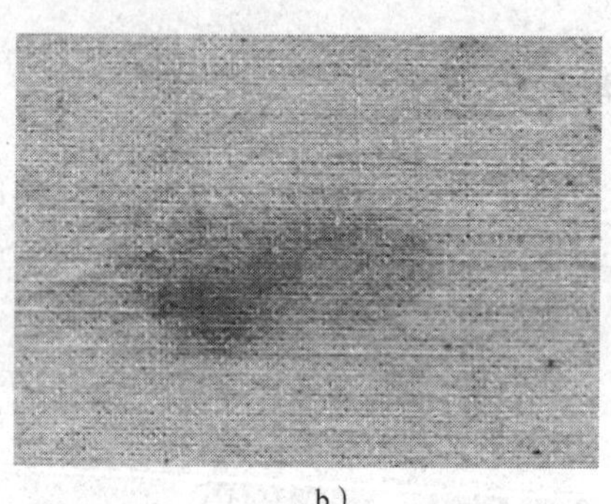
b）

图 5—75　油污疵点

a）深油污　b）浅油污

造成的主要原因分析如下：

（1）棉条或纱线上沾染污渍，或卷入扫机台的油棉。

（2）筒子掉在机台下沾污。

（3）保全、保养、修机工在平车修机时，不慎将油污沾染在经纱或布面上。

（4）浆纱烘房风机甩油、漏水。

（5）用不褪色的色油加盖责任印。

（6）吊综机构加油太多，或梭机内有油。

（7）扫除机台时，油棉落在经纱上；或布卷落地沾污。

2．浆斑

浆斑是指浆块附着在布面影响织物组织。浆斑疵点在织物表面显现的效果如图5—76所示。

a）

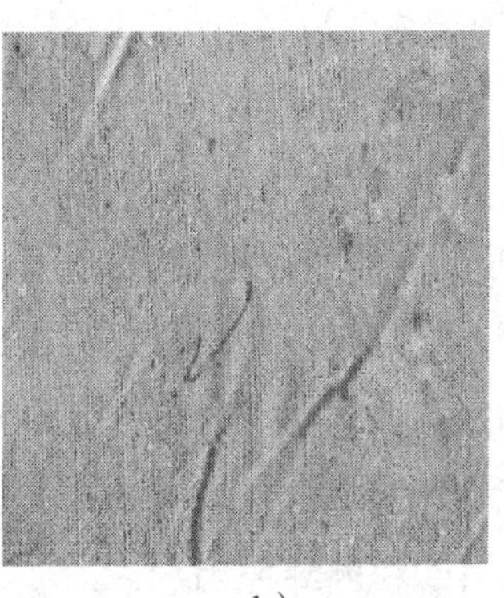

b）

图5—76　浆斑疵点

a）严重浆斑　b）轻微浆斑

造成的主要原因分析如下：

（1）浆槽蒸汽太大，把浆液溅到已过压浆辊的经纱上。

（2）浆槽气压波动，突然把底部浆块冲上，被压浆辊压在经纱上。

（3）浆纱运转中，上、下轴或打绞线停机时间太长。

（4）了机清洁工作不彻底，或较长时间没刷锅。

（5）调浆工艺掌握不良，或回浆处理不当。

3．布开花

布开花是指异纤维或色纤维混入纱线中织入布内。布开花疵点在织物表面显现的效果如图5—77所示。

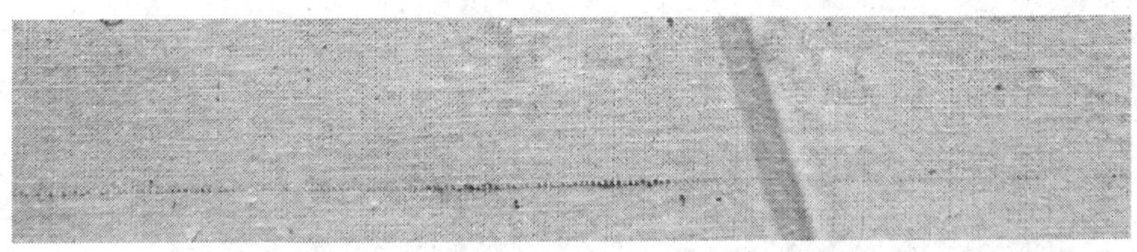

图5—77　布开花疵点

主要成因是清花混入色棉及色布条。

4. 煤灰纱

煤灰纱是指被空气中煤灰污染的纱（单层检验为准，对深色油卡）。

造成的主要原因分析如下：

（1）由于空气中含有煤烟造成。

（2）车间内失火造成。

思考练习

1. 哪几种疵点能造成横档?
2. 分别简述喷气织机和剑杆织机造成脱纬、双纬和断纬的原因。
3. 稀纬和密路区别明显与不明显的规定是怎样的?
4. 布面疵点评等规定是怎样的?
5. 分析喷气织机断纬原因。
6. 分析剑杆织机断纬原因。
7. 分析喷气织机造成稀纬的原因。
8. 分析喷气织机烂边造成的原因。
9. 分析剑杆织机烂边造成的原因。